Infrarotspektroskopie

Springer

Berlin
Heidelberg
New York
Barcelona
Budapest
Hong Kong
London
Mailand
Paris
Santa Clara
Singapur
Tokio

Infrarot-spektroskopie

Highlights aus dem Analytiker-Taschenbuch

Herausgegeben von

H. Günzler, A.M. Bahadir, R. Borsdorf, K. Danzer,
W. Fresenius, R. Galensa, W. Huber, I. Lüderwald,
G. Schwedt, G. Tölg, H. Wisser

Mit 119 Abbildungen

 Springer

PROF. DR. HELMUT GÜNZLER
Bismarkstraße 4
69469 Weinheim

ISBN 978-3-642-52367-0   ISBN 978-3-642-52366-3 (eBook)
DOI 10.1007/978-3-642-52366-3

Die Deutsche Bibliothek – CIP-Einheitsaufnahme

Infrarotspektroskopie : Highlights aus dem Analytiker-Taschenbuch / hrsg. von H. Günzler ... - Berlin ; Heidelberg ; New York ; Barcelona ; Budapest ; Hong Kong ; London ; Mailand ; Paris ; Santa Clara ; Singapur ; Tokyo : Springer 1996

NE: Günzler, Helmut [Hrsg.]

Dieses Werk ist urheberrechtlich geschützt. Die dadurch begründeten Rechte, insbesondere die der Übersetzung, des Nachdrucks, des Vortrags, der Entnahme von Abbildungen und Tabellen, der Funksendung, der Mikroverfilmung oder der Vervielfältigung auf anderen Wegen und der Speicherung in Datenverarbeitungsanlagen, bleiben, auch bei nur auszugsweiser Verwertung, vorbehalten. Eine Vervielfältigung dieses Werkes oder von Teilen dieses Werkes ist auch im Einzelfall nur in den Grenzen der gesetzlichen Bestimmungen des Urheberrechtsgesetzes der Bundesrepublik Deutschland vom 9. September 1965 in der jeweils geltenden Fassung zulässig. Sie ist grundsätzlich vergütungspflichtig. Zuwiderhandlungen unterliegen den Strafbestimmungen des Urheberrechtsgesetzes.

Die Wiedergabe von Gebrauchsnamen, Handelsnamen, Warenbezeichnungen usw. in diesem Werk berechtigt auch ohne besondere Kennzeichnung nicht zu der Annahme, daß solche Namen im Sinne der Warenzeichen- und Markenschutz-Gesetzgebung als frei zu betrachten wären und daher von jedermann benutzt werden dürften.

© Springer-Verlag Berlin Heidelberg 1996
Softcover reprint of the hardcover 1st edition 1996

SPIN: 10499219   52/3136 – 5 4 3 2 1 0 – Gedruckt auf säurefreiem Papier

Inhaltsverzeichnis

1. IR-Gasanalytik
   H. M. Heise 1

2. Infrarot-Spektroskopie diffus reflektierender Proben
   E.-H. Korte 69

3. Instrumentelle Analytik in der industriellen pharmazeutischen Qualitätskontrolle
   I. Lüderwald, M. Müller 103

4. Nichtlineare Raman-Spektroskopie und ihre Anwendung
   P. Reich, A. Lau und W. Werncke 161

5. Infrarot- und Ramanmikrospektroskopie
   B. Schrader 199

6. NIR-Spektrokospische Analytik
   E. Wüst, L. Rudzik 217

Infrarotspektrometrische Gasanalytik
— Verfahren und Anwendungen —

H. M. Heise

Institut für Spektrochemie
und angewandte Spektroskopie,
Bunsen-Kirchhoff-Straße 11, D-44139 Dortmund

1	Einleitung	331
2	Physikalische Grundlagen	332
2.1	IR-Spektren	333
2.1.1	Rotationsspektren	333
2.1.2	Schwingungsspektren	335
2.1.3	Rotations-Vibrations-Spektren	336
2.2	Intensitäten	339
2.3	Linienbreiten	343
2.4	Apparative Grundlagen	345
2.4.1	Aufbau der Meßgeräte	345
2.4.2	Probenbehandlung	346
3	Dispersive Verfahren	348
3.1	Spektrometer und ihre Meßeigenschaften	348
3.2	Anwendungen dispersiver Spektrometer	354
3.2.1	Raumluftüberwachung	354
3.2.2	Immissionsmessungen	355
3.2.3	Spezielle Anwendungen	361
4	Nichtdispersive Verfahren	365
4.1	Aufbau der Meßgeräte	365
4.2	Anwendungen von NDIR-Photometern	371
5	Laserspektroskopische Verfahren	376
5.1	Apparatives	376
5.2	Applikationen mit Lasern	385
6	Schlußbemerkungen	391
Literatur		392

1 Einleitung

Für die Gasanalytik kommen neben chemischen Untersuchungsmethoden vielfach physikalisch-chemische und rein physikalische Meßverfahren in Frage [1—4]. Zu der letztgenannten Gruppe gehört die Infrarotspektrometrie. Für alle mehratomigen Gase, mit Ausnahme der homöonuklearen zweiatomigen Gase, für die jedoch über die vielfach komplementäre Raman-Spektroskopie Spektren erhalten werden können, liefert die IR-

Spektroskopie Meßsignale, die Bestimmungen vom extremen Spurenbereich bis zu Volumenanteilen von 100% ermöglichen. Die IR-Spektrometrie erlaubt, zerstörungsfrei und häufig auch über größere Entfernungen hinweg zu messen, und in bestimmten Fällen können neben Konzentrationen sogar Meßparameter wie Druck und Temperatur geliefert werden. Weiterhin lassen sich zeitabhängige Vorgänge in einer weiten Zeitskala verfolgen.

Neben Geräten, die auf der Basis von nichtdispersiven Spektrometern konstruiert sind, werden dispersive Geräte vielseitig für die Analytik auch speziell von Mehrkomponentengemischen eingesetzt. Als weitere wichtige Geräteklasse werden Laserspektrometer vorgestellt, die überwiegend für den Einsatz in der Spurengasanalytik zu finden sind. Es werden Informationen über den apparativen Aufwand, die Meßmöglichkeiten und Beschränkungen innerhalb der verschiedenen Klassen gegeben. Die Einsatzbereiche für die Geräte auf IR-spektrometrischer Basis sind vielfältig. Hier können insbesondere die Gebiete Prozeßanalytik, Emissions- und Immissionsmessungen, Arbeitsplatzüberwachung, Medizin-Technik und weitere spezielle Anwendungen genannt werden.

2 Physikalische Grundlagen

Die Molekülspektroskopie beruht auf der Wechselwirkung zwischen elektromagnetischer Strahlung und Molekülen mit ihren Energiezuständen. Die hier betrachtete elektromagnetische Strahlung umfaßt das Infrarot, das im kurzwelligen Spektralbereich vom sichtbaren Licht und im langwelligen hin zu den Mikro- und Millimeterwellen reicht. Eine Übersicht der verschiedenen Spektralbereiche findet sich in [5]. Im Infraroten werden folgende physikalische Größen zur Beschreibung der elektromagnetischen Strahlung verwendet:

$\tilde{v}$ Wellenzahl mit der üblichen Einheit $[cm^{-1}]$
$\lambda = 1/\tilde{v}$ Wellenlänge [nm], [µm]
$v = \tilde{v} \cdot c$ Frequenz (c Lichtgeschwindigkeit) [MHz]

Das Infrarot läßt sich in drei Bereiche unterteilen. Der langwelligste Teil, *fernes Infrarot* (FIR) genannt, überdeckt den Bereich von etwa 10 cm^{-1} bis 400 cm^{-1}. Die obere Grenze ist hauptsächlich durch die Verwendung von KBr als Material für optische Elemente bedingt. In diesem Bereich liegen neben Schwingungsbanden auch die IR-Rotationsspektren von speziell zwei- und dreiatomigen Molekülen. Wegen der experimentellen Schwierigkeiten findet dieser Bereich für die Gasanalytik nur in seltenen Fällen Verwendung. Da die Ramanspektroskopie die Rotationsspektren auch von Molekülen ohne permanentes Dipolmoment zu messen erlaubt, können diese Spektren z. B. für die Überprüfung von bestimmten Prüfgasen eingesetzt werden [6]. Das *mittlere Infrarot* umfaßt den Bereich von 400 cm^{-1} bis 4000 cm^{-1}, wobei die obere Grenze durch die Wellenzahl der höchsten IR-aktiven Fundamentalschwingung (ν (HF): 3962 cm^{-1}) [7] charakterisiert werden kann. Weiter zum Kurzwelligen schließt sich das *nahe Infrarot* (NIR) an, das Kombinationsschwingungsbanden von

Molekülen überdeckt. Innerhalb des NIR ist ein Spektralbereich zu nennen, der photographisch mit zum Teil speziell sensibilisierten Filmen aufgenommen werden kann (von etwa 800 nm bis 1300 nm).

Es können grundsätzlich in der Spektroskopie zwei Vorgänge unterschieden werden, die Emission und Absorption von Strahlungsenergie. Beide Phänomene werden für die Analytik genutzt, wobei insbesondere die Intensität von Moleküllinien oder Banden zur Bestimmung des Volumenanteils verwendet wird.

2.1 IR-Spektren

Bei den meisten Gasanalysen werden die Proben im vorliegenden gasförmigen Aggregatzustand gemessen. Es können jedoch hiervon abweichend auch besondere Probentechniken verwendet werden, die in den meisten Fällen die Struktur der Spektren vereinfachen. Da hier neben gering auflösenden spektrometrischen Meßverfahren auch hochauflösende wie die Laserspektroskopie angeführt werden, soll auf die Art und Struktur der Spektren eingegangen werden, für die hierüber hinausgehende Literatur, z. B. [8, 9], genannt sei. In diesem Zusammenhang sind die Meßparameter Druck und Temperatur wichtig, sowie in einigen Fällen die Zusammensetzung der Proben (Matrixeffekte).

2.1.1 Rotationsspektren

Die Struktur der IR-Spektren wird, wie schon angeführt, durch die Rotation und Vibration der Moleküle bestimmt. Zur Spektren-Beschreibung und Zuordnung werden Modelle eingesetzt, für die sich diskrete Energiezustände quantenmechanisch berechnen lassen. Entsprechende Auswahlregeln zwischen den Energiezuständen, die durch Quantenzahlen charakterisiert sind, erlauben dann eine Bestimmung der Linienposition. Es ist

$$\Delta E = h\nu = E_2 - E_1$$

h ist das Plancksche Wirkungsquantum. Auch die Berechnung von Linienintensitäten ist möglich; hierauf wird später noch eingegangen.

Für ein zweiatomiges Molekül kann z. B. als einfachstes Modell ein linearer starrer Rotator für die Beschreibung der Rotationsspektren herangezogen werden. Das Termschema für die Energieniveaus (in Wellenzahleinheiten) lautet folgendermaßen:

$$F(J) = E_J/hc = BJ(J + 1)$$

mit der Rotationskonstanten $B = h/(8\pi^2 cI)$, wobei I das Trägheitsmoment des Moleküls ist; J ist die Rotationsquantenzahl, und als Auswahlregel für die erlaubten Rotationsübergänge ergibt sich $\Delta J = \pm 1$. Berechnet man die Abstände zwischen den Rotationslinien aufeinanderfolgender Übergänge, so findet man diese äquidistant mit 2B. In Abb. 1 ist als Beispiel der Teil eines experimentellen Absorptionsspektrums für das lineare N₂O-Molekül gezeigt. Da Größe und Struktur eines Moleküls über die Trägheitsmomente die Rotationsenergieniveaus bestimmen, liegen im FIR nur Spektren von kleinen und leichten Molekülen vor. Das einfache Modell des starren Rotators ist oft nicht ausreichend, z. B. wirken zusätzlich Zentrifugaleffekte und Schwingungswechselwirkungen bei der Rotation auf das Molekül ein, wodurch sich die Energieniveaus unterschiedlich verschieben.

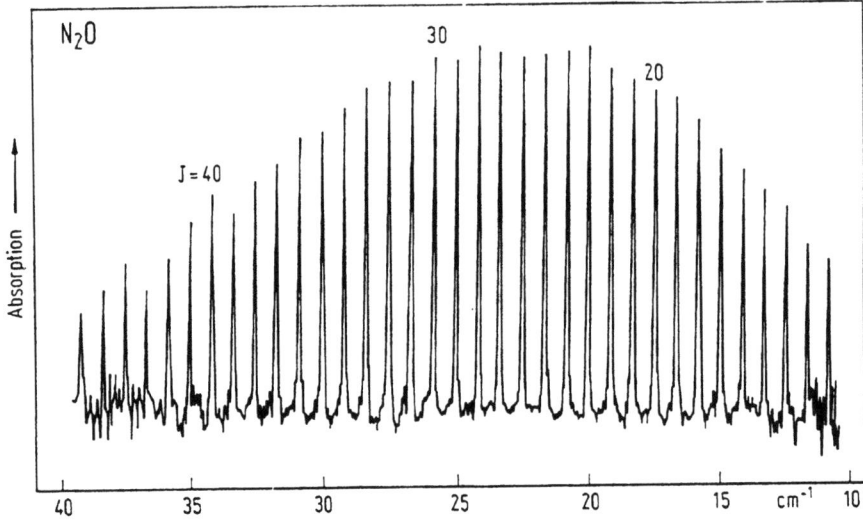

Abb. 1. Ausschnitt aus dem Rotationsspektrum von N₂O (lineares Molekül) [10]; angegeben sind die Rotationsquantenzahlen des jeweiligen unteren Energieniveaus

Die verschiedenen Moleküle und ihre Isotope lassen sich in einzelne Modellkategorien zur Beschreibung ihrer Rotationsspektren einordnen. Für nichtlineare Moleküle können sich bei Vorliegen von Molekülsymmetrien symmetrische Kreisel ergeben, deren Haupt-Trägheitsmomente um zwei Rotationsachsen gleich sind. Man unterscheidet zwischen dem länglichen symmetrischen Kreisel, für den CH₃CN ein Beispiel ist, und dem abgeplatteten symmetrischen Kreisel; dieser Fall liegt für das Benzol vor. Die Rotationsspektren symmetrischer Kreisel gleichen denen eines linearen Moleküls. Eine Modellerweiterung ist für den asymmetrischen Kreisel notwendig, dessen Rotationslinien wegen der scheinbar regellosen Spektrenstruktur am schwierigsten zuzuordnen sind. Ein Beispiel für ein asymmetrisches Kreiselmolekül ist H₂O, für das ein Ausschnitt des Rotationsspektrums (Abb. 2) vorliegt. Die entsprechenden Linienpositionen von kleinen Molekülen werden vielfach als Wellenzahlstandards zur Kalibrierung von Spektrometern [10] verwendet. Allgemein lassen sich über die Rotationsspektren und ihre Interpretation Informationen über die Molekülstruktur wie Bindungsabstände und Winkel erhalten, siehe z. B. [11].

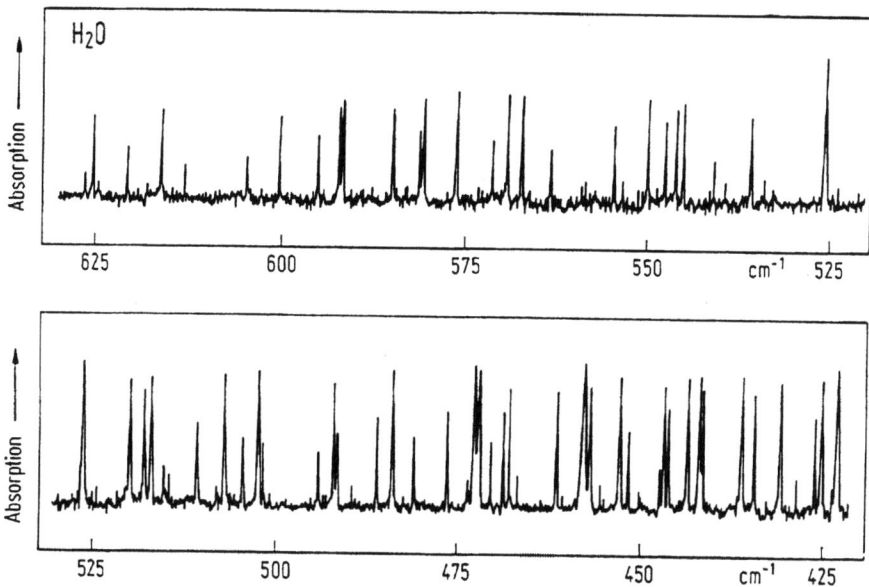

Abb. 2. Ausschnitt aus dem Rotationsspektrum von H_2O (asymmetrisches Kreiselmolekül) [10]

2.1.2 Schwingungsspektren

Als einfachstes Modell für die Beschreibung der Vibrationsspektren dient der harmonische Oszillator, dessen Schwingungsterme sich quantenmechanisch berechnen lassen zu

$$G(v) = E_v/hc = \tilde{v}(v + 1/2),$$

wobei $\tilde{v}$ die Schwingungswellenzahl und v die zugehörige Quantenzahl des Energieterms ist. Der Grundzustand ist mit $v = 0$ gekennzeichnet. Über die Auswahlregel $\Delta v = \pm 1$ resultiert eine Schwingungsbande für dieses einfache Modell. Für Moleküle mit N Atomen sind insgesamt 3N-6 (für lineare Moleküle 3N-5) Schwingungsfreiheitsgrade bzw. Fundamentalschwingungen (auch Normalschwingungen genannt) möglich.

Eine Folge der Symmetrieeigenschaften der Moleküle ist, daß nicht alle Schwingungen im IR beobachtet werden können, sondern nur solche, bei denen sich das Dipolmoment schwingungsabhängig ändert. Für homöonukleare Moleküle wie N_2, H_2 existiert daher unter normalen experimentellen Bedingungen kein IR-Spektrum. Die verschiedenen Schwingungen können in bestimmte Symmetrierassen eingeteilt werden; die Numerierung der Fundamentalschwingungen beginnt mit der mit größter Wellenzahl, dies für die totalsymmetrische Rasse zuerst, und weiter fortlaufend [9, 17].

Da die molekulare Potentialkurve in Abhängigkeit von der Auslenkung aus dem Gleichgewichtsabstand zwischen den Atomen unsymmetrisch ist, muß das harmonische Oszillatormodell mit anharmonischen Potentialtermen erweitert werden. Es ergeben sich gegenüber dem einfachen Modell zu niedrigen Energien verschobene Schwingungsterme, und die Auswahlregeln sind erweitert. Hierdurch können auch sogenannte Kombinationsbanden mit durchweg geringerer Intensität zugeordnet werden, siehe z. B. [12]. In diese Gruppe gehören die Obertöne von Fundamentalschwingungen, die durch Quantenzahländerungen $\Delta v = \pm 2, \pm 3, \ldots$ innerhalb einer Schwingungsmode zustande kommen.

Für Moleküle mit niedrigen Schwingungstermen können im Spektrum Banden mit stark temperaturabhängiger Intensität auftreten, die nicht von Übergängen aus dem Grundzustand, sondern aus bereits angeregten Zuständen mit temperaturabhängiger Besetzungszahldichte herrühren. Eine besondere Art dieser Differenzbanden sind die sogenannten heißen Banden, für die ein und dieselbe Molekülschwingung in beiden an dem Übergang beteiligten Niveaus angeregt ist.

2.1.3 Rotations-Vibrations-Spektren

Die Verknüpfung von Rotator- und Oszillatormodell erlaubt die Berechnung der Rotations-Vibrations-Spektren. Für ein lineares Molekül mit parallel zur Molekülachse schwingendem Dipolmoment erklären die Auswahlregeln für die erlaubten Rotationsübergänge, die zusätzlich beim Schwingungsübergang zu berücksichtigen sind, die Feinstruktur der Schwingungsbanden: $\Delta J = +1$ (R-Zweig) und $\Delta J = -1$ (P-Zweig). Ein

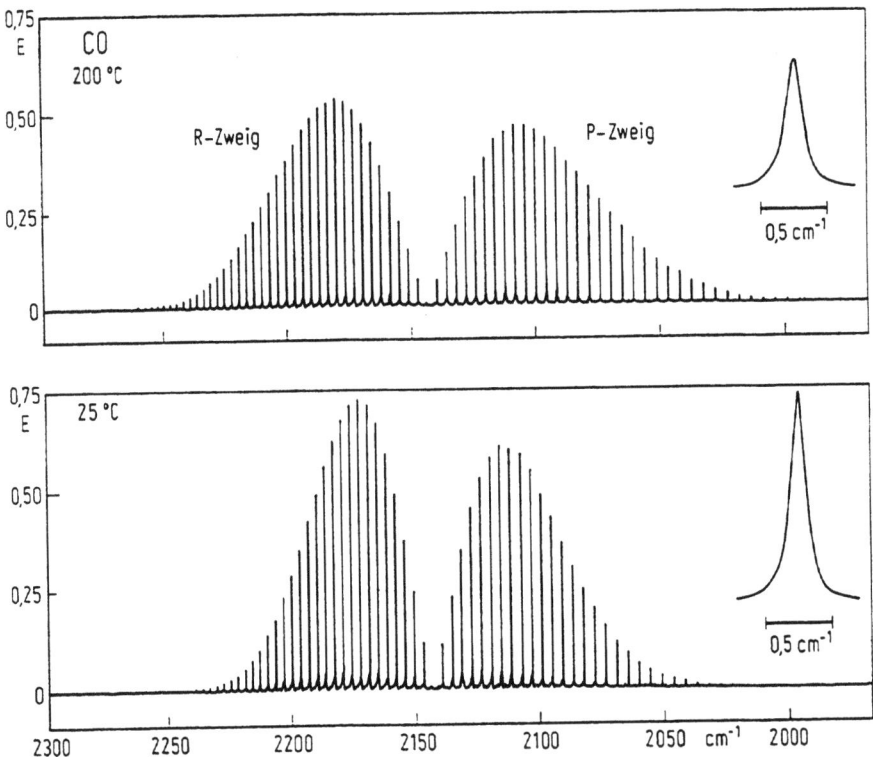

Abb. 3. Temperaturabhängigkeit der Rotations-Schwingungsbande von CO (3 hPa, Gesamtdruck 960 hPa mit N_2 als Matrix, $l = 10$ cm, spektrale Auflösung 0,03 cm^{-1})

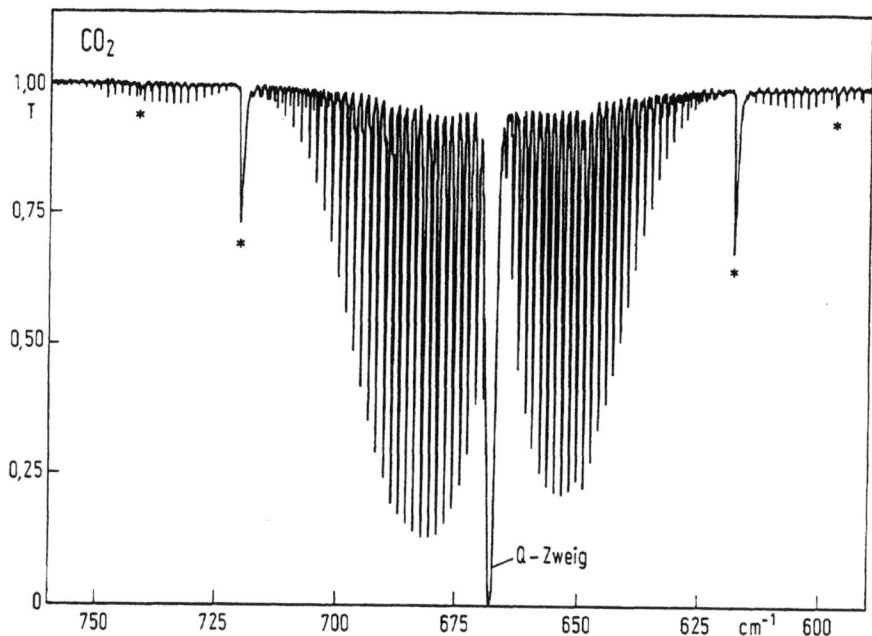

Abb. 4. ν_2-Rotations-Schwingungsbande von atmosphärischem CO_2, Gesamtdruck 1000 hPa, l = 400 cm, 25 °C, spektrale Auflösung 0,05 cm^{-1} (zu den gekennzeichneten Q-Zweigen siehe Text)

Beispiel für diese sogenannten Parallelbanden ist in Abb. 3 mit dem Extinktions-Spektrum des CO gegeben. Die Abhängigkeit der Molekülstruktur vom Schwingungszustand führt zu einer Änderung der Rotationsenergieterme innerhalb der verschiedenen Vibrationsniveaus, so daß die gleichen Abstände zwischen den Rotations-Vibrationslinien verlorengehen. Für lineare Moleküle mit senkrecht zur Molekülachse ausgeführten Schwingungen sind die Auswahlregeln erweitert; zugelassen ist weiter $\Delta J = 0$, womit sich die prominenten Q-Zweige erklären lassen. Ein Beispiel für diese sogenannten Senkrechtbanden ist in Abb. 4 gezeigt ($\nu_2(CO_2)$: 667,3 cm^{-1}). Die mit einem Stern gekennzeichneten Q-Zweige sind heiße Banden ($2\nu_2 - \nu_2$: 618,1 cm^{-1} und $3\nu_2 - 2\nu_2$: 596,8 cm^{-1}); die beiden anderen gekennzeichneten Q-Zweige gehören zu Differenzbanden ($\nu_1 - \nu_2 0$: 720,5 cm^{-1} und $\nu_1 + \nu_2 - 2\nu_2$: 740 cm^{-1}).

Bei symmetrischen Kreiselmolekülen ergibt sich mit der Modelländerung auch wegen anderer Auswahlregeln eine Vergrößerung der Liniendichte. Bei Vibrationen mit Dipolmomentänderung parallel zur Molekülsymmetrieachse ähneln diese Banden dem zuletzt besprochenen Typ von Rotationsschwingungsbanden linearer Moleküle. Für den anderen Fall mit senkrecht oszillierendem Dipolmoment ergeben sich eine Reihe von verschobenen Subbanden, deren Q-Zweige jeweils prominent aus dem Spektrum herausragen können. In Abb. 5 ist für das CH_3J-Molekül jeweils ein Beispiel für eine Parallelbande (ν_1: 2969,8 cm^{-1}) und Senkrechtbande (ν_4: 3060,3 cm^{-1}) zu finden.

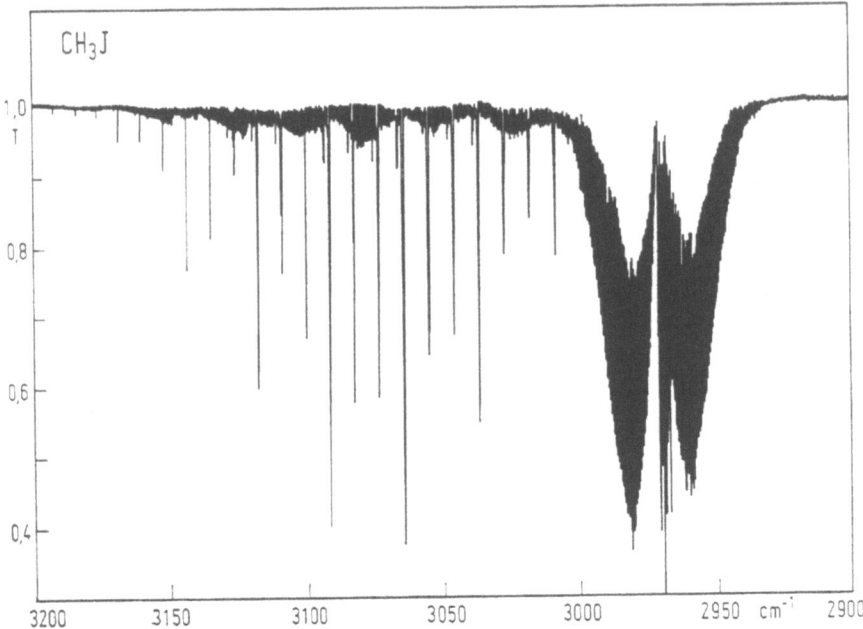

Abb. 5. Rotations-Schwingungsbanden von CH_3J (symmetrisches Kreiselmolekül), 40 hPa, l = 10 cm, 25 °C, spektrale Auflösung 0,03 cm^{-1}

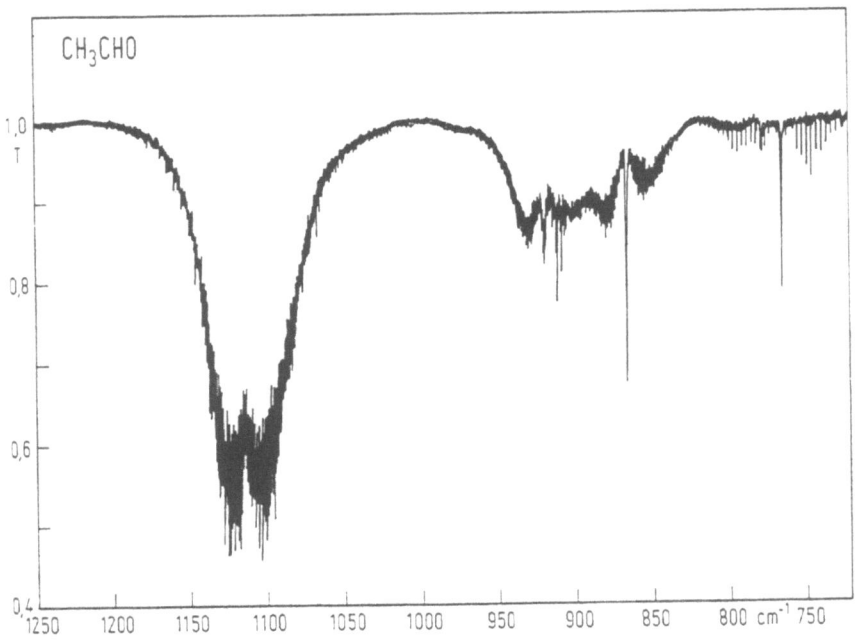

Abb. 6. Rotations-Schwingungsbanden von CH_3CHO (asymmetrisches Kreiselmolekül), 38 hPa, l = 10 cm, 25 °C, spektrale Auflösung 0,03 cm^{-1}

Für ein asymmetrisches Kreiselmolekül ergeben sich weitere Formen der Rotationsfeinstruktur [9]. Bandenbeispiele sind mit dem Ausschnitt aus einem CH_3CHO-Spektrum (Abb. 6) gegeben: A-Typ (867 cm^{-1}), B-Typ (1114 cm^{-1}) und C-Typ (763 cm^{-1}). Daneben können ebenfalls Hybridformen z. B. vom AB-Typ wie bei 920 cm^{-1} auftreten. Diese Spektren sind exemplarisch. Eine Übersicht über die charakteristischen Einhüllenden von Rotations-Vibrationsbanden für symmetrische und asymmetrische Kreiselmoleküle gibt [13]. Für größere Moleküle existieren in den Spektren so große Liniendichten, daß spezifische Bandenformen nicht mehr auszumachen sind (siehe Abb. 7).

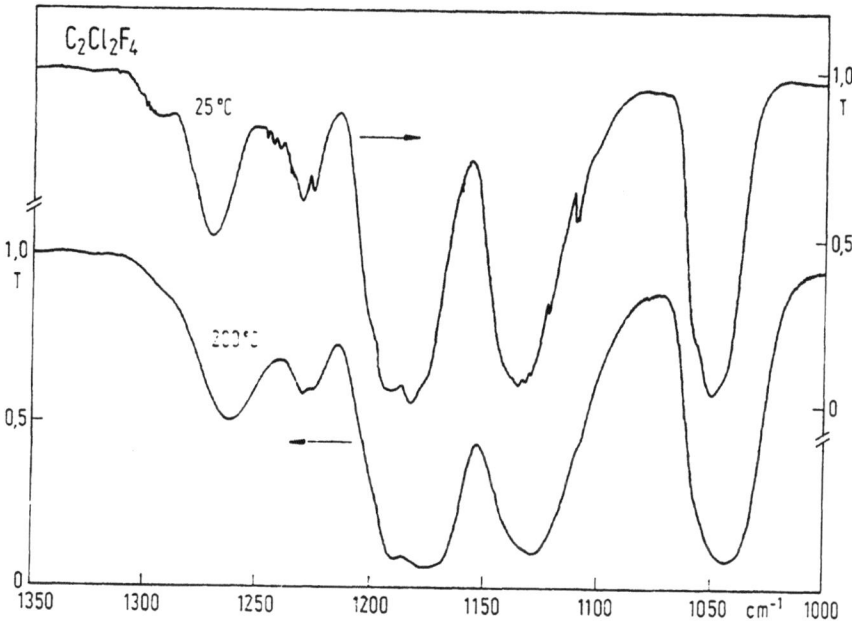

Abb. 7. Temperaturabhängigkeit von Rotations-Schwingungsbanden des $C_2Cl_2F_4$ (Freon 114), 9 hPa, l = 10 cm, spektrale Auflösung 0,03 cm^{-1}

2.2 Intensitäten

Die Intensität von Moleküllinien bzw. Banden enthält die Information über den Volumenanteil in der Meßprobe. Für eine quantitative Messung muß das Verfahren durch Berechnung oder, in den überwiegenden Fällen, über eine Kalibration festgelegt werden. Für die Berechnung der spektralen Intensitäten sind sowohl Molekülkonstanten als auch Meßparameter zu berücksichtigen.

Wichtig für die Temperaturabhängigkeit der Linienintensitäten ist die *Boltzmann-Verteilung*, die die Besetzungsdichte in den verschiedenen Energieniveaus im thermischen Gleichgewicht angibt. So erhält man für den Teil der Moleküle z. B. im Schwingungszustand v (mit statistischem Gewicht g_v)

$$N_v = \frac{N}{Q} g_v e^{-E_v/kT},$$

wobei N die Moleküldichte und $Q = \sum_i g_i e^{-E_i/kT}$ die zur Normierung notwendige Zustandssumme darstellen. Weitere Einzelheiten hierzu sind in [9] angegeben.

Abbildung 8 zeigt den Exponentialterm für die Besetzungsdichten bei unterschiedlichen Temperaturen in Abhängigkeit von der Wellenzahl des betrachteten Schwingungsterms. So können bei höheren Temperaturen die heißen Banden, die gegenüber denen mit vom Grundzustand ausgehenden Übergängen zu niedrigeren Wellenzahlen verschoben sind, beträchtliche Intensitäten aufweisen (siehe auch Abb. 7).

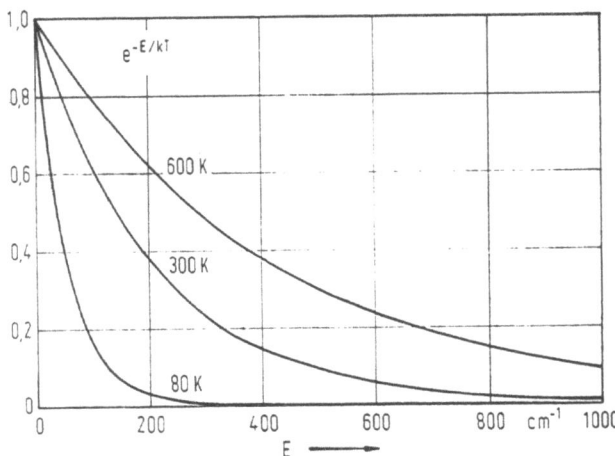

Abb. 8. Schwingungsterm-Abhängigkeit des Boltzmannfaktors mit der Temperatur als zusätzlichem Parameter

Entsprechend berechnen sich die Besetzungsdichten in den Rotationsenergieniveaus. Die Intensitätsunterschiede in den Linien von Rotations-Vibrationsspektren werden wegen der bei höheren Schwingungsniveaus zu vernachlässigenden Besetzungsdichte nahezu ausschließlich von der thermischen Verteilung in den Rotationsniveaus des unteren Schwingungszustandes (zumeist der Grundzustand) bestimmt.

Die Wechselwirkung der Strahlung mit einem Molekül läßt sich quantenmechanisch berechnen. Das Ergebnis für die Übergangswahrscheinlichkeit zwischen zwei Zuständen E_m und E_n mit $h\nu = E_n - E_m$ ist der *Einstein-Koeffizient für die induzierte Absorption*

$$B_{mn} = \frac{8\pi^3}{3h^2} [\mu_{mn}]^2$$

mit [μ_{mn}] dem Matrixelement des elektrischen Dipolmoments. Die Dipolmoment-Matrixelemente für reine Rotations- und Rotations-Vibrationsübergänge sind teilweise recht kompliziert; weiterführende Literatur zu diesem Gebiet ist in [14, 15] zu finden.

Über die Betrachtung des Planckschen Strahlungsgesetzes erhält man den *Einsteinkoeffizienten für spontane Emission* [16]

$$A_{nm} = 8\pi h \tilde{\nu}^3 \frac{g_m}{g_n} B_{mn},$$

wobei g_m, g_n das statistische Gewicht der jeweiligen Zustände darstellen. Die im gesamten Raumwinkel von 4π emittierte Strahlungsleistung pro Volumeneinheit kann über den Einsteinkoeffizienten berechnet werden

$$\Phi_e(\tilde{\nu}) = A_{nm} N_n hc\tilde{\nu}.$$

Für eine im thermischen Gleichgewicht befindliche, isotrope Strahlungsquelle mit der Fläche A läßt sich die gesamte in den Raumwinkel Ω emittierte Leistung über das *Plancksche Strahlungsgesetz* berechnen

$$\Phi_e = \iiint 2h\tilde{\nu}^3/\{c^2(e^{-hc\tilde{\nu}/kT} - 1)\}\, \varepsilon_e(\tilde{\nu}) \cos\theta\, dA\, d\Omega\, d\tilde{\nu}.$$

Hierbei ist $\varepsilon_e(\tilde{\nu})$ der spektrale Emissionsgrad, der für einen schwarzen Körper gleich 1 und sonst nach dem Kirchhoffschen Strahlungsgesetz gleich dem Absorptionsgrad ist. Dieser kann als Quotient von absorbierter und eingestrahlter Strahlungsleistung definiert werden. Nach dem Lambertschen Cosinus-Gesetz muß θ, der Winkel zwischen der Richtung des Strahles in das Raumelement $d\Omega$ und der Flächennormale von dA, berücksichtigt werden. Für zu berechnende, am Detektor meßbare Strahlungsleistungen müssen entsprechende Strahlungsbilanzen unter Berücksichtigung von thermischer Hintergrund- und Quellenstrahlung, sowie der Detektoremission aufgestellt werden. Im Gegensatz hierzu kann als Beispiel für eine nichtthermische und nichtisotrope Strahlungsquelle der Laser genannt werden (siehe Kap. 5.1).

Üblicherweise wird die Strahlungsabsorption bei der Wechselwirkung mit Materie als Abnahme der Strahlungsleistung $d\Phi$ für eine dünne Schichtdicke dl des Absorbers beschrieben

$$d\Phi(\tilde{\nu}) = -\alpha(\tilde{\nu})\, \Phi(\tilde{\nu})\, dl,$$

wobei $\alpha(\tilde{\nu})$ der Absorptionskoeffizient ist. Dies ist die differentielle Schreibweise des *Lambertschen Gesetzes*. Man erhält für den betrachteten Übergang über einen Vergleich der pro Volumeneinheit absorbierten Strahlungsleistung bei Integration des Absorptionskoeffizienten und unter Berücksichtigung der induzierten Emission (bei der Temperatur T) [16]

$$\int \alpha(\tilde{\nu})\, d\tilde{\nu} = N_m\{1 - e^{-hc\tilde{\nu}/kT}\} B_{mn} h\tilde{\nu}/c.$$

Bei zu vernachlässigender Besetzungszahldichte im oberen Niveau, z. B. bei Rotations-Schwingungsübergängen, entfällt der zweite Summand. Für die Analytik ist wichtig, daß der integrale Absorptionskoeffizient unabhängig von der Linienform ist.

Über das Lambertsche Gesetz läßt sich der Transmissionsgrad $T(\tilde{\nu})$

über den Quotienten der durchgelassenen, nicht absorbierten Strahlungsleistung zur eingestrahlten definieren:

$$T(\tilde{\nu}) = \Phi(\tilde{\nu})/\Phi_0(\tilde{\nu}) = e^{-\alpha(\tilde{\nu})l}.$$

Die Absorption wird in den meisten Fällen auf den dekadischen Logarithmus bezogen; der resultierende dekadische Absorptionskoeffizient α' ist in der Spektroskopie und Technik üblich. Als Extinktion (auch dekadisches Absorptionsmaß; engl. absorbance) gilt

$$E(\tilde{\nu}) = -\lg T(\tilde{\nu}) = \alpha'(\tilde{\nu})\, l.$$

Wie einfach abzuleiten ist, ergibt sich $\alpha = (\ln 10)\,\alpha'$. Der (spektrale) Absorptionskoeffizient bezieht sich in der Regel für die Gasphase auf die Normalbedingungen (1013 hPa und 273 K); die üblicherweise verwendete Einheit ist [cm^{-1}].

Das *Beersche Gesetz* liefert die Verknüpfung des Absorptionskoeffizienten mit der Konzentration

$$\alpha' = \varepsilon c.$$

Wird die molare Konzentration c_m verwendet, so stellt ε_m den molaren dekadischen Extinktionskoeffizienten dar. Diese Größe ist in der Gasanalytik jedoch weniger verbreitet. Neben Volumenanteilen und Partialdrücken (entsprechen bei Gültigkeit des idealen Gasgesetzes den Stoffmengenanteilen) werden Masse-Konzentrationen eingesetzt. In der Spurenanalytik sind so z. B. Volumenanteile in ppm (10^{-6}) und ppb (10^{-9}) gebräuchlich; als Einheiten für die Konzentration sind entsprechend mg/m^3 bzw. µg/m^3 zu finden. Bei der Umrechnung von Volumenanteilen in Konzentrationen müssen die Zustandsbedingungen Druck und Temperatur berücksichtigt werden:

$$1 \text{ ppm entspricht } \frac{\text{Molgewicht (in g)}}{\text{Molvolumen (in L)}} \text{ mg/m}^3.$$

Beim Suchen von Intensitätsdaten stößt man in der Literatur auf weitere, mit α verknüpfte Größen, so z. B. den molekularen Absorptionsquerschnitt σ

$$\alpha = \sigma c_N$$

mit der Teilchendichte $c_N = N_L/V_0$; N_L ist die Loschmidtsche Zahl und V_0 das Molvolumen eines Gases z. B. unter Normalbedingungen.

Neben vielfältigen anderen Konzentrationsmaßen werden unterschiedliche Integrationsvariable gewählt, so daß eine verwirrende Vielfalt von Linien- und Bandenintensitätswerten veröffentlicht worden ist. Gebräuchlicherweise wird das Integral über den Absorptionskoeffizienten einer Linie bzw. einer Rotationsvibrationsbande auch als Linien- und Bandenstärke mit dem Symbol S bezeichnet. Eine hilfreiche und ausführliche Übersicht über IR-Bandenintensitäten von Molekülen bis zu 5 Atomen ist in [18] aufgeführt. Weiterhin wird für größere Moleküle auf eine Bibliographie verwiesen.

Ein umfangreicher Atlas mit Intensitätsdaten von Moleküllinien im

Bereich von 0 bis 17 900 cm⁻¹ wurde für in der Atmosphäre vorkommende Gase zusammengestellt [19]. Einzelheiten über die hier zugrunde liegende Datenbank, die auch auf Magnetband zugänglich gemacht wird, sind in [20] angegeben. Seit kurzem wird eine hierauf basierende Spektrendatenbank von 28 in der Atmosphäre befindlichen Molekülen für den Personal-Computer-Einsatz angeboten [21]. Weitere Publikationen mit Intensitätsdaten und Linienparametern für spektroskopische Spurengasmessungen in der Atmosphäre liegen vor [22, 23].

2.3 Linienbreiten

Bei den Experimenten zur Messung von Gaskonzentrationen ist der Druck ein wichtiger Parameter, der die Moleküldichte und die damit verbundene integrale Absorption bestimmt; zum anderen beeinflußt dieser die Form der Moleküllinien entscheidend, so daß die spektralen Absorptionskoeffizienten eine zusätzliche Druckabhängigkeit aufweisen.

Aus praktischen Gründen werden viele Gasmessungen bei Atmosphärendruck durchgeführt; unter diesen Bedingungen dominiert bei den Moleküllinien der Effekt der Druckverbreiterung, die durch die thermischen Zusammenstöße zwischen den Gasmolekülen bestimmt wird und die proportional zur Moleküldichte ist. Die Form einer druckverbreiterten Linie läßt sich durch eine *Lorentzfunktion* beschreiben

$$f_L(\tilde{\nu} - \tilde{\nu}_0) = (\gamma/\pi)/\{(\tilde{\nu} - \tilde{\nu}_0)^2 + \gamma^2\}.$$

Die Linienfunktion ist so normiert, daß sich für das Integral $\int_{-\infty}^{\infty} f_L(\tilde{\nu} - \tilde{\nu}_0) d\tilde{\nu}$ = 1 ergibt. Der Parameter γ ist die halbe Linienhalbwertsbreite, die in der englischsprachigen Literatur mit HWHM (half width at half maximum) bezeichnet wird. Typische, von der Gasart abhängige Werte liegen bei Atmosphärendruck zwischen etwa 0,01 und 0,1 cm⁻¹. Es werden Koeffizienten γ [cm⁻¹/atm] angegeben, die zum einen die Druckverbreiterung durch gleiche (self broadening) und zum anderen durch fremde Moleküle (foreign broadening) beschreiben. Die Druck- und Temperaturabhängigkeit der Halbwertsbreite kann mit folgender Gleichung angegeben werden

$$\gamma(T, p) = \gamma(T_0, p_0) (p/p_0) (T_0/T)^n.$$

Die bereits genannte Datenbank [20] enthält für die verschiedenen Komponenten Druckverbreiterungskoeffizienten für Luft und deren Temperaturabhängigkeit.

Die Lorentzbanden weisen breite Linienflügel auf, so daß eine Bestimmung des integralen Absorptionskoeffizienten problematisch ist (siehe Abb. 9). Bei einer Verringerung des Druckes kommt man in Bereiche, in denen nicht mehr die Stoß-, sondern die Dopplerverbreiterung entscheidend ist. Der Grund hierfür ist, daß die Wellenzahl der von einem Molekül absorbierten Strahlung von der Molekülgeschwindigkeit relativ zur Strahlung abhängt. Moleküle im thermischen Gleichgewicht weisen eine Maxwell-Boltzmann-Geschwindigkeitsverteilung auf. Hierdurch wird ein

Linienprofil bedingt, das eine *Gaußfunktion* darstellt

$$f_D(\tilde{v} - \tilde{v}_0) = \{(\ln 2/\pi)^{1/2}/\gamma_D\} \, e^{-\ln 2(\tilde{v}-\tilde{v}_0)^2/\gamma_D^2}.$$

Die volle Dopplerhalbwertsbreite kann über Molekülkonstanten berechnet werden,

$$2\gamma_D = 2\tilde{v}_0\{2N_L kT \ln 2/M\}^{1/2} = 7{,}15 \cdot 10^{-7}\tilde{v}_0(T/M)^{1/2},$$

wobei M das Molekulargewicht des absorbierenden Gases ist. In Abb. 9 sind Lorentz- und Gaußprofil mit gleicher Halbwertsbreite abgebildet, womit der Unterschied zwischen beiden Linienformen herausgestellt wird. Die Dopplerhalbwertsbreite läßt sich wegen des raschen Abklingens der Gaußfunktion relativ genau bestimmen, so daß hierüber mit dem maximalen Absorptionskoeffizienten auch der integrale Wert bestimmt werden kann.

$$S = \int \alpha(\tilde{v}) \, dv = 1{,}064 \alpha(\tilde{v}_0) \, 2\gamma_D.$$

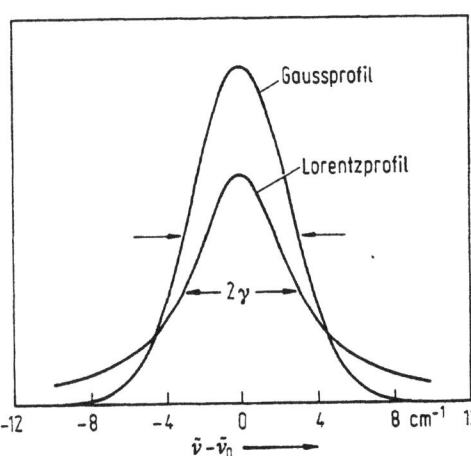

Abb. 9. Vergleich von normiertem Gauß- und Lorentzlinienprofil

Dieser Vorteil des dopplerverbreiterten Profils wird z. B. bei der Gasspurenanalytik mit spektral hochauflösenden Spektrometern genutzt. Zum einen werden Querempfindlichkeiten durch Linienüberlagerung von störenden Komponenten verringert, und zum anderen läßt sich die Derivativspektroskopie erfolgreich einsetzen. Für einen Übergangsbereich findet man das sogenannte *Voigtprofil*, das aus einer Faltung von Lorentz- und Gaußfunktion resultiert.

$$f(\tilde{v} - \tilde{v}_0) = Pa/\pi \int_{-\infty}^{\infty} e^{-y^2}/\{a^2 + (z-y)^2\} \, dy$$

mit dem Voigt-Parameter $a = (\ln 2)^{1/2} (\gamma_L/\gamma_D)$ und $z = (\tilde{v} - \tilde{v}_0)(\ln 2)^{1/2}/\gamma_D$; P ist Normierungskonstante mit $P = \{(\ln 2)/\pi\}^{1/2}/\gamma_D$ [18]. Weitere Hinweise zur Voigtfunktion können z. B. in [24] gefunden werden.

Im Infraroten ist unter bestimmten Umständen durch Molekülstöße auch eine Verringerung der Linienbreite unter die Dopplerbreite möglich

[25]; dieser Effekt wird nach seinem Entdecker auch „Dicke-Narrowing" genannt.

Erwähnt werden soll noch die natürliche Linienbreite, die jedoch im Infraroten von untergeordneter Bedeutung ist. Diese Linienbreite läßt sich beispielsweise über die Heisenbergsche Unschärferelation $\Delta E \, \Delta t \approx h/2\pi$ und den Einsteinkoeffizienten für spontane Emission, der die Lebensdauer eines Zustandes beschreibt, herleiten. So ergeben sich für die Rotations-Schwingungslinien z. B. von HCl um 2886 cm^{-1} natürliche Linienbreiten von 12 kHz ($4 \cdot 10^{-7}$ cm^{-1}) [14].

2.4 Apparative Grundlagen

2.4.1 Aufbau der Meßgeräte

Dem experimentellen Schema der spektrometrischen Messungen liegt als Prinzip die Messung der Emission oder Absorption von elektromagnetischer Strahlung zugrunde. Der prinzipielle Aufbau eines Meßgerätes ist in Abb. 10 gezeigt; einige Variationen dieses Schemas seinen im folgenden angesprochen, wobei die verschiedenen apparativen Möglichkeiten noch detailliert beschrieben werden.

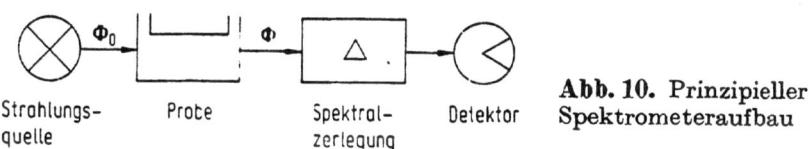

Abb. 10. Prinzipieller Spektrometeraufbau

Als IR-Strahlungsquellen werden thermische Strahler, z. B. der vielfach verwendete Globar (Siliciumcarbid) oder metallische Drahtwendeln (Chrom-Nickel, Wolfram) u. ä. eingesetzt, die ein Kontinuumspektrum abgeben. Der Emissionsgrad dieser Materialien liegt unterhalb der eines schwarzen Strahlers, für den das Plancksche Strahlungsgesetz gilt. Weitere Einzelheiten hierzu sind z. B. in [16, 26] zu finden. Strahlungsquellen anderer Art sind Laser, die ein Linienspektrum abgeben. Daher ist man hier für eine Gasmessung auf die zufällige Übereinstimmung von Gasabsorptionslinien mit der des Lasers angewiesen; ein weitaus vielseitigerer Einsatz ist mit den über größere spektrale Bereiche abstimmbaren Lasern möglich. Ein wiederum anderer Fall liegt bei Emissionsexperimenten vor, bei denen die Strahlungsleistung der emittierenden Probe gemessen und analysiert wird.

Eine Spektralzerlegung der zu messenden Strahlung erübrigt sich bei monochromatischen Strahlungsquellen; jedoch ist z. B. auch beim sogenannten Multimodenbetrieb eines Lasers ein Monochromator zur Modenauswahl und spektralen Bereichseingrenzung notwendig. Als dispersive Elemente von Monochromatoren stehen heutzutage nur noch selten Prismen, jedoch überwiegend Gitter zur Verfügung. Einzelheiten hierzu sind in [26, 27] zu finden. Eine andere Möglichkeit der kontinuierlich variablen Wellenzahlbereichseinstellung erhält man mit Interferenzverlaufsfiltern. Diese Art von Monochromatoren wird u. a. in tragbaren Meßgeräten für die Umweltanalytik eingesetzt. Vielfach ist das Meßgerät nur für eine spezielle Komponente ausgelegt, so daß in diesen Fällen feste Filter ausreichen, um in dem in Betracht gezogenen Spektralbereich selektiv messen zu können. Anders geartet sind die sogenannten Korrelationsfilter, die mit speziellen Gasküvetten realisiert werden können. Ein weiteres Prinzip wird bei den Fourier-Transform-(FT)Spektrometern verwendet. Über ein Interferometer erfolgt die Modulation des Spektrums, das erst nach einer Fourier-Transformation des Interferogramms zur Verfügung steht [28].

Ein wesentlicher Teil des Meßgerätes ist der Detektor, der die zu messende Strahlungsleistung in ein elektrisches Signal umwandelt. Man unterscheidet zwischen thermischen und photoelektrischen Detektoren. Die erstgenannten sind sogenannte Leistungsdetektoren, deren spezifische Detektivität im gesamten Spektralbereich konstant ist; als Beispiel seien Bolometer (temperaturabhängiger Meßeffekt: Widerstandsänderung), Thermoelemente (Thermospannung) und pyroelektrische Detektoren (Polarisierbarkeit) genannt. Für nichtdispersive Spektrometer sind pneumatische Detektoren speziell wichtig, die als selektive Empfänger konzipiert sind.

Die photoelektrischen Detektoren bestehen aus Halbleitermaterialien und sind Photonendetektoren mit wellenzahlabhängiger Detektivität. Man unterscheidet zwischen photoconduktiven und photovoltaischen Detektoren mit den verknüpften Phänomenen der Photoleitfähigkeit und Photospannung. Die Detektivität kann durch Kühlung der Halbleiter mit z. B. flüssigem Stickstoff beträchtlich vergrößert werden. Im mittleren IR wird häufig ein HgCdTe-Detektor und im NIR z. B. ein PbS-Detektor eingesetzt. Weitere Hinweise sind in [26, 29] zu finden.

Die Verarbeitung des Detektorsignals schließt eine Verstärkung mit nachfolgender Dokumentation ein. Hier kann zwischen analoger und digitaler Registrierung unterschieden werden. In vielen Geräten erfolgt eine Analog-Digital-Umwandlung des Signals, so daß eine weitere Verarbeitung über Mikroprozessoren oder Computer möglich ist. Eine umfangreiche Übersicht zur elektronischen Signalverarbeitung kann in [30] gefunden werden.

2.4.2 Probenbehandlung

Die Anordnung der Probe innerhalb der Meßgeräte (siehe Abb. 10) ist unterschiedlich. Bei einigen Spektrometern ist der Probenraum mit der die Strahlung spektral zerlegenden Einheit vertauscht, so z. B. bei einigen dispersiven und — ausschließlich — bei FT-Geräten. Die Gasprobe wird in den überwiegenden Fällen im gasförmigen Zustand in Küvetten vermessen. In Abhängigkeit von der zu messenden Konzentration müssen entsprechende optische Weglängen realisiert werden, um meßbare Extinktionen ($E = \varepsilon\, cl$) zu erhalten. Bei hohen Konzentrationen reichen Küvetten mit einer Länge von 10 cm und kürzer aus, für Messungen im ppm-Bereich werden bereits Multireflexionsküvetten mit Weglängen bis 20 m eingesetzt. Messungen in geringeren Spurenbereichen erfordern noch größere optische Weglängen bis zu mehreren hundert Metern. Grundlage der Multireflexionsküvetten ist eine Veröffentlichung von White [31]. Abbildung 11 zeigt das Prinzip einer solchen Meßzelle. Die Anzahl der Reflexionen ist begrenzt, da die Zwischenabbildungen räumlich getrennt vorliegen müssen und der Reflexionsgrad der metallischen Spiegel den Transmissionsgrad der Zelle entscheidend bestimmt. Für Gasmessungen bei Temperaturen bis 1000°C wurde eine Langwegzelle anderer Bauart [32] gewählt; der Vorteil dieser Konfiguration ist die optische Stabilität auch hinsichtlich höherer Temperaturbelastung.

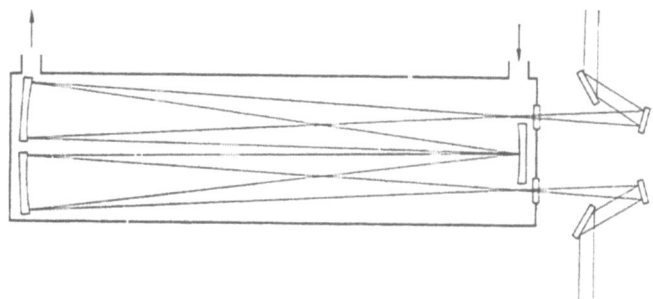

Abb. 11. Schema einer White-Zelle

Das Volumen der Meßküvette ist sehr unterschiedlich; so weist eine normale 10-cm-Küvette ein Volumen von etwa 200 mL auf. Für spezielle Anwendungen (z. B. GC-FTIR) werden beheizbare Durchflußküvetten mit Volumen von 100 µL und weniger verwendet. Bei kommerziellen 20-m-Multireflexionsküvetten liegen Meßvolumen in der Größenordnung von 5 L vor, und mit der Realisierung größerer Weglängen kann das Zellenvolumen beträchtlich anwachsen. Ein wichtiger Gesichtspunkt ist bei begrenzten Probemengen zu berücksichtigen: das Verhältnis der optischen Weglänge zum Zellenvolumen sollte möglichst groß ausfallen, um ein hohes Nachweisvermögen des Meßverfahrens zu gewährleisten [26, 33]. Als Fenstermaterialien für die Küvetten werden IR-transparente Materialien wie NaCl, KBr u. a. verwendet; für bestimmte Anordnungen ist es erforderlich, auf nichthygroskopische Materialien, wie z. B. ZnSe, zurückzugreifen (weitere Details hierzu [5, 26]).

Eine andere Möglichkeit der Probenmessung ergibt sich speziell bei atmosphärischen Untersuchungen; hier können über die IR-Spektrometrie in-situ-Messungen (open path monitoring) vorgenommen werden. So werden z. B. Retroreflektoren eingesetzt, oder es wird die Möglichkeit genutzt, die rückwärts gestreute Streustrahlung zu messen (LIDAR-Prinzip; siehe Kap. 5.1). In den letzten Jahren hat die IR-spektrometrische Atmosphärenanalytik große Fortschritte genommen; hierbei wurden von Ballonen, Flugzeugen oder sogar Space Shuttle Messungen durchgeführt, bei denen insbesondere die Sonne als Strahlungsquelle diente und Konzentrationsprofile der Stratosphäre bestimmt werden konnten.

Auf der anderen Seite müssen spezielle Probenpräparationen ebenfalls Berücksichtigung finden. Für die Spurenanalytik sind Probenanreicherungen wie Kryokondensation oder besondere Adsorptionsverfahren vorgeschlagen worden. Bestimmte Komponenten lassen sich nachfolgend auch in Lösung spektroskopieren. Weitere Verfahren verwenden z. B. die Technik der Matrixisolation, für die noch Einzelheiten genannt werden.

Innerhalb eines analytischen Verfahrens ist die Kalibration ein wichtiger Schritt, wenn nicht auf Absorptionskonstanten zurückgegriffen werden kann oder das Meßverfahren eine zu aufwendige Auswertung erfordert. Hierfür können kommerzielle Prüfgase eingesetzt werden; es bestehen verschieden aufwendige Möglichkeiten, Primär- oder Sekundärstandards herzustellen, für die u. a. statische Verfahren genutzt werden [34]. Besondere Schwierigkeiten bestehen bei Spurenbestandteilen, die chemisch reaktiv sind oder beispielsweise an der Küvettenoberfläche adsorbiert werden. Für problematische Spurenbestandteile sind besondere dynamische Kalibrationsverfahren z. B. über die Dosierung von Stoffen über Membranen [35] oder Kapillaren [36] notwendig; in der letztgenannten Veröffentlichung ist weitere Literatur über verschiedene Kalibrationsmethoden gegeben.

3 Dispersive Verfahren

3.1 Spektrometer und ihre Meßeigenschaften

Für die Gasanalytik können dispersive Spektrometer vielseitig eingesetzt werden. Der Vorteil dieser Geräte liegt — abhängig vom Wellenzahlbereich und spektraler Auflösung — darin begründet, daß eine große Anzahl von verschiedenen Substanzen mit der gleichen Apparatur nachgewiesen und bestimmt werden kann. Die IR-Spektroskopie besitzt insbesondere hohe Identifikationssicherheit und kann daher erfolgreich für die qualitative Analyse eingesetzt werden. Mit den entsprechenden optischen Weglängen wird auch das Nachweisvermögen für den interessierenden Konzentrationsbereich erreicht. Diese Geräte werden überwiegend als Laborspektrometer eingesetzt, jedoch sind auch entsprechende mobile Systeme z. B. in Ballonen, Flugzeugen oder Transportern vorgestellt worden [37—39].

Noch vor einigen Jahren fanden sich in den Labors überwiegend dispersive Spektrometer, die auch weiterhin für die Routine preisgünstig zu erhalten sind. Diese Spektrometer sind als Zweistrahlgeräte konzipiert und erlauben, den Transmissionsgrad der Probe direkt zu messen. Das Herzstück eines dispersiven Spektrometers ist der Monochromator mit Ein- und Austrittsspalt, Kollimatorspiegel sowie einem Reflexionsgitter bei neueren Geräten als dispersivem Element [27]. Die Spaltbreiten bestimmen u. a. die spektrale Auflösung. Vielfach werden Spaltprogramme verwendet, um so die Intensität der nicht durch eine Probe abgeschwächten Strahlung am Detektor konstant zu halten. Der Vorteil des über den gesamten zu messenden Spektralbereichs gleichen Signal/Rausch-Verhältnisses wird durch eine veränderliche spektrale Auflösung erkauft.

Die Fourier-Transform-Spektrometer enthalten als entscheidende Einheit ein Zweistrahl-Interferometer. Ein Beispiel hierfür ist das Michelson-Interferometer, das in den meisten Geräten Verwendung findet. Die

Strahlung wird durch einen halbdurchlässigen Strahlteiler (Beamsplitter) in zwei Teilstrahlen aufgespalten, die an einem feststehenden und einem beweglichen Spiegel reflektiert und zur Interferenz gebracht werden. Die Änderung der optischen Weglänge s in dem einen Interferometerarm führt zu einer Phasendifferenz und damit zur Änderung der Interferenzamplituden. Das Detektorsignal wird Interferogramm I(s) genannt; nach einer Fourier-Transformation wird das Spektrum $S_{FT}(\tilde{\nu})$ erhalten

$$S_{FT}(\tilde{\nu}) = \int_{-\infty}^{\infty} I(s)\, e^{-i2\pi\tilde{\nu}s}\, ds = FT[I(s)].$$

Die resultierende spektrale Auflösung ist abhängig von der experimentellen maximalen Interferogrammlänge S und der gewählten Apodisation, die eine Gewichtsfunktion für das Interferogramm darstellt, um geeignete Linienprofile zu erhalten. Die FT-Gerätefunktion, die Fourier-Transformierte der Apodisationsfunktion, entspricht der Spaltfunktion beim dispersiven Spektrometer (siehe auch Abb. 12). Weitere Details zur mathematischen Verarbeitung des Interferogramms sind in [28, 40] zu finden.

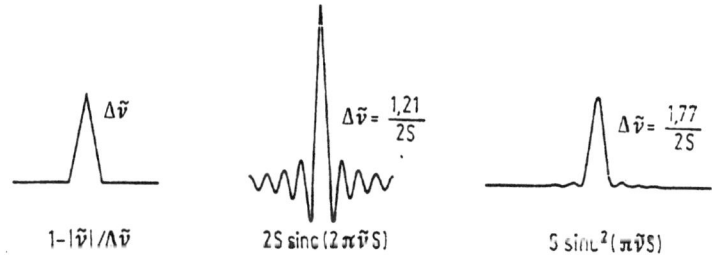

Abb. 12. Vergleich verschiedener Spektrometerfunktionen. **a** Dreiecksspaltfunktion, **b** Fourier-Transformierte der Boxcar-Apodisationsfunktion, **c** Fourier-Transformierte der Dreiecks-Apodisationsfunktion

Die FT-Spektrometer haben gegenüber den dispersiven verschiedene Vorteile:

a) anstelle schmaler, den Strahlungsfluß begrenzender Spalte werden kreisförmige Blenden eingesetzt (Throughput-Vorteil);
b) während der Messung trägt stets der gesamte Spektralbereich zum Signal bei (Multiplex-Vorteil);
c) durch die Verwendung eines Referenzlasers ist eine hohe Wellenzahlgenauigkeit gegeben.

Für die FT-Spektrometer wird normalerweise der Einstrahlbetrieb gewählt. Für die Berechnung des Transmissionsspektrums muß jeweils zusätzlich ein Interferogramm ohne Probe aufgenommen werden. Durch Quotientenbildung erhält man das Transmissionsspektrum mit über den gesamten Bereich konstanter spektraler Auflösung. Das Signal/Rausch-Verhältnis ist jedoch wellenzahlabhängig. Eine umfangreiche Zusammenstellung über verschiedene kommerzielle FT-Spektrometer findet sich in [41].

Ein ähnliches schrittweises Vorgehen zur Berechnung der Transmission wählt man bei Spektrometern mit Interferenz-Verlaufsfiltern, die auf dem Prinzip der Vielstrahlinterferenz an dünnen dielektrischen Mehrfachschichten beruhen. Der Aufbau eines solchen Filtermonochromators ist in Abb. 13 gezeigt. Der spektrale Transmissionsgrad bei einer Drehwinkelposition (Filterfunktion) ist als Beispiel aufgeführt; die spektrale Auflösung dieser Geräte ist in den meisten Fällen zur Wellenzahl proportional.

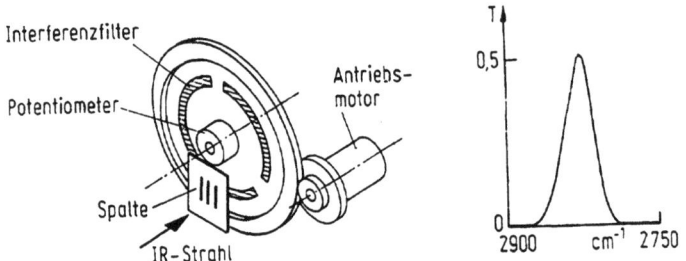

Abb. 13. Mikroprozessorgesteuertes Interferenz-Verlaufsfilter (nach [42]), sowie dessen Transmissionsgrad bei einer Winkelposition

Bei quantitativen Messungen muß die begrenzte spektrale Auflösung des Spektrometers berücksichtigt werden. Geräte für die Routine liefern Auflösungen bis zu 2 cm^{-1}, währenddessen Spektrometer mit um den Faktor 10 höherer Auflösung leistungsfähige Forschungsgeräte darstellen. Seit einigen Jahren werden auch kommerzielle FT-Spektrometer angeboten, deren spektrale Auflösung an 0,002 cm^{-1} heranreicht.

Die Auflösung $\Delta\tilde{\nu}$ kann über die Spektrometerfunktion $F(\tilde{\nu} - \tilde{\nu}_i)$ (engl.: instrument function, oder auch ILS instrument line shape) beschrieben werden. Der über das Spektrometer gemessene Transmissionsgrad $T_a(\tilde{\nu}_i)$ läßt sich, wenn ohne Probe näherungsweise eine konstante spektrale Strahlungsintensität vorliegt, über eine einfache Faltung berechnen

$$T_a(\tilde{\nu}_i) = \int_0^\infty F(\tilde{\nu} - \tilde{\nu}_i) \, e^{-\alpha(\tilde{\nu})l} \, d\tilde{\nu}.$$

Für dispersive Geräte kann die Spektrometerfunktion (Spaltfunktion) bei gleichen Spaltbreiten und Vernachlässigung von Beugungseffekten mit einer Dreiecksfunktion beschrieben werden (siehe Abb. 12). Die Einflüsse von verschiedenen anderen Spaltfunktionen wurden schon vor Jahren theoretisch berechnet, siehe z. B. [43]. Für den Fall von Lorentzabsorptionsprofilen wurden die Ergebnisse einer Faltung mit Dreiecks- sowie mit zwei üblichen FT-Spektrometerfunktionen verglichen [44]. Die zu erwartenden maximalen Linienextinktionen wurden gegenüber der wahren im logarithmischen Maßstab aufgetragen (Abb. 14).

Als entscheidender Parameter geht das Verhältnis der spektralen Auflösung ($\Delta\tilde{\nu}$) zur Linienhalbwertsbreite (2γ) in die Berechnungen ein. Bei

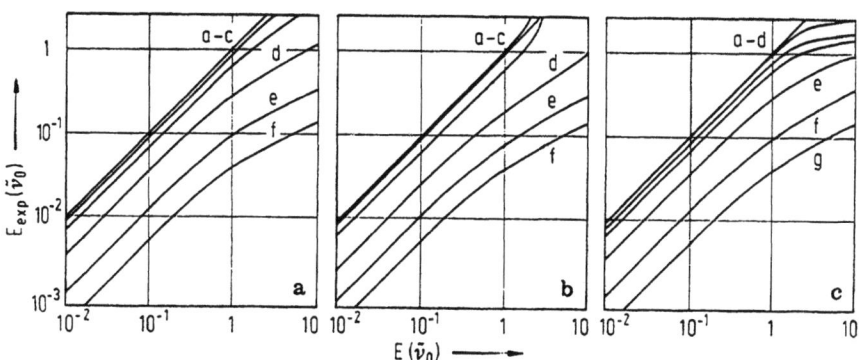

Abb. 14. Faltungseffekte von verschiedenen Spektrometerfunktionen bei Lorentzabsorptionsbanden in Abhängigkeit von der spektralen Auflösung (nach [44]).
a Dreiecksspaltfunktion; als Parameter ist $\rho = \Delta\tilde{\nu}/(2\gamma)$ gewählt mit
a) 0, b) 0,5, c) 1, d) 3, e) 10 und f) 25.
b sinc-Funktion; als Parameter ist $\rho = 1/(S \cdot 2\gamma)$ gewählt mit
a) 0, b) 1, c) 3, d) 10, e) 25 und f) 50.
c sinc²-Funktion; ρ ist wie unter **b** definiert mit
a) 0, b) 0,1, c) 0,5, d) 1, e) 3, f) 10 und g) 25

Messungen mit dispersiven Spektrometern kann als Anhalt gegeben werden, daß bei fünffacher Linienhalbwertsbreite — gegenüber der spektralen Auflösung — die Fehler bei der Messung des wahren Transmissionsgrades zu vernachlässigen sind. Wie aus Abb. 14 abzuschätzen ist, treten bei größeren Extinktionswerten Abweichungen vom linearen Funktionsverlauf auf. Diese werden beträchtlich, wenn das Verhältnis von spektraler Auflösung zur Linienbreite ungünstiger, d. h. größer ist.

Für die Gasanalytik können insbesondere beim Einsatz von Routinespektrometern Bedingungen vorliegen, bei denen die spektrale Auflösung sehr viel größer als die wahre Linienbreite ist. Dies ist speziell bei Linienspektren von kleinen Molekülen der Fall. Selbst bei einer Verdopplung der Linienbreite durch Druckverbreiterung bei Zugabe eines Matrixgases und in gleichem Maße entsprechender Verringerung der maximalen wahren Extinktion, kann ein größerer gemessener Wert resultieren. Ein experimentelles Beispiel hierzu ist in Abb. 15 gegeben. Für die Praxis ist wichtig, daß gleiche Druckverbreiterungseffekte bei der Kalibration (z. B. mit Prüfgasen) und der Messung vorliegen. Auch bei Vorliegen dieser Bedingungen bei der Kalibration müssen häufig nichtlineare Kalibrierfunktionen berücksichtigt werden, für die der Meß- und Auswerteaufwand entsprechend größer ist [46] und die von der Spektrometerfunktion (bei FT-Spektren von der Apodisation) abhängig sind.

Ein anderer Punkt, der angesprochen werden sollte und der ein allgemeines Problem darstellt, ist die Digitalisierungsschrittweite im Spektrum. Die Auswirkungen für die photometrische Genauigkeit in einem FT-Spektrum werden von Griffiths [47] belegt. Bei dem Einsatz von Minirechnern in den ersten FT-Spektrometern war die spektrale Interpolation durch Nullenanfügung (zerofill) in der Interferogramdomaine aus Speicher-

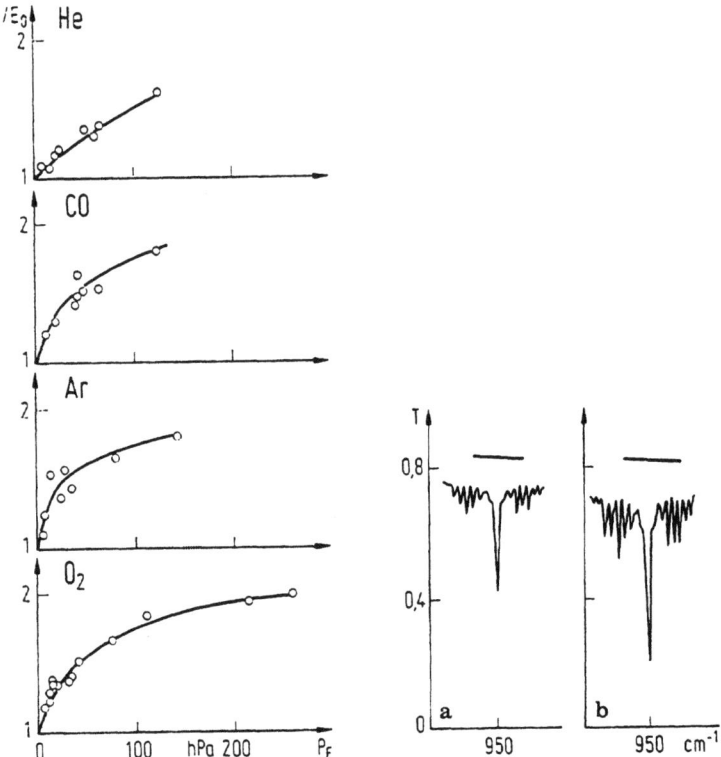

Abb. 15. Fremdgaseinfluß auf die maximale Extinktion der C_2H_2-Bande bei 950 cm^{-1}; E_0 ist die maximale Extinktion bei 13,3 hPa reinem C_2H_2; gezeigt sind ebenfalls zwei Spektren, **a** 21,3 hPa reines C_2H_4, **b** zusätzlich 212 hPa Argon. Spektrale Auflösung 1,7 cm^{-1} (nach [45])

gründen noch problematisch. Für Banden mit geringer Halbwertsbreite gegenüber der spektralen Auflösung ist die vier- bis achtfache FT-Spektreninterpolation zu empfehlen. Die Auswirkung unterschiedlicher Spektrenstützstellen ist in Abb. 16 gezeigt. Unter den angegebenen experimentellen Bedingungen kann übrigens das Rotations-Vibrations-Spektrum des ^{13}CO neben dem Normalisotop gemessen werden. Möglichkeiten der Spektrenglättung, Auflösungsverbesserung und Interpolation stehen ebenso zur Verfügung

Allgemein haben die Verfahren mit Spektrendigitalisierung den Vorteil, daß die Auswertung flexibel vorgenommen werden kann. Auf das Potential der Differenzspektroskopie sei verwiesen, mit der eine skalierte Spektrensubtraktion von z. B. störenden Komponenten möglich ist. So können multivariate Kalibrationen mit dem Ziel einer höheren Genauigkeit vorgenommen werden, bei denen größere Spektralbereiche z. B. für Auswertungs-Verfahren nach dem Prinzip kleinster Abweichungsquadrate herangezogen werden [6, 48].

Bei Abweichungen vom Lambert-Beerschen Besetz können von der Konzentration nichtlinear abhängige Extinktionen berücksichtigt werden, indem z. B. Potenzen dieser als unabhängige Variablen bei der Regression verwendet werden [49]. Dieser Vorgehensweise liegt die inverse Formulierung des Lambert-Beerschen Gesetzes zugrunde. Neuere hierauf basierende Kalibrationsverfahren für die Mehrkomponentenanalyse verwenden Algorithmen wie PCR (Principal Component Regression) oder PLS (Partial Least Squares).

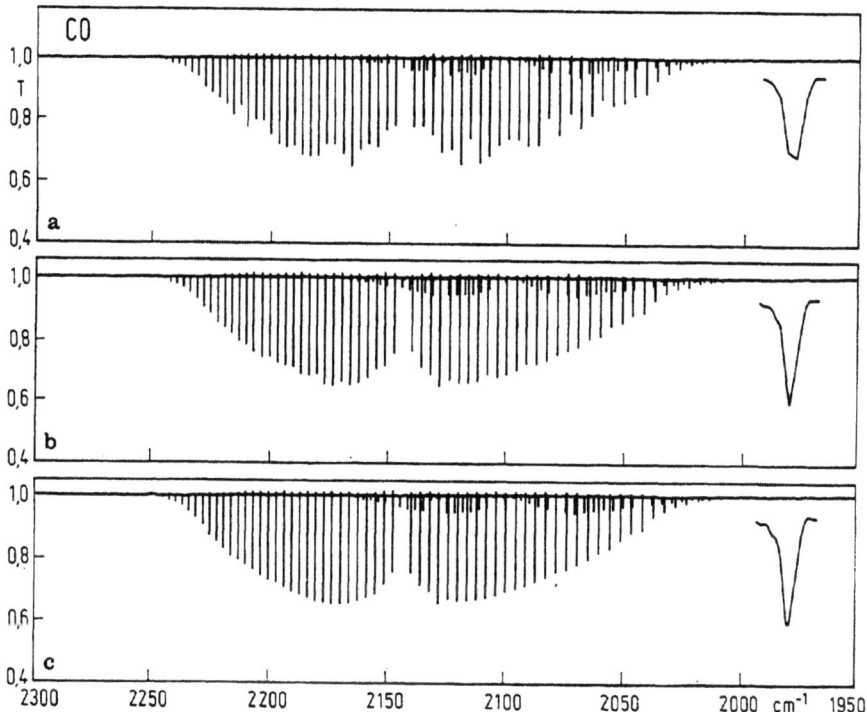

Abb. 16. Einfluß der Interpolation auf die photometrische Genauigkeit bei FT-Spektren, **a** keine Interpolation, **b** ein zusätzlicher Stützpunkt in dem ursprünglichen 2-Punkte-Intervall (zerofill = 2), **c** drei zusätzliche Stützpunkte (zerofill = 4); experimentelle Bedingungen: CO 3 hPa, l = 10 cm, 25 °C, spektrale Auflösung 0,03 cm^{-1}

Mit einer Transformation der Spektren in die Fourierdomaine ist auch eine Datenreduktion für die multivariate quantitative Analyse möglich [50]. Speziell für die Atmosphärenanalytik sind nichtlineare Least-Squares-Verfahren für die Auswertung von FT-Spektren vorgestellt worden [51]. Eine andere Vorgehensweise zur quantitativen Analyse von Gasspektren verwendet die Cross-Korrelation von breiten Spektralbereichen, die auch — für gegenüber dem Rauschen — schwache Spektrensignale Ergebnisse liefern kann [52]. Für Einzelheiten muß auf die Literatur verwiesen werden, insbesondere auf einen umfangreichen Aufsatz, der sich mit spektroskopischen Korrelationsmethoden allgemein befaßt [53].

3.2 Anwendungen dispersiver Spektrometer

3.2.1 Raumluftüberwachung

Ein wichtiger Bereich der spektrometrischen Gasanalytik ist die Raumluftüberwachung. Beim beruflichen Umgang mit chemischen Arbeitsstoffen z. B. in der Produktion treten Substanzen in die Umgebungsluft am Arbeitsplatz, für die arbeitsmedizinische Grenzkonzentrationen gefordert sind. So wurde für eine Vielzahl von Arbeitsstoffen eine Liste der maximalen Arbeitsplatzkonzentrationen [54] aufgestellt, die den Bereich der medizinischen Unbedenklichkeit vom Risikobereich abgrenzen. Als Beispiele für entsprechende Messungen seien kontinuierliche Untersuchungen der Raumluft von Operationssälen [55] und die Überwachung von Expositionsversuchen [56] genannt, für die ein Gitterspektrometer mit 20-m-White-Zelle eingesetzt wurde. Für dieses Anwendungsgebiet ist eine Reihe von Lösungsmitteldampfspektren dokumentiert worden [57]; eine Übersicht über hierzu wichtige Kalibrationsverfahren für diesen Konzentrationsbereich und ihre Diskussion ist in [36] gegeben. Spezielle Anwendungen, die die Möglichkeiten von FT-Spektrometern aufzeigen, seien mit der Bestimmung von Arsenwasserstoff [58] und Ni-Tetracarbonyl in Gegenwart von CO in Luft mit Nachweisgrenzen unterhalb von ppb-Gehalten [59] genannt. Die Entstehung des $Ni(CO)_4$ wurde auch bei Verbrennungsprozessen von Tabak untersucht [60].

Für den Zweck der Raumluftüberwachung werden vielfach portable Geräte mit Interferenz-Verlaufsfiltern und Multireflexionsküvette eingesetzt. Das Spektrometer ist als Einstrahlgerät mit Mikroprozessor-Steuerung und -Auswertung konzipiert. Da dessen spektrale Auflösung vielfach geringer als die von Gitter- und FT-Spektrometern ist, resultieren je nach Anwendungsfall (siehe auch Kap. 3.1) häufig nichtlineare Kalibrierkurven [61]. In einer anderen Veröffentlichung wurde über Erfahrungen mit einem *MIRAN 1A*-Gerät bei der Messung von Tetrachlorethen-Konzentrationen (wichtig z. B. in Anlagen zur Metallreinigung und der chemischen Textilreinigung) berichtet [62]. Vielfach wird zur Spektrometerkalibrierung das Einspritzen von Lösungsmittel in ein geschlossenes System, das die Langwegküvette mitumfaßt, vorgeschlagen; hierbei ist jedoch zu beachten, daß für Komponenten mit niedrigem Dampfdruck beachtliche Verluste in der Gasphase durch Adsorptionseffekte entstehen können [63].

Eine andere Variante für die Arbeitsplatzüberwachung wurde mit einer diskontinuierlichen Methode vorgeschlagen, die Durchschnittswerte über längere Zeiträume direkt zu bestimmen erlaubt [64]. Hierzu wurden Adsorptions-Röhrchen mit Aktivkohle bei aktiver Probenahme eingesetzt. Die Desorption der adsorbierten Lösungsmitteldämpfe erfolgte mit CS_2 unter Vorsichtsmaßnahme einer Kühlung mit flüssigem Stickstoff. Die resultierende Lösung kann in einer Flüssigkeitsküvette spektroskopiert werden. Dem Vorteil des einfachen Flüssigphasenspektrums mit schmalen Absorptionsbanden ohne Rotationsfeinstruktur steht der Nachteil entgegen, daß bestimmte spektrale Bereiche mit hohen Lösungsmittelabsorptionen nicht zur Verfügung stehen. Die skalierte Spektren-Subtraktion zur Lösungsmittelkompensation ist zu empfehlen. Die angegebenen Nachweisgrenzen liegen im unteren ppm-Bereich.

3.2.2 Immissionsmessungen

Für diesen Bereich liegen bei weitem geringere Konzentrationen als bei der Raumluftüberwachung vor, so daß die Nachweisgrenzen erheblich über eine Verlängerung der optischen Weglänge herabgesetzt werden müssen. Die Auswertung der Spektren ist in bestimmten Spektralbereichen erschwert; Abb. 17 zeigt die Absorptionsbereiche, die durch den Wasser- und Kohlendioxidanteil der Luft dominiert werden. Bei Verwendung der Differenzspektroskopie ergeben sich durchaus auch hier, zwar eingeschränkt, Möglichkeiten zur Spurengasbestimmung.

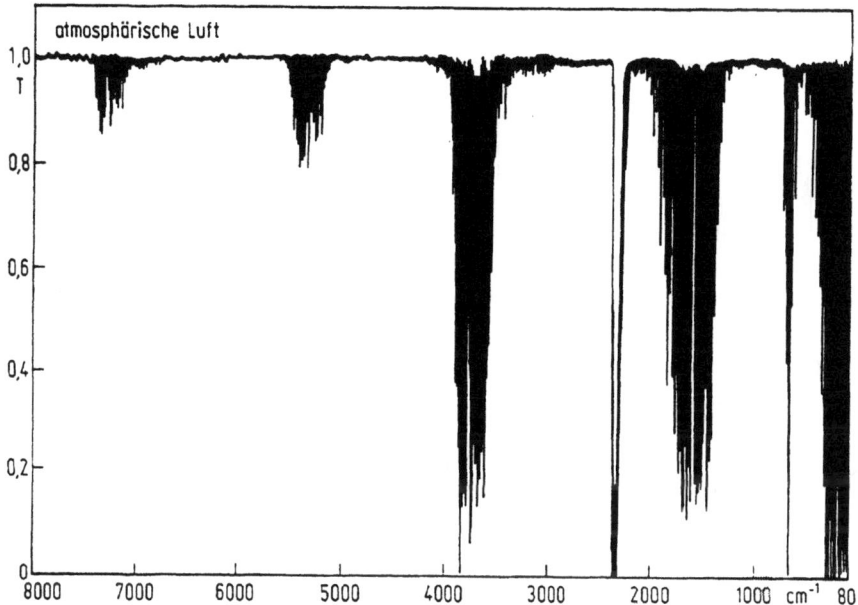

Abb. 17. Spektrum von atmosphärischer Luft bei Atmosphärendruck, l = 400 cm, 25 °C, spektrale Auflösung 0,1 cm^{-1}

Pionierarbeit auf diesem Gebiet unter Verwendung von Langwegküvetten wurde von Hanst und Mitarbeitern geleistet. Ein Übersichtsartikel über spektroskopische Verfahren für Immissionsmessungen [65] enthält auch Einzelheiten über die Konstruktion von Multireflexionsküvetten mit überlangen optischen Weglängen. Mit dieser Technik konnten erstmals Ozon und PAN (Peroxiacetylnitrat) in der Smogatmosphäre nachgewiesen werden.

Eine weitere Übersicht über die Entwicklung der IR-spektroskopischen *Atmosphärenanalytik* ist kürzlich gegeben worden [66]. Bei Verwendung von FT-Spektrometern mit gekühlten Halbleiter-Detektoren und bis zu über 20 m langen Küvetten, die optische Weglängen bis zu 2000 m [67] ermöglichen, ist die IR-Spektroskopie ein hervorragendes Werkzeug für die Spurenanalytik der atmosphärischen Luft im 10^{-9}-Bereich. Zu den verschiedenen wichtigen Komponenten zählen u. a. H_2O_2, NH_3, HCHO,

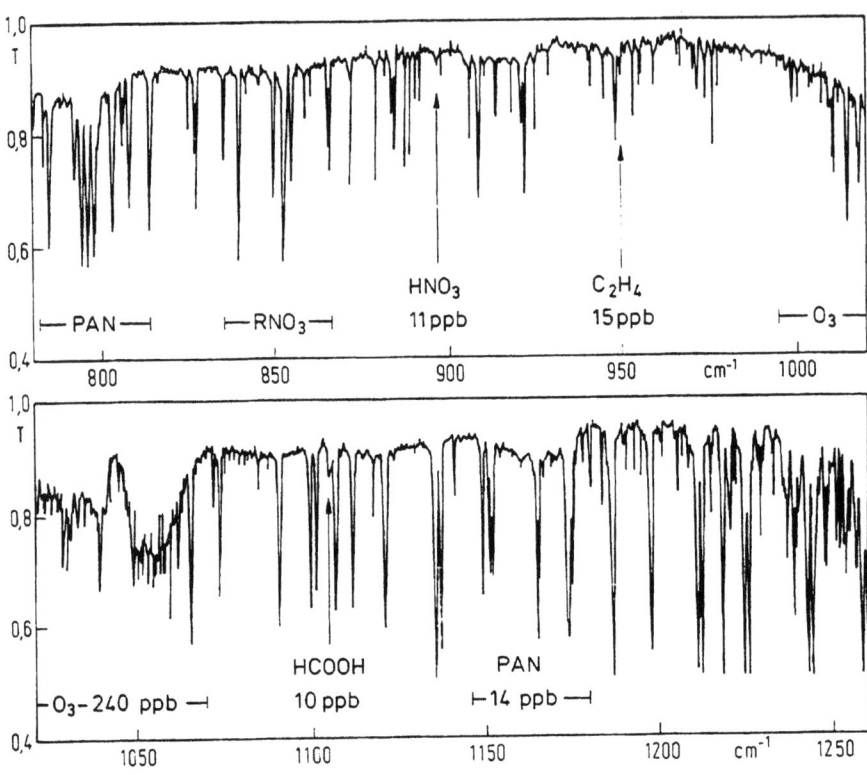

Abb. 18. Ausschnitt aus einem Luftspektrum von Imissionsmessungen, l = 1048 m bei Atmosphärendruck [66]

$HCOOH$, HNO_2, HNO_3, N_2O_5, O_3, PAN und Kohlenwasserstoffe. Ein Spektrenausschnitt (Abb. 18) verdeutlicht die Komplexität der Spektren.

Man kann prinzipiell zwischen verschiedenen Substanzklassen unterscheiden. Es sind zum einen die labilen und reaktiven Komponenten, die in-situ innerhalb der Luft gemessen werden sollten. Für eine zweite Klasse von Spurenbestandteilen finden Anreicherungsverfahren Berücksichtigung, wodurch die Nachweisgrenzen für die IR-spektrometrische Bestimmung gesenkt werden können. So wurde die Kryokondensation für stabile Komponenten wie Fluorchlorkohlenwasserstoffe, CS_2, CCl_4, Kohlenwasserstoffe u. a. eingesetzt [33]. Bei der nachfolgenden Destillation weisen CO und CH_4 selbst bei 77 K noch nennenswerte Dampfdrücke auf, so daß diese Fraktionen mit abgezogen werden. Nach Abtrennung von N_2, O_2 und Ar verbleiben vor allem CO_2 und H_2O als Hauptbestandteile in der Kühlfalle. Da CO_2 in der Atmosphäre mit ca. 340 ppm vorliegt, ergibt sich ein Anreicherungsfaktor von etwa 3000. Bei den nachfolgenden Messungen mit Multireflektionsküvetten kleinen Volumens wurde N_2O als innerer Standard verwendet, das in der unteren Atmosphäre in einer Konzentration von ca. 310 ppb vorkommt. Eine weitere Anreicherung kann durch die Entfernung des CO_2 über z. B. NaOH erreicht werden, wobei jedoch im Einzelnen zu prüfen ist, ob die Konzentration der zu messenden Komponenten hiervon beeinträchtigt wird. Der danach abschätzbare Anreicherungsfaktor ($3 \cdot 10^6$) wird durch das in der Atmosphäre befindliche N_2O bestimmt. Ein Beispiel für die Spektren, die nach Kryokonzentrierung erhalten wurden, ist in Abb. 19 gezeigt; die Gehalte für die aufgeführten Substanzen (außer N_2O) wurden im Bereich 10^{-9} bis 10^{-11} vorgefunden. Wegen der breiten Rotationsfeinstruktur der Gasbanden sind die Spektren auch wegen vorliegender Bandenüberlappungen trotz der Möglichkeiten der Differenzspektroskopie schwierig auszuwerten.

Eine höhere Selektivität läßt sich mit der *Matrixisolationsspektroskopie* (MIS) erreichen. Hierbei werden die zu untersuchenden Stoffe bei tiefen Temperaturen in einer inerten Festkörpermatrix eingefroren und können anschließend spektroskopisch untersucht werden (für weitere Einzelheiten siehe auch z. B. [68]). Das Besondere dieser Technik ist, daß hier die reinen Schwingungsübergänge gemessen werden können und die Rotationsfeinstruktur entfällt. Wegen der verwendeten tiefen Temperaturen treten auch nur vom Grundzustand ausgehende Übergänge in Erscheinung, so daß die Spektren bei Abwesenheit von heißen Banden einfacher

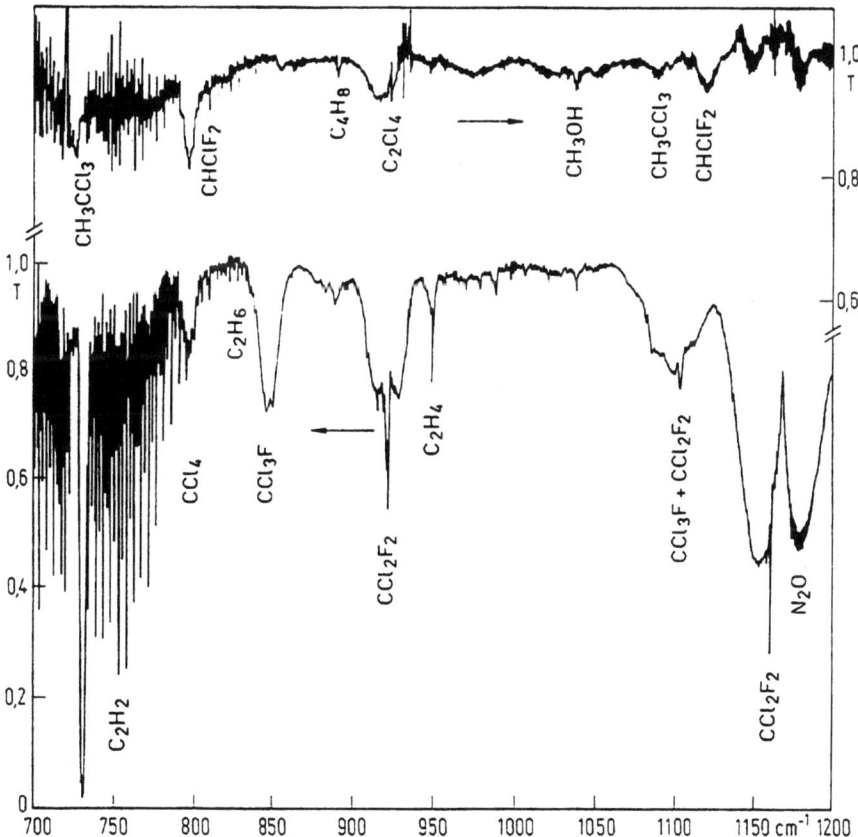

Abb. 19. Gasspektren von atmosphärischen Spurengasen nach Kryoanreicherung [33]: das obere Spektrum wurde nach Subtraktion der Hauptbestandteile erhalten (siehe unteres Spektrum), l = 11 m

werden. Da Wechselwirkungen zwischen den Substanzmolekülen wegen der Einlagerung in eine inerte Matrix zu vernachlässigen sind, ist die Bandenhalbwertsbreite (etwa 0,1—2 cm^{-1}) auch gegenüber dem Festphasen-Spektrum verringert. Die Bandenbreite ist vom Verdünnungsverhältnis (zumeist 100:1 und größer) und der Probenpräparation abhängig. Die Matrixisolationstechnik ist insbesondere zur Charakterisierung von instabilen Spezies geeignet (siehe z. B. [69]) und wurde darüber hinaus für die Gasanalytik vorgeschlagen [70].

Um die je nach verwendetem Matrixgas notwendigen tiefen Temperaturen zu erreichen, müssen entsprechende Kryostaten eingesetzt werden. Mit zweistufigen Heliumkryostaten sind Temperaturen um 15 K technisch realisierbar, die beim Einsatz von z. B. N_2 oder Ar als Matrix erforderlich sind. Für CO_2 reicht die Temperatur des flüssigen Stickstoffs (77 K). Die verwendete inerte Matrix sollte über große spektrale Bereiche transparent sein. Um eine Kontamination des kalten Probentargets zu verhindern, ist die Matrixpräparation innerhalb eines Hochvakuum-Systems vorzunehmen.

In Abb. 20 ist das in Transmissionstechnik erhaltene IR-Spektrum von bei 15 K eingefrorener Laborluft gezeigt, deren Hauptbestandteile N_2 und O_2 als Matrixgas dienen. Der Vergleich zu dem Spektrum der Gasphase (siehe Abb. 17) zeigt die größere Übersichtlichkeit der MI-Spektren. So lassen sich auch Isotopeneffekte in den Schwingungsspektren kleiner Moleküle ohne Schwierigkeiten aufzeigen (siehe $\nu_3(^{13}CO_2)$ bei 2283 cm^{-1}). Im gezeigten Spektrum treten zwei unerwartete Banden auf: die Bande bei 2327 cm^{-1} rührt von einer Infrarotaktivierung [71] der N_2-Schwingung her (im Raman-Spektrum des gasförmigen N_2 bei 2331 cm^{-1}). Ebenso läßt sich die Absorptionsbande bei 1551 cm^{-1} als aktivierte O_2-Schwingung interpretieren (im Gasphasen-Raman-Spektrum bei 1556 cm^{-1}). Diese Aktivierung kann durch Gitterfehlstellen der Matrix bzw. durch Ver-

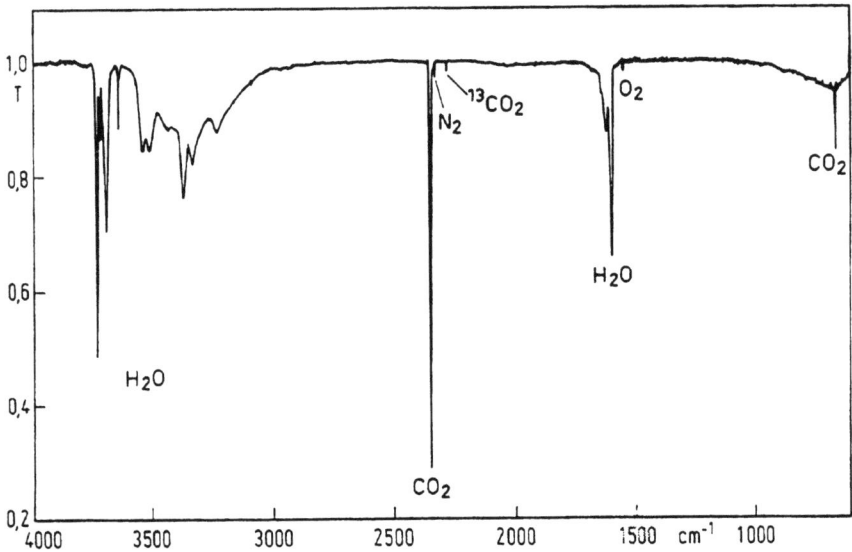

Abb. 20. Spektrum von kondensierter Laborluft bei 15 K

unreinigungen von z. B. H$_2$O bewirkt werden. Der Bereich der Absorptionsbanden oberhalb von 3000 cm^{-1} ist durch die Streckschwingungen von verschiedenen multimeren Formen des H$_2$O-Moleküls charakterisiert, die bei dem niedrigen, hier vorliegenden Verdünnungsgrad von etwa 100:1 existieren.

Da aus experimentellen Gründen die Matrixschichtdicken bis ca. 500 µm begrenzt sind, lassen sich unter diesen Bedingungen nur Gehalte bis etwa 10^{-8} nachweisen. Bei niedrigeren Nachweisgrenzen sind Anreicherungen erforderlich. Bei Vorliegen von nur geringen Probemengen ist ein wichtiger Gesichtspunkt der MI-Technik, daß die Substanz mit dem Matrixgas über eine Kapillare dünnen Durchmessers (z. B. 60 µm) auf kleinen Flächen von etwa 0,1 mm^2 konzentriert werden kann und sich so mit größerer Schichtdicke die zu messende Extinktion erhöhen läßt. Dieses Vorgehen wird z. B. bei der GC-MI-FTIR-Kopplung gewählt; hierbei lassen sich Nachweisgrenzen im pg-Bereich erreichen [72].

Die MI-Technik wurde kürzlich von Griffith und Schuster für die atmosphärische Spurenanalytik verwendet [73]. Für die Probenanreicherung wurde die bereits beschriebene Kryokondensation bei der Temperatur des flüssigen Stickstoffs eingesetzt. Da in der unteren Troposphäre Wasser der Hauptbestandteil der gesammelten Probe darstellt, wurde bereits bei der Probenahme entweder eine Vortrocknung bei $-20\,°C$ vorgesehen bzw. alternativ eine Destillation bei 220—230 K vorgenommen.

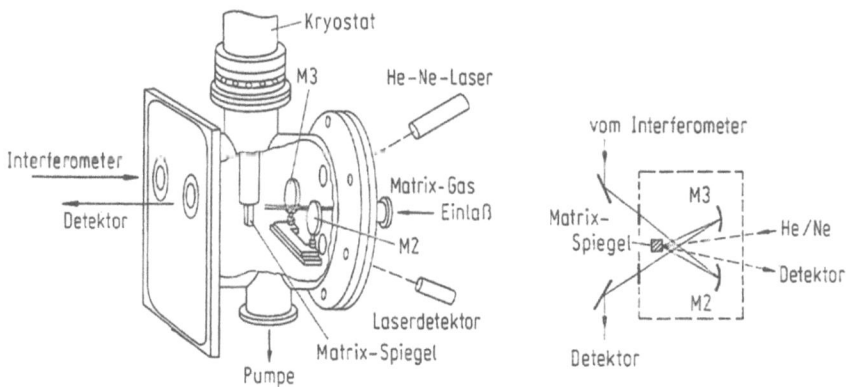

Abb. 21. Matrixisolationsapparatur für die atmosphärische Spurengasanalyse (nach Anreicherung in CO$_2$) [73]

Das CO$_2$ der Luft wurde als Matrix für die zu messenden Spurenkomponenten genutzt. In Abb. 21 ist die Reflexionsanordnung für die FT-IR-Messung gezeigt. Wegen der Problematik der variablen Bandenhalbwertsbreiten in Abhängigkeit von der Matrixpräparation kann bei diesen Spektren vorteilhafterweise die integrale Bandenextinktion zur quantitativen Auswertung herangezogen werden. Messungen wurden für Komponenten wie N$_2$O, CFCl$_3$, CF$_2$Cl$_2$, OCS, CS$_2$, SO$_2$ und PAN beschrieben. Die Nachweisgrenzen bewegen sich typischerweise im 10—50-ppt-Bereich. Die erhaltenen Kalibrationen zeigen hervorragende Linearität

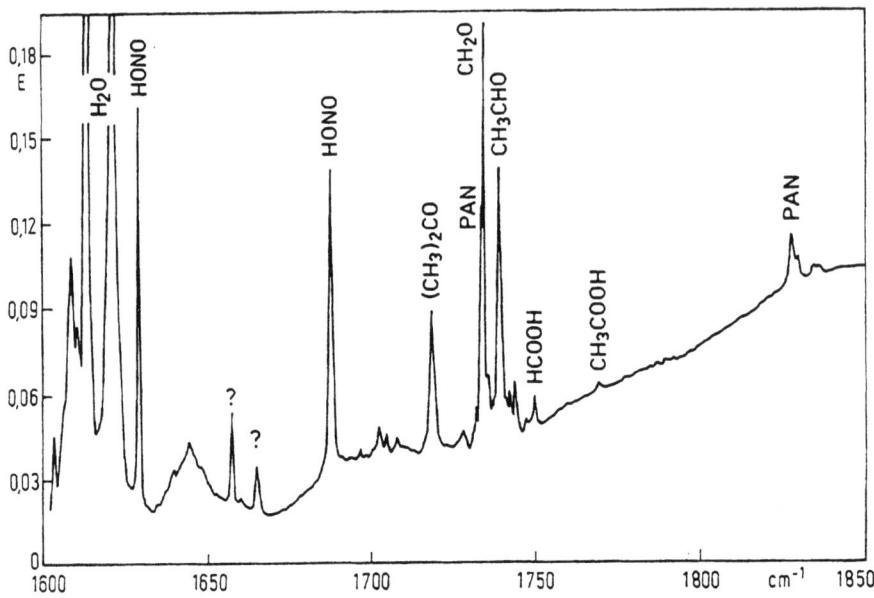

Abb. 22. Matrixisolationsspektrum von Schwarzwaldluft (Matrix CO_2) [73]

und Stabilität. In Abb. 22 ist das Spektrum einer im Schwarzwald genommenen Luftprobe gezeigt. Die Übersichtlichkeit dieser Spektren gegenüber den Gasphasenmessungen (siehe Abb. 18) ist überzeugend. Mit einem Flugzeug wurden auch Proben in 9 bis 14 km Höhe genommen, die mit dieser Methode analysiert wurden. Für schwache Absorptionen wurde eine Variante dieser Technik vorgestellt, bei der die Matrix innerhalb einer integrierenden Kugel präpariert wurde [74]. So konnten Verstärkungsfaktoren für Bandenextinktionen über Mehrfachreflektionen innerhalb der Kugel bis zu 20 festgestellt werden.

Mit den angeführten Messungen in den höheren Luftschichten soll noch ein kurzer Abstecher zur *Atmosphärenanalytik* der letzten Jahre vorgenommen werden, bei der erhebliche Fortschritte auch dank der IR-spektrometrischen Meßtechnik gemacht wurden. Neben Absorptionsmessungen mit der Sonne als Strahlunggsquelle von Ballonen und Flugzeugen wurden auch z. B. Emissionsspektren sowohl im fernen IR [75] als auch im mittleren IR mit der FT-Technik gemessen und ausgewertet [76]. Spektakuläre Ergebnisse wurden in dem ATMOS (atmospheric trace molecule spectroscopy) Experiment erhalten, bei dem sich ein hochauflösendes FT-Spektrometer (0,01 cm^{-1}) an Bord des Spacelab 3 befand. Etwa 500 verschiedene Spektren wurden von der Atmosphäre jeweils bei Sonnenaufgang und -untergang gemessen. So interessant die Ergebnisse sind, so können diese hier aus Platzgründen nicht vorgestellt werden; es soll jedoch auf eine Veröffentlichung verwiesen werden [23], in der weitere Literatur zu finden ist. Weitere Ergebnisse wurden kürzlich bei Antarktis-Expeditionen erhalten [77]. Dieser Faden ließe sich weiter verfolgen, denn Informationen z. B. über die Zusammensetzung der Planetenatmosphären konnten ebenfalls über die IR-Spektren erhalten werden [78].

3.2.3 Spezielle Anwendungen

Zum Abschluß dieses Kapitels sollen noch spezielle praktische Anwendungen genannt werden. Bei höheren Gaskonzentrationen werden gewöhnlich Küvetten mit kurzen optischen Weglängen eingesetzt. So wurden beispielsweise Mischungen von Ethylenoxid in CF_2Cl_2 untersucht, die als *Sterilisationsgase* u. a. für medizinisches Gerät eingesetzt werden [79]. Die IR-Messungen wurden mit gaschromatographischen Ergebnissen verglichen, wobei sich zeigte, daß bei den letzteren die vorgenommene Probenahme über Gasspritzen problematisch war. Ein anderes Beispiel ist die Bestimmung von verschiedenen Stickstoffoxiden und Salpetersäuredämpfen [80].

Ein spezielles Problem, die Bestimmung von *deuterisiertem Wasser* in der Gasphase, konnte über eine IR-spektroskopische Messung mit geheizter 10-cm-Küvette bearbeitet werden [81]. Dieses Analysenverfahren ist wichtig für die Messung des gesamten Körperwasservolumens über eine D_2O-Verdünnung; der Deuteriumanteil wurde bislang massenspektroskopisch bestimmt. Die IR-spektroskopische HDO-Gehaltsmessung über die $\nu(OD)$-Bande bei 2720 cm^{-1} ließ sich bei einer Probenmenge von 20 µL vom Bereich des natürlichen Vorkommens (150 ppm) bis mindestens einem Stoffmengenanteil an Deuterium von 1,8% durchführen.

Verschiedene C_1- bis C_4-*Kohlenwasserstoffe* wurden von Rochkind mittels der Matrixisolationsspektroskopie untersucht [70], wobei eine spezielle Aufdampftechnik verwendet wurde, bei der die mit Matrixgas vorgemischte Probe pulsartig auf einem IR-transparenten Probenträger ausgefroren wurde. Die verschiedenen Substanzen können über eine geringe Anzahl von definierten schmalen Absorptionsbanden charakterisiert werden.

Kürzlich wurde in einem Applikationsbericht die Analyse von verschiedenen Alkoholen und möglichen Störsubstanzen in der *Atemluft* mittels FT-IR-Spektroskopie vorgestellt. Bei diesen Experimenten fand eine kleine Multireflexionsküvette mit einem Volumen von 45 mL und einer optischen Weglänge von 1 m Verwendung. Für Ethanol konnte vorteilhaft die Absorptionsbande bei 1066 cm^{-1} für die Bestimmung des Blutalkoholgehaltes im Promillebereich ausgewertet werden [82].

Die Analyse von komprimierter Atemluft, z. B. für die Luftfahrt [83], erfordert längere optische Weglängen bis 20 m, da die Spurenbestandteile von z. B. verschiedenen Kohlenwasserstoffen, Freonen und Lösungsmitteln durchaus Volumenanteile bis unter 0,1 ppm aufweisen können. Auswertungen wurden unter Berücksichtigung breiter Spektralbereiche mit Spektrenanpassungen nach dem Verfahren der kleinsten Abweichungsquadrate [48] vorgenommen.

Für einen anderen Anwendungsbereich hat die IR-Spektroskopie auch wegen ihrer Möglichkeiten, zeitaufgelöste Messungen vornehmen zu können, große Bedeutung erlangt. So wurde ein Vielkomponentenmeßsystem zur gleichzeitigen Analyse von gesetzlich limitierten und nichtlimitierten Komponenten im *Automobilabgas* entwickelt [84, 85]. Das verwendete FT-Spektrometer erlaubt, Spektren mit einer Auflösung von 0,5 cm^{-1} innerhalb einer Sekunde zu messen. Hiermit sind schnelle Abgasdurchflußänderungen innerhalb eines großen dynamischen Bereichs von ca. 3 bis 400 m^3/h möglich. Das System muß hohe Widerstandsfähigkeit gegen korrosive Abgase und ausreichend hohe Abgastemperaturen aufweisen, die eine Komponentenfraktionierung vermeiden lassen.

Für die Abgasdurchflußmessung wurde ein Verdünnungsverfahren mit Tracergas (z. B. CF_4) verwendet, das gleichzeitig mit den Abgaskomponenten gemessen wird; dieses Verfahren war notwendig, um gleiche Abgasflüsse durch die geheizte 1 m Gasküvette leiten zu können (siehe Abb. 23). Die Berechnung der momentanen Konzentrationen der zu bestimmenden Substanzen erfolgt in Echtzeit. Neben CO_2 werden die gesetzlich limitierten Komponenten CO, NO, NO_2 und Summe der Kohlenwasserstoffe (über die Meßwerte von individuellen Kohlenwasserstoffen) gemessen. Weitere Konzentrationen wurden für folgende Stoffe bestimmt: CH_4, C_2H_2, C_2H_6, C_3H_6, C_7H_8 und übrige aliphatische und aromatische Kohlenwasserstoffe. Abb. 24 zeigt Konzentrationsprofile, die innerhalb eines Testzyklus erhalten wurden. Die Ermittlung der Massenemission ist hier mit einem Gerät möglich.

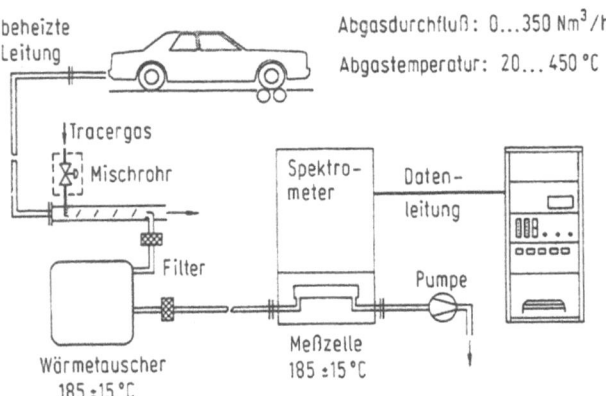

Abb. 23. Schema eines IR-spektrometrischen Mehrkomponenten-Abgasmeßsystems, nach [84]

Industrielle Emissionen konnten auf größere Entfernung mit einem anderen System gemessen werden, das in den USA Ende der siebziger Jahre mit einem FT-Spektrometer in einem Meßwagen realisiert wurde. Für das entwickelte ROSE-Instrument (Remote Optical Sensing of Emissions) ist in Abb. 25 der schematische Aufbau gezeigt; das Meßsystem konnte neben spektroskopischen Messungen in Emission ebenfalls für Absorptionsmessungen in der offenen Atmosphäre eingesetzt werden, bei denen die Lichtquelle bis zu 2 km entfernt lokalisiert war. Die Auswertung der Messungen in Emission von Schornsteinabluftfahnen ist recht aufwendig; für Details muß auf die Literatur [39] verwiesen werden. Beispiele für gemessene Emissionsspektren sind in Abb. 26 wiedergegeben. In einer weiteren Arbeit konnten Messungen in Emission mit Absorptionsmessungen durch die Abluftfahne verglichen werden. Verschiedene umweltrelevante Komponenten wie NO, CO, CO_2, HCl, HF, H_2CO und SO_2 wurden beobachtet [86].

Infrarotspektrometrische Gasanalytik 33

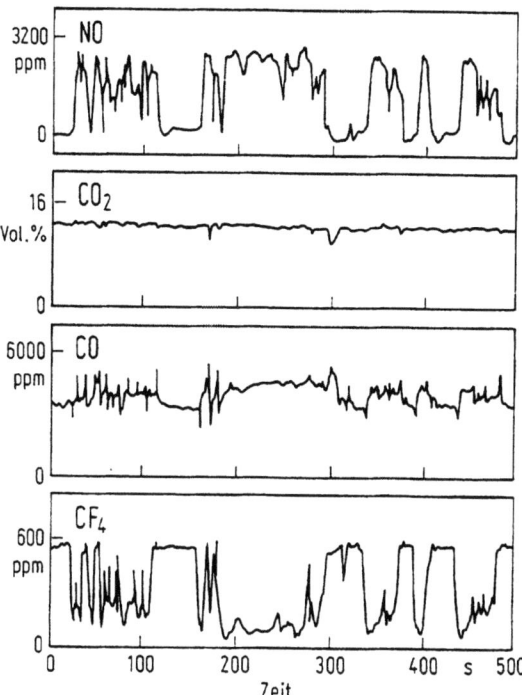

Abb. 24. Konzentrationsverläufe verschiedener Abgaskomponenten bei einem Kraftfahrzeug-Fahrtestzyklus (verwendetes Tracergas zur Bestimmung des Abgasflusses war CF_4), nach [84]

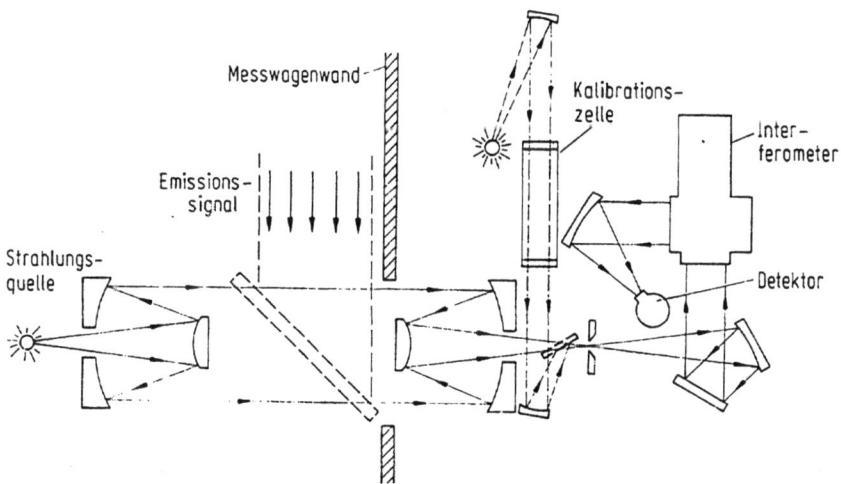

Abb. 25. Mobiles ROSE-Meßsystem auf FT-Spektrometerbasis für Emissions- und Immissionsmessungen [39]

Für eine Reihe von Anwendungen werden in Zukunft spektrometrische Meßsysteme mit Fiberoptik entwickelt werden, die es erlauben, einen Meßkopf mit Gaszelle auch in problematischer Umgebung z. B. innerhalb des Produktionsprozesses oder in explosionsgefährdeten Räumen zu installieren, wobei das Spektrometer in einem weiter entfernten Labor

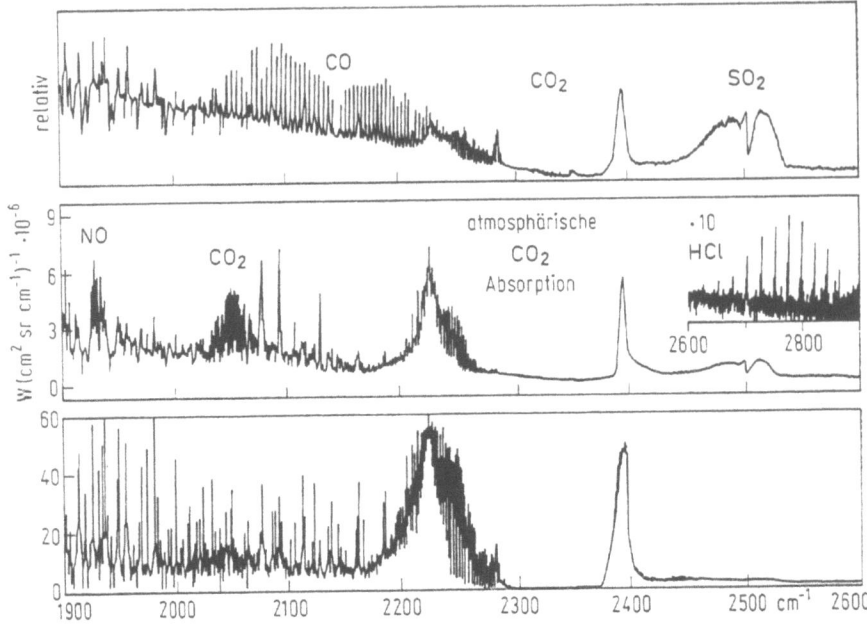

Abb. 26. Beispiele für Emissionsspektren mit dem ROSE-System [39]: **a** von einer Schwefel-Rückgewinnungsanlage (spektrale Auflösung 0,5 cm^{-1}) (oben), **b** von einem kohlengefeuerten Kraftwerk (spektrale Auflösung 0,25 cm^{-1}) (Mitte), **c** von einem CO-Boiler (spektrale Auflösung 0,125 cm^{-1}) (unten)

untergebracht sein kann. Die Entwicklung der Nachrichtentechnik hat große Fortschritte auf dem Gebiet der Quarzfibern mit sich gebracht, die im Bereich des NIR für eine Reihe von Sensoren Anwendung finden. Im längerwelligen Bereich des MIR muß für das Fibermaterial auf andere Materialien wie z. B. Schwermetallfluoride zurückgegriffen werden.

Die Einführung von Fiberoptik begrenzt im allgemeinen den Lichtleitwert des spektrometrischen Meßsystems, und dennoch können Signal/Rausch-Verhältnisse in der Größenordnung von 10 bis 100:1 bei einer Sekunde Meßzeit erreicht werden. Die Fiberoptik kann beispielsweise an angepaßte Multireflektionsküvetten für Gasmessungen gekoppelt sein; die Entwicklung einer speziellen White-Zelle mit einer Gesamtweglänge von 54 cm wies beispielsweise eine Kopplungseffizienz von 60% auf [87]. Ein Beispiel für die Remote-Detektion von Gasen aus der eben zitierten Arbeit befaßt sich mit der Konzentrationsmessung (Zeitauflösung 100 ms) von N$_2$O und Enfluran, die als *Narkosegase* Verwendung finden, innerhalb des Atemstromes (siehe Abb. 27).

Der Vollständigkeit halber soll ein weiteres Anwendungsgebiet erwähnt werden, bei dem qualitative Stoffinformationen über die IR-Spektroskopie genutzt werden. Dies ist die *Gaschromatographie-FTIR-Kopplung*, für die kurze Spektrenmeßzeiten vorausgesetzt werden müssen. Hierbei werden GC-Fraktionen durch eine geheizte, innen goldbedampfte Kapillare von ca. 0,7 bis 3 mm Innendurchmesser (inneres Volumen 100 µL

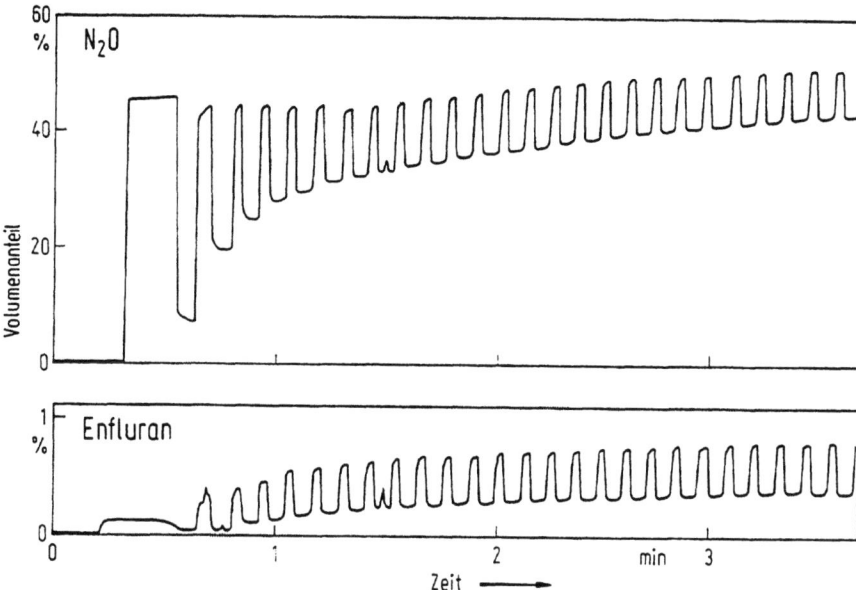

Abb. 27. Zeitaufgelöste Messung der Anaesthesiegasaufnahme während der ersten 5 min nach Intubation [87]

bis 1 mL) geleitet; die Kapillare ist an den Stirnflächen mit IR-Fenstern abgedichtet. Wegen der geforderten Zeitauflösung von etwa 0,1 s werden gekühlte Halbleiterdetektoren eingesetzt, und die spektrale Auflösung beträgt im allgemeinen 8 cm^{-1}. Die erhaltenen Spektren dienen der qualitativen Analyse, die überwiegend über Bibliothekssuchverfahren mit kommerziellen Gasphasenbibliotheken durchgeführt wird, z. B. [88]. Für weitere Einzelheiten dieser Technik muß auf weiterführende Literatur verwiesen werden [89].

Die quantitative IR-Spektroskopie wurde auch vielfach für Messungen zur Bestimmung von Reaktionskinetiken genutzt. Neben Smogkammerexperimenten zur Untersuchung der Atmosphärenchemie [90] wurden viele andere Reaktionen gemessen. Hierzu wurden verschiedene Techniken vorgeschlagen, um die bereits genannte Zeitauflösung bei kommerziellen FT-Spektrometern von 100 ms weiter zu verringern. Eine ausführliche Diskussion ist hier nicht möglich (siehe z. B. [91]).

4 Nichtdispersive Verfahren

4.1 Aufbau der Meßgeräte

Bei vielen Anwendungen kann die kontinuierliche Gasanalyse auf eine oder wenige Komponenten beschränkt werden. Die nichtdispersiven IR-(NDIR)- Geräte sind in der Praxis weit verbreitet, wobei nichtdispersiv bedeutet, daß keine die Strahlung dispergierenden optischen Komponenten wie bei den dispersiven Spektrometern verwendet werden, und ein relativ breiter Spektralbereich zur Messung genutzt wird. Zur Selektivierung werden Filter und selektive Detektoren berücksichtigt. Auch wurden selektive Strahler vorgeschlagen [92, 93], jedoch haben diese nach Wissen des Autors keine Bedeutung erlangt. Die NDIR-Geräte verdanken ihre Leistungsfähigkeit ihrem relativ einfachen Aufbau, dem damit verbundenen hohen optischen Leitwert, sowie der — überwiegend vorzufindenden — Breitbandigkeit, die sich positiv für das Signal/Rausch-Verhältnis auswirkt. Nichtdispersive Photometer werden ebenfalls für Anwendungen im UV/VIS-Spektralbereich eingesetzt; hierauf wird jedoch nicht weiter eingegangen.

Bei den nichtdispersiven Photometern kann zwischen Geräten mit selektiven Ein- und Zweischichtdetektoren, Filtergeräten und solchen, die Korrelationsverfahren z. B. mit Gasfilterküvetten verwenden, unterschieden werden. Weiterhin können vom Aufbau her Ein- oder Zweistrahlanordnungen vorliegen. Bei den Geräten ohne Vergleichsküvette erhält man Meß- und Referenzsignale durch Messung an der Probe bei unterschiedlichen Wellenzahlen (Spektralbereichsvergleich), während den Zweistrahlgeräten im allgemeinen ein Stoffvergleich zugrunde liegt. In den überwiegenden Fällen sind die Photometer für eine Komponente ausgelegt, jedoch besteht bei einigen Bauarten durchaus die Möglichkeit, die Meßgeräte für mehrere Komponenten auszurüsten.

Das Prinzip des selektiven gasgefüllten Detektors wurde von Luft und Lehrer für das *URAS-Gerät* verwendet [94]. In Abb. 28a ist das Schema für dieses Meßgerät gezeigt, das eine gleichphasige Modulation für den Meß- und Referenzkanal vorgibt. Als Strahlungsquellen werden in den meisten Fällen geheizte Metallwendeln oder Keramikkörper (ca. 800 °C) gewählt. Die Strahlung durchläuft die Meß- und Vergleichsküvette, die z. B. mit einem Inertgas gefüllt sein kann, und fällt in einen sogenannten *Einschichtdetektor*, der aus zwei durch eine Membran getrennten Kammern besteht, die mit der zu messenden Komponente gefüllt sind. Dadurch wird die Strahlung nur in dem Bereich der spezifischen Absorptionsbanden dieser Komponente selektiv absorbiert. Bei Anwesenheit dieser im Meßgas (in den Abbildungen enthalten die gepunkteten Küvetten dieses Gas) ergibt sich eine Differenz für die Strahlungsabsorption in beiden Meßkammern, wodurch über die unterschiedliche Erwärmung des Detektorgases eine Druckdifferenz zwischen beiden Kammern bewirkt wird. Über einen Membran-Kondensator lassen sich die Druckschwankungen in elektrische Signale umwandeln, wobei die Modulationsfrequenzen bei Verwendung von pneumatischen Detektoren relativ niedrig sind. Zur Selektivitätserhöhung der Messung können mit Störkomponenten gefüllte Filterküvetten oder Interferenzfilter eingesetzt werden, die den Wellenzahlbereich auf den für das zu messende Gas spezifischen, nicht durch Überlagerung gestörten Teil beschränken. Bei den Zweistrahl-Photometern verbleibt noch eine geringe Nullinien-Instabilität, die von geringen zeit- und temperaturabhängigen Unterschieden in beiden Kanälen herrührt. Eine ausführliche theoretische Betrachtung der IR-Absorption in pneumatischen Detektoren findet sich in [95].

Ein ähnliches System liegt beim Meßgerät *BINOS 1* vor, das ebenfalls einen pneumatischen Detektor enthält [96]. Hier wird eine gegenphasige

Modulation für Meß- und Vergleichskanal vorgenommen. Der eingesetzte hochempfindliche Detektor enthält eine vordere Absorptionskammer, die mit einer Ausgleichskammer über eine Kapillare verbunden ist. In dieser befindet sich ein Mikro-Strömungsfühler, über den die unterschiedlichen spezifischen Absorptionen mittelbar gemessen werden können. Für ein weiteres, ähnliches Gerät, dem *Ultramat 3* [97], wird statt des zuletzt vorgestellten Detektors ein doppeltes 2-Kammersystem für einen Stoffvergleich bei gleichphasiger Modulation gewählt.

Ein etwas anderes Prinzip liegt den Geräten mit selektivem *Zweischichtdetektor* zugrunde, der von Luft und Mitarbeitern entwickelt wurde [98]. Bei dem auf dieser Basis arbeitenden *UNOR-Gerät* [99], das für Gase mit Linienspektren eingesetzt werden kann, wird die durch Meß- und Vergleichsküvette gehende Strahlung gegenphasig moduliert und fällt anschließend in zwei hintereinanderliegende Detektorkammern (siehe Abb. 28b). Die beiden Kammern sind bezüglich ihres durch Länge und Füllgehalt bestimmten Absorptionsvermögens so aufeinander abgestimmt, daß in beiden die gleiche Strahlungsenergie absorbiert wird. Die Gesamt-

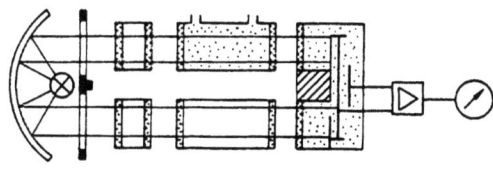

a

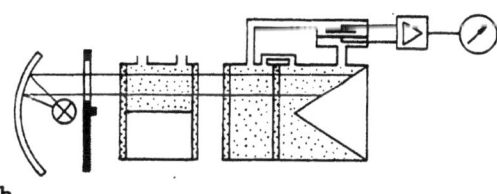

b

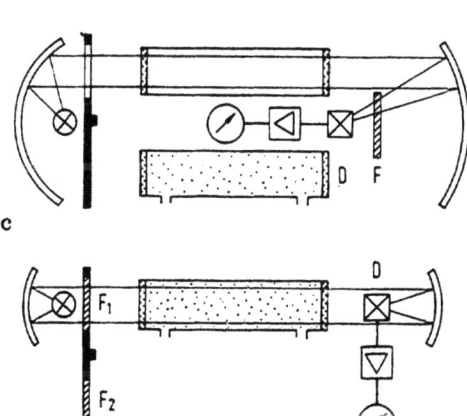

Abb. 28. Schema nichtdispersiver IR-Spektrometer (D Detektor, F optisches Filter), a URAS-Typ, b UNOR-Typ, c Zweistrahl-Filtergerät, d Zwei-Filter-Photometer

absorption durch beide Zellen ist dafür so ausgelegt, daß eine Sättigung im Linienzentrum der Rotations-Vibrationslinien (mit Lorentzprofil) erfolgt. Der spektrale Absorptionsverlauf in beiden Kammern ist in Abb. 29 gezeigt. Die Differenz der beiden Integrale ist für das entstehende Signal entscheidend. Erfolgt nun eine Vorabsorption innerhalb der Meßküvette, so ist das Absorptionsgleichgewicht in den beiden Kammern gestört, und eine Druckdifferenz kann z. B. über einen Membrankondensator detektiert werden. In Abb. 29 ist gezeigt, daß die effektive Linienbreite durch dieses gewählte Verfahren reduziert wird und somit die Selektivität des Meßvorganges hinsichtlich Störkomponenten steigt. Mit dem *Ultramat 5* [100] ist ein ähnlicher Aufbau realisiert; es wird jedoch ein 4-Kammersystem mit Mikroströmungsfühler eingesetzt. Zum Nullabgleich bzw. zur Kompensation von Querempfindlichkeiten ist ein abstimmbarer optischer Koppler zwischen den Kammerpaaren vorgesehen. Eine weitere Variante des Zweischichtdetektors ist im NDIR-Photometer *URAS 3* verwirklicht, wobei für die Trennung der zwei vorderen und der zwei hinteren Kammern ein für IR-Strahlung teildurchlässiges Fenster oder Filter verwendet wird (*Teilschichtempfänger*) [101]. Eine Ausführung des Detektors als Durchstrahlempfänger ermöglicht die gleichzeitige Messung von ein bis vier Meßkomponenten.

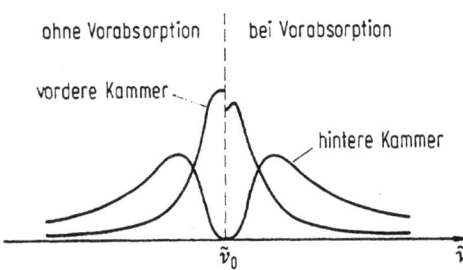

Abb. 29. Kammer-Absorptionen beim Zweischichtdetektor (siehe Text)

Von diesem Zweischichtdetektorprinzip leiten sich Einstrahlgeräte ab, die preisgünstige Gasanalysatoren darstellen. Für eine Empfindlichkeitskontrolle, z. B. beim *Ultramat 21 P* [97], wird die Kammerabstimmung so gewählt, daß sich bei Abwesenheit der zu messenden Komponente ein positives Meßsignal ergibt. Vor der eigentlichen Messung kann mit einem Nullgas das Referenzsignal erhalten werden.

Bestimmte Kriterien sind für die Auswahl der Meßgeräte wichtig. So ist die Querempfindlichkeit von verschiedenen selektiven Empfängern in Abb. 30a schematisch gezeigt. Weitere wichtige Bewertungen sind über die Meßempfindlichkeit und die Nullpunktstabilität möglich, die durch eine Verschmutzung der Meßküvette beeinträchtigt sein kann. Beim Einschichtdetektor wirkt sich die Strahlungsabschwächung am stärksten aus, und ihr Einfluß sollte beim 2-Schichtempfänger theoretisch vollständig unterdrückt werden können; in der Praxis ist dies häufig nicht gegeben. Das Verhalten des Teilschichtdetektors liegt diesbezüglich zwischen den beiden anderen Formen. Eine weitere Abhängigkeit des Signals kann durch die Meßgasmatrix bedingt sein. So können unterschiedliche Druckverbreiterungen für die zu messenden Komponentenlinien (siehe Kap. 2.3) gegenüber der für die Empfängerfüllung gegeben sein; als Beispiel ist diese Trägergasabhängigkeit in Abb. 30b aufgeführt. Für verschiedene NDIR-Meßgeräte zur CO_2-Bestimmung in der Atmosphäre ist bezüglich dieses Effektes eine umfangreiche Untersuchung veröffentlicht worden [102, 103].

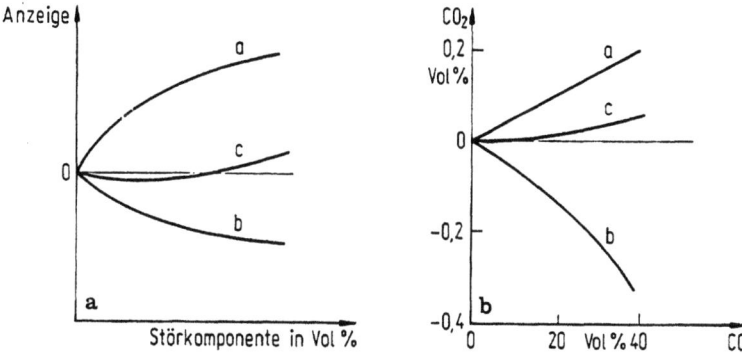

Abb. 30. Einfluß von **a** Querempfindlichkeiten (schematisch) und **b** matrixabhängiger Druckverbreiterungseffekt (vorgegeben: CO_2 10 Vol.-%): a Einschichtdetektor, b Zweischichtdetektor, c Teilschichtdetektor (nach [101])

Bei NDIR-Photometern finden statt der pneumatischen Empfänger auch robuste Photodetektoren oder thermische, pyroelektrische Detektoren Verwendung. Über geeignete optische Filter wird die Selektivität für die Gasmessung bestimmt. Hiermit ist eine weitere Klasse von Meßgeräten angesprochen (siehe Abb. 28c), die sich wegen ihres vergleichsweise einfachen technischen Aufbaus gut für den Einsatz unter schwierigen Bedingungen eignet. Ein Beispiel ist das *SENSOTEC-Meßgerät* [104] zur Bestimmung von Propan im Bereich zwischen den Explosionsgrenzen; dies wird als Zweistrahlfilterphotometer gebaut und besitzt statt einer Küvette eine offene Meßstrecke für den Stoffvergleich.

Eine andere Filter-Meßtechnik verwendet den sogenannten Wellenlängenvergleich, dem das Einstrahlprinzip zugrunde liegt. Mit einem rotierenden Filterrad werden z. B. abwechselnd zwei optische Interferenzfilter in den Strahlengang mit der Meßküvette eingebracht (siehe Abb. 28d). Diese dienen als Meß- und Referenzfilter, wobei das erste den spektralen Absorptionsbereich der zu messenden Substanz selektiert und das zweite einen Bereich erfaßt, in dem weder die zu messende oder andere Begleitkomponenten Strahlung absorbieren. Die mit beiden Filtern erhaltenen Signale liefern die konzentrationsabhängige Meßgröße. Dieses Meßprinzip wird u. a. bei den *SPECTRAN-Prozeß-Photometern* [105] eingesetzt. Eine andere Variante dieses Gerätetyps besitzt feststehende Filter (*BINOS 100* [96]), während beim *BECKMANN 870 IR-Analyzer* [106] sogar zwei Detektoren mit vorgesetzten Interferenzfiltern Einsatz finden. Beim *DEFOR-Gerät* [99] wird für das Bifrequenz-Meßverfahren eine neuartige Signalverarbeitung verwendet, bei der das Detektorsignal einer Fourier-Analyse unterzogen wird. Für die Weiterverarbeitung werden die Fourierkoeffizienten der Modulationsfrequenz ω und 2ω berücksichtigt. Mit den Quotienten $F_\omega/F_{2\omega} \sim (\tau_1(c) - \tau_2)/(\tau_1(c) + \tau_2)$ — hier sind $\tau_{1,2}$ die integralen Transmissionen der Meßküvette mit den jeweiligen Filtern — ist eine Vorlinearisierung der in der Regel gekrümmten Kalibrierfunktion möglich. Mit der Einstrahl-Bifrequenz-Technik lassen sich auch Mehrkomponentensysteme bauen, bei denen z. B. über mikroprozessorgesteuerte Schrittmotoren verschiedene, auf Filterrädern befindliche optische Filter in den Strahlengang eingebracht werden.

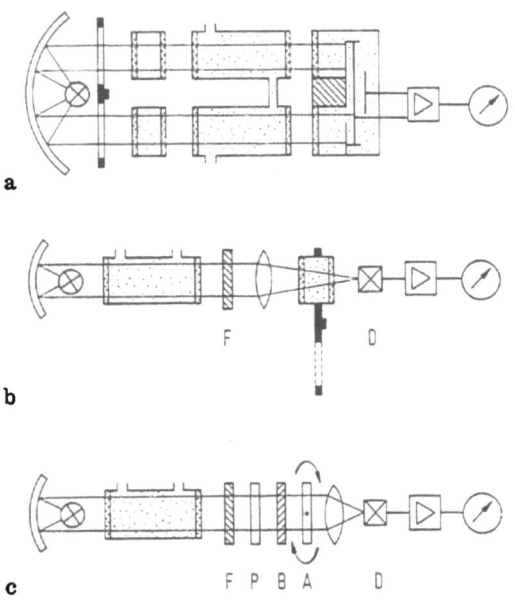

Abb. 31. Korrelations-NDIR-Spektrometer. **a** URAS-Typ mit negativer Filterung, **b** Gasfilter-Korrelations-Photometer, **c** Interferenz-Korrelations-Photometer (F optisches Filter, P Polarisator, B doppelbrechender Kristall, A Analysator, D Detektor)

Eine Kategorie von leistungsstarken NDIR-Photometern verwendet das *Gasfilter-Korrelationsverfahren*, das auch als negative Filterung bezeichnet wird. So strömt bei einem URAS-Gerätetyp [107] (siehe Abb. 31a) das zu messende Gas durch Meß- und Vergleichsküvette; im Referenzstrahlengang befindet sich eine Gasfilterküvette, die mit der Meßkomponente gefüllt ist und über die ein beträchtlicher Teil der Strahlung im Bereich der Rotationslinienfeinstruktur absorbiert wird. Bei Anwesenheit der zu messenden Komponente im Meßgas wird sich gemäß ihrer Konzentration die absorbierte Strahlungsleistung im anderen Strahlengang ändern. Störkomponenten wirken sich erst aus, wenn deren Absorptionsbanden mit denen der Meßkomponente überlappen; in diesen Fällen können weitere, mit den Störkomponenten gefüllte Filterküvetten eingesetzt werden, mit denen die spektrale Strahlungsleistung in den Spektrenbereichen der Störkomponenten — speziell im Überlappungsbereich — stark reduziert wird.

Statt des pneumatischen Detektors können bei dieser Zweistrahlanordnung alternativ Breitbanddetektoren Verwendung finden. In vielen Fällen wird jedoch eine Einstrahlanordnung mit rotierendem Filterrad gewählt (siehe Abb. 31 b). Dieses Meßprinzip ist z. B. beim *GFC-Photometer DEFOR* [99] und bei einem anderen *SPECTRAN-Prozeß-Photometer* [105] realisiert. Kürzlich wurde ein Gasfilter-Korrelations-Spektrometer mit feststehender Filterküvette vorgestellt [108]. Hier wird die Strahlung hinter der Meßküvette über einen Strahlteiler in zwei Teilstrahlen geteilt, die durch einen Zweikanal-Chopper unterschiedlich moduliert und mit einem Halbleiterdetektor über zwei phasenempfindliche Verstärker detektiert werden. In dieser Veröffentlichung findet man weitere Literatur hinsichtlich der Meßeigenschaften dieses Gerätetyps, insbesondere auch der Diskriminierung gegen Interferenzen von Störkomponenten.

Eine weitere Variante dieser Photometer, das sich einer *interferometrischen Korrelation* bedient, wurde in [109] vorgestellt; vorteilhaft ist hier die Langzeitstabilität und Optimierung des Meßverfahrens. Statt einer Anordnung mit und ohne Gasfilterküvette wird ein Experiment gewählt, bei dem zwei komplementäre spektrale Interferenzmuster entstehen. Grundlage ist die Quasiperiodizität in der Rotationsfeinstruktur von Gasschwingungsspektren, wobei das eine Interferenzmuster in Phase mit dem Meßkomponentenspektrum ist. In Abb. 31 c ist das experimentelle Schema gezeigt. Ein weiterer Vorteil liegt darin begründet, daß auch reaktive oder instabile Komponenten gemessen werden können, deren konstante Konzentration in einer Filterküvette nicht gewährleistet werden kann.

4.2 Anwendungen von NDIR-Photometern

Mit NDIR-Meßgeräten kann eine Vielzahl von Anwendungen ermöglicht werden, so daß für verschiedene Bereiche nur Beispiele gegeben werden sollen. Ein sehr wichtiges Gebiet ist die *Emissions- und Immissionsüberwachung*. Bewährte Meßverfahren hierzu sind u. a. in den VDI-Richtlinien beschrieben worden, die zusammengefaßt vorliegen [110]. Zur Messung von Luftschadstoffen stehen Übersichten zur Verfügung [4, 111]; hier nehmen die NDIR-Verfahren für verschiedene Komponenten wie CO, SO_2, NO/NO_2, Kohlenwasserstoffe und HCl, eine wichtige Rolle ein. Die Überwachung der Schadstoffkonzentrationen im Bereich Emission und Immission erfordert eine kontinuierliche Messung, wobei die gesetzlich vorgegebenen Aufgaben nur mit Mikroprozessortechnik erfüllt werden können. Im Bereich der Bundesrepublik hat der Gesetzgeber verschiedene Auflagen erlassen [112, 113]; um eine einheitliche Praxis bei der Überwachung der Emissionen zu gewährleisten, sind die einsetzbaren Meßgeräte von den Technischen Überwachungsvereinen auf Eignung zu prüfen, für die eine amtliche Bekanntmachung erfolgt [114].

Die verwendeten Gasanalysengeräte enthalten neben den Analysatoren und der Auswerteelektronik weitere Vorrichtungen (siehe z. B. Abb. 23) für die Probenahme, Konditionierung des Meßgases, Gasförderung, Druckreduzierung und Gasreinigung sowie Möglichkeiten zur Aufschaltung von Prüfgasen (u. a. Nullgas). Um einwandfreie Meßergebnisse zu erhalten, muß das Meßgas je nach Anforderung entsprechend aufbereitet werden, wobei es zu weit führen würde, die technischen Details wie z. B. beheizbare Gasentnahmesonden, Staubfilter, Kondensatabscheider, Gaspumpen, Durchflußmesser u. a. im Einzelnen zu diskutieren (siehe auch [4]).

Bei speziellen Anwendungen, u. a. für die Rauchgasanalyse, sind Photometer mit beheizbaren Küvetten [115, 116] entwickelt worden, die Verluste von Meßkomponenten z. B. bei der Kondensation verhindern. Die Temperaturabhängigkeit der Meß- und Querempfindlichkeit ist bei den Messungen zu berücksichtigen. Ein Beispiel ist die *Wassergehaltsbestimmung* im Rauchgas; da die Konzentrationen verschiedener Schadstoffe auf trockenes Gas zu beziehen sind, besteht durchaus die Notwendigkeit einer Feuchtebestimmung [116]. Auch bei anderen Prozessen spielt die Gasfeuchte, z. B. bei Trocknungsprozessen, eine große Rolle. Wiederum andere Probleme, bei denen auch geringste Wasserspuren noch Schäden anrichten können, erfordern eine H_2O-Messung im ppm-Bereich [117].

Zur kontinuierlichen Messung der *HCl-Emission* von z. B. Müllverbrennungsanlagen mit und ohne Gaswäsche werden Gasfilterkorrelationsgeräte eingesetzt, die mit beheizten Langwegküvetten ausgestattet sind, um die Messung heißer Gase ohne Taupunktsunterschreitung zu ermöglichen. Der niedrigste Meßbereich reicht für HCl bis 100 mg/m^3, die Nachweisgrenze wird mit 2 mg/m^3 angegeben [118].

Ein anderes Beispiel sei mit der Optimierung von Industriekesseln durch zyklische CO-Einzelbrennereinstellung genannt, wobei sich die extraktiv zu messenden CO-Gehalte im *Rauchgas* im ppm-Bereich bewegen [119]. Durch Anwendung dieses Verfahrens wird eine möglichst vollständige Verbrennung bei minimalem Luftüberschuß angestrebt. Gleichzeitig wird eine aktive Schadstoffbegrenzung für die Rauchgasbestandteile CO und organische Komponenten erreicht. Ebenfalls wirkt sich diese Maßnahme auch auf eine Reduzierung von SO_2 und/oder NO_x-Emissionen aus. Eine weitere Reduktion dieser Schadstoffemissionen mit dem Rauchgas von Kraftwerken oder Industrieanlagen wird über Entschwefelungs- bzw. Entstickungsanlagen ermöglicht, wobei verschiedene zusätzliche Komponenten wie z. B. NH_3 und N_2O zu überwachen sind. Die Messung von NH_3 wird z. B. bei einer Küvettentemperatur von etwa 250 °C durchgeführt, um die Bildung von Ammoniumhydrogensulfat zu verhindern [120].

Interessant ist eine Anwendung für in-situ-Messungen von Rauchgas. Hierzu wurde ein Gasfilter-Korrelations-Photometer entwickelt, das mit einem Retroreflektor auf der gegenüberliegenden Schornsteininnenseite ausgestattet war und somit als optischer Weg der doppelte Schornsteininnendurchmesser zur Verfügung stand [121]. Als Komponenten wurden CO, NO, SO_2, HCl und HF gemessen. Für jedes Gas waren über einen feststehenden Gitterpolychromator bestimmte spektrale Bereiche ausgeblendet, um Querstörungen zu minimieren (insbesondere bei der NO-Messung durch H_2O).

Ein Problem stellen *Emissionen von organischen Verbindungen*, meist Lösungsmitteldämpfen, in der Industrie dar. Neben einer Emissionsminderung wird angestrebt, die eingesetzten Substanzen wieder für die

Produktion über z. B. Aktivkohlefilter zurückzuführen. Ein ähnliches Meßproblem liegt bei der Arbeitsplatzüberwachung vor; für beide Anwendungen werden verschiedene Festfilterphotometer genutzt (siehe auch [105, 122]).

Ein anderer, bereits angesprochener Bereich sind die *Imissionsmessungen*. Hierbei ist CO eine wichtige Leitkomponente, für die im Immissionsmeßnetz NDIR-Photometer eingesetzt werden. Der troposphärische Allgegenwartsvolumenanteil auf der nördlichen Hemisphäre beträgt etwa 0,1 ppm, wobei in der Stadt Volumenanteile von 1—100 ppm zu finden sind [123]. Einzelheiten zur Beschreibung eines CO-Meßplatzes sind in [124] gegeben. Zur Remote-Detektion von Spurengasen in der Atmosphäre wie CH_4, C_2H_6, HCl und CO wurde ein spezielles Gasfilter-Korrelations-Spektrometer entwickelt, das die IR-Emission der Gase als Strahlungsquelle nutzt [125].

Eine andere Komponente der Luft, CO_2, ist in der *Atmosphärenanalytik* von Wichtigkeit wegen ihres sogenannten Treibhauseffektes [126]. Aufgrund anthropogener Aktivitäten findet man eine steigende Tendenz für den CO_2-Anteil der Luft, der zur Zeit bei etwa 340 ppm liegt. Dem zeitlichen Anstieg (0,7—1,0 ppm pro Jahr) sind jahreszeitliche regelmäßige Schwankungen überlagert. Um diese Messungen durchführen zu können, sind Meßgenauigkeiten von 0,1% und besser erforderlich. Die Kalibrationen der Meßgeräte werden mit Prüfgasen von CO_2 in Stickstoff vorgenommen und führen für die atmosphärischen Messungen zu systematischen Fehlern von etwa 1%, für die unterschiedliche Druckverbreiterungseffekte verantwortlich sind. Für verschiedene NDIR-Gerätetypen wurden diese Effekte berechnet und mit experimentellen Werten verglichen [102, 103].

Weitaus höhere Gaskonzentrationen sind innerhalb der *Prozeßanalytik* zu bestimmen. In der chemischen Industrie werden NDIR-Photometer zur Messung und Regelung der verschiedensten chemischen oder physikalischen Prozesse eingesetzt. Einige Anwendungen seien hier genannt: Analyse von Gichtgas, Überwachung von Rein- und Synthesegasen sowie Einsatz in Luftzerlegungsanlagen [127]. Häufig ist eine Betriebskontrolle hinsichtlich des Explosionsschutzes erforderlich, für die untere und obere Explosionsgrenzen zu beachten sind. Weiterhin werden Prozeß-Photometer bei der Ammoniaksynthese und der Säureproduktion benötigt. Ein anderes Beispiel ist die Zementindustrie, in der analysentechnische Meßgeräte zur Gasanalyse und Regelung von Produktionsprozessen eingesetzt werden [128]. Die Überwachung von CO_2 ist ebenfalls wichtig bei Fermentationsprozessen in der Lebensmittelindustrie [129], sowie bei der Überwachung von Gewächshäusern. In der letzten Zeit ist die Aufbereitung von Deponie- und Faulgasen zur Gewinnung von alternativen Energiequellen in Betracht gezogen worden; für diese Anwendung erfolgt eine Überwachung von CH_4 und H_2O über ein NDIR-Meßgerät [130]. Da CO_2 durch Inertisierung die Explosionsgrenzen von CH_4/O_2-Gemischen beeinflußt, ist unter Umständen auch eine CO_2-Messung erforderlich.

In dem Bereich der *Automobil-Abgasmessung*, die schon bei den Anwendungen mit dispersiven Spektrometern (siehe Kap. 3.2.3) angesprochen wurde, werden vielfach NDIR-Meßgeräte — sei es in Motorenabgasprüfständen oder als tragbare Gasanalysengeräte — verwendet. Ein wichtiges

Gebiet ist die Entwicklung von Abgaskatalysatoren, für die Gasmessungen ebenso notwendig sind. Die hier interessierenden Komponenten, die IR-spektrometrisch bestimmt werden können, sind CO, NO, Kohlenwasserstoffe und für Kontrollmessungen CO_2. Bei den Abgasmessungen sind unterschiedliche Zielsetzungen zu berücksichtigen, u. a. welche Gesamtschadstoffmenge bei einem vorgegebenen Fahrtestzyklus emittiert wurde. Bei dem CVS(constant volume sampling)-Verfahren [131] wird von dem mit Luft verdünnten Abgas ein Teilstrom in Kunststoffbeuteln aufgefangen; über die nachfolgende Gasanalyse läßt sich die integrale Schadstoffmenge ermitteln. Ein anderes Ziel ist die Bestimmung der Schadstoffkonzentrationen in Echtzeit, die an die Zeitauflösung des Meßsystems Ansprüche stellt. Diese können mit NDIR-Photometern unter Berücksichtigung der Modulationsfrequenzen und der Totzeiten für die Meßzellenfüllung erreicht werden. Ein Beispiel für Echtzeitmessungen von Methanol in Abgasen von Kraftfahrzeugen, die Methanol-Benzin-Gemische als Kraftstoff verwendeten, ist in [108] gegeben. Einzelheiten zum Aufbau wurden bereits genannt (siehe Kap. 4.1).

Die Geräte zur CO-Messung in Abgasen der Ottomotoren von Kraftfahrzeugen sind in der Bundesrepublik eichpflichtig. Im Hinblick auf die Eichfehlergrenze von 0,5 Vol.-% CO innerhalb eines Zeitintervalls von einem Jahr können NDIR-Photometer vorteilhaft für die Automobil-Abgasmessung eingesetzt werden. Eine Diskussion verschiedener Gerätetypen, ihrer Kalibrierfunktionen und Meßfehler ist in [132] zu finden. Berücksichtigte und abgeschätzte Meßfehler waren Detektor- und Verstärkerrauschen, Umgebungseinflüsse wie Luftdruck und Temperatur, Fehler durch andere Meßkomponenten (Querempfindlichkeit, Druckverbreiterungseffekte, Küvettenverschmutzung); diese Fehler können im einzelnen bis 0,25% (absolut) bei einem CO-Volumenanteil von 4,5% (gesetzlich festgelegter Grenzwert) betragen. Eine Meßgerätekalibrierung sollte mit abgasähnlichem Prüfgas vorgenommen werden.

Eine spezielle Anwendung für den Bereich Kraftfahrzeug-Technik ist mit dem $CO-CO_2$ *Lambda Tester PT-1* [133] gegeben, der auf dem Bifrequenzprinzip basiert. Auf einer Chopperscheibe sind zwei verschiedene Interferenzfilter zur jeweiligen Messung der CO- und CO_2-Absorption, sowie ein Filter zur Referenzmessung eingesetzt. Über die gemessenen CO- und CO_2-Gehalte läßt sich bei Vernachlässigung der Kohlenwasserstoffemission das Kraftstoff-Luft-Verhältnis (Kennzahl λ) berechnen. Mit einem weiteren entwickelten, nach dem 2-Filterprinzip funktionierenden Gerät kann quasi gleichzeitig der CO- und hexanäquivalente Kohlenwasserstoffgehalt im Automobilabgas gemessen werden [133].

Zum Abschluß soll über *Anwendungen im medizinischen Bereich* berichtet werden. Für die Raumluftüberwachung z. B. in Operationssälen wurden bereits Beispiele mit dem Einsatz von dispersiven Spektrometern (siehe Kap. 3.2.1) gegeben; ebenso lassen sich hierfür spezielle NDIR-Meßsysteme einsetzen. Weitere Gebiete sind die Analyse von pathologischen Stoffwechselprodukten oder von Lösungsmitteldämpfen bei Vergiftungen in der Atemluft, die Überwachung von CO_2 als atemphysiologischer Komponente (Capnogramm-Aufnahme), sowie von Narkosegasen bei Operationen. Eine ausführliche Übersicht mit Literaturangaben ist in [134] zu finden.

Zur Bestimmung des CO_2-Volumenanteiles während des Atemvorganges wird ein interessanter, im Atemkreislauf befindlicher Sensor (*CAPNO-LOG D* [135]) eingesetzt. Dieses NDIR-Photometer ist ein Einstrahlgerät und verwendet eine gepulste thermische Lichtquelle, einen PbSe-Halbleiterdetektor, sowie zur Selektivierung ein Interferenzfilter mit Transmissionsmaximum bei 4,26 µm. Das Referenzsignal wird über die nahezu CO_2-freie Einatmungsphase erhalten. In Abb. 32 ist das Schema dieses leichten Sensors sowie der erhaltenen Meßsignale gezeigt. Für diesen Einsatz existiert eine Reihe weiterer Photometer, die auf anderen bereits genannten NDIR-Meßprinzipien beruhen (siehe auch [134]).

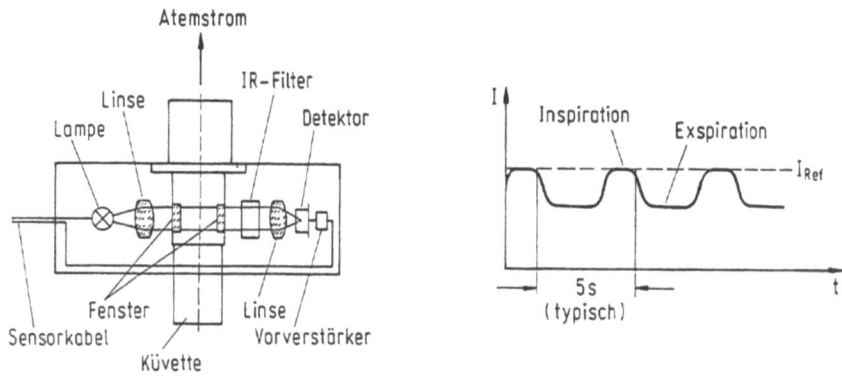

Abb. 32. NDIR-Sensor zur Capnogramm-Aufnahme mit Detektorsignalen [134]

Nach dem eben genannten Verfahren, funktioniert ein IR-Meßgerät, das *ALCYTRON* [135], zur Atemalkoholbestimmung. Für den gleichen Zweck wird ein weiteres Photometer, der *ALCOMAT* [97], vertrieben, der mit einem opto-pneumatischen Detektor ausgestattet ist und die Ethanolabsorption bei 3,4 µm zur Gehaltsbestimmung nutzt.

Als Narkosegas-Monitor ist das Meßgerät *IRINA* entwickelt worden, das auf dem Einstrahl-Bifrequenz-Prinzip beruht und gleichzeitig N_2O und volatile Anaesthetika wie Halothan, Enfluran u. a. zu messen erlaubt [135]. Für die letzteren Komponenten werden Absorptionsbanden bei 3,3 µm sowie für N_2O bei 3,0 µm verwendet, da in diesem Spektralbereich ungekühlte, empfindliche Halbleiterdetektoren eingesetzt werden können. Die jedoch relativ geringen Extinktionskoeffizienten der Inhalationsnarkotika erfordern dann eine Multireflexionsoptik quer zum Atemstrom mit einem optischen Weg von insgesamt 50 cm. Diese Sensoren werden mit kleinen Ausmaßen konzipiert, wobei die Verarbeitung des Signals und Anzeige der Konzentration vom Sensor getrennt erfolgt. Für die Zukunft ist vorauszusagen, daß speziell für den medizinischen Bereich auch NDIR-Geräte mit Fiberoptik und weiterer Sensorminiaturisierung (siehe auch Kap. 3.2.3) zum Einsatz kommen werden.

5 Laserspektroskopische Verfahren

5.1 Apparatives

Für den Spektroskopiker stellt der Laser eine nahezu ideale Strahlungsquelle dar, zumal die spektrale Bandbreite der emittierten Strahlung bedeutend kleiner als die vorkommenden Linienbreiten der Moleküle im Gaszustand sein kann. Für die Analytik sind neben dieser Eigenschaft die hohe spektrale Strahlungsdichte sowie die Möglichkeit einer geringen Laserstrahldivergenz von Vorteil, womit z. B. große optische Weglängen zur Realisierung entsprechender Meßempfindlichkeiten vorgegeben werden können. Im folgenden soll kurz das Laserprinzip erläutert werden; für weitere Einzelheiten muß jedoch auf weiterführende Literatur verwiesen werden [16].

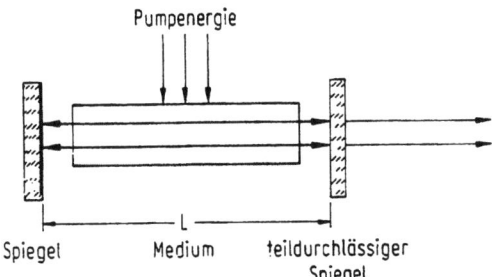

Abb. 33. Laserschema

Der *Aufbau eines Lasers* läßt sich durch das Schema in Abb. 33 beschreiben. Wichtig zum Betrieb sind Lasermedium, Resonator und Energiequelle. Das die Strahlung verstärkende Medium kann in verschiedenen Aggregatzuständen, gasförmig (Beispiel CO_2-Laser,) flüssig (Farbstoff-Laser) oder als Festkörper (Nd-YAG, Diodenlaser) vorliegen. Die Länge des optischen Resonators bestimmt über die Bedingung $L = m\lambda/(2n)$ die möglichen Resonatorfrequenzen, für die sich „stehende Wellen" ergeben, wobei n der Brechungsindex des Mediums und m eine ganzzahlige Ordnungszahl ist. Die Resonatorbedingung ist für verschiedene Wellenlängen erfüllbar, die bei den axialen Moden auftreten, deren Frequenzabstand $\Delta\nu = c/(2nL)$ (auch freier Spektralbereich genannt) ist. In Abhängigkeit vom Resonatoraufbau können ebenfalls transversale Moden existieren. Das Lasermedium mit seinem Termschema und ein entsprechend abgestimmter Resonator legen die möglichen Laserfrequenzen fest. Die kohärente, d. h. gleichphasige Verstärkung erfolgt durch stimulierte Emission, wobei Voraussetzung ist, daß eine größere Besetzungsdichte im oberen Energieniveau als im unteren vorliegt (Besetzungsinversion). Diese kann durch äußere Energiezufuhr („Pumpen") über z. B. Elektronenstoß, Photoenergie von Blitzlampen oder anderen Lasern, durch chemische Reaktion oder elektrische Energie bewirkt werden. Es sind unterschiedliche Betriebsarten möglich: zum einen der Pulsbetrieb, bei dem leistungsstarke Strahlungspulse mit bis Picosekunden-Dauer erzeugt werden können, und zum anderen der Dauerstrichbetrieb mit cw-Lasern (engl. continuous wave).

Allgemein kann zwischen kontinuierlich abstimmbaren Lasern und solchen mit festen Frequenzen, von z. B. diskreten molekularen Übergängen, unterschieden werden. Bei den Festfrequenzlasern ist die Breite des Verstärkungsprofils, das durch das Gasmedium bei geringem Druck bestimmt wird, durch die Dopplerlinienbreite vorgegeben, so daß eine Abstimmung nur über einen relativ kleinen Frequenzbereich von z. B. 50 MHz über den Resonator möglich ist. Für den Einsatz in der Analytik ist man dann auf zufällige Koinzidenzen von Laser- und Absorptionsfrequenz des zu messenden Gases angewiesen. In Abhängigkeit vom Bereich der Absorptionslinie, z. B. Maximum oder Linienflanke, ergeben sich unterschiedliche, nichtlineare Partialdruckabhängigkeiten für den spektralen Absorptionskoeffizienten [136]. Eine Übersicht über die verschiedenen realisierbaren Laserübergänge ist in [137] zu finden.

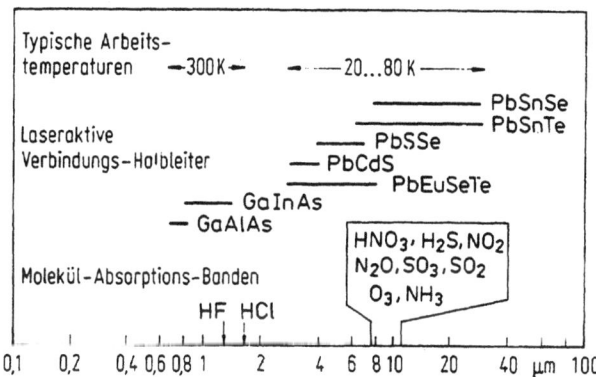

Abb. 34. Übersicht der verschiedenen Diodenlasermaterialien [139]

Bei den durchstimmbaren IR-Lasern werden als aktives Medium Gase bei hohem Druck (z. B. 1 MPa beim CO_2-Hochdruck-Laser) [138] oder Festkörper eingesetzt. Bei den Gaslasern umfaßt das Verstärkungsprofil wegen der Linienüberlappung einen breiten Frequenzbereich, wobei man sich innerhalb des Resonators frequenzselektierender Elemente wie Prismen, Reflexionsfilter oder Interferometer zusätzlich bedient. Ein für die Gasanalytik besonders vielseitig einsetzbarer Lasertyp sind die Diodenlaser, für die in Abb. 34 eine Übersicht gegeben wird. Wegen ihrer großen Bedeutung soll auf weitere Einzelheiten eingegangen werden.

Der schematische Aufbau eines *Diodenlasers* ist in Abb. 35 gezeigt. Die parallelen Stirnflächen des kleinen pn-Halbleiterkristalls definieren hier den Laserresonator. Bei Stromfluß in Dioden-Durchlaßrichtung ergeben sich ab einem bestimmten Schwellstrom, der von Lasertyp und Betriebsbedingungen abhängig ist, durch Rekombination von Elektronen und Löchern in der pn-Grenzschicht Laserleistungen im Mehrmodenbetrieb bis zu mehreren mW. Die Breite des Verstärkungsprofils (ca. 30 bis 100 cm^{-1}) ist durch die materialabhängige Energiedifferenz zwischen den Halbleiterniveaus (Leitungs- und Valenzband) bestimmt. Eine Frequenzabstimmung des Lasers kann über Temperatur- und Diodenstrom erfolgen. Wegen der niedrigen Betriebstemperaturen sind hier Kryostaten mit geschlossenem He-Kreislauf erforderlich. In Abb. 36 ist das temperaturabhängige Abstimmverhalten von Bleichalkogenid-Lasern gezeigt, wobei die sogenannten Modensprünge offensichtlich sind, die daher rühren, daß sich die Resonatormoden nicht kontinuierlich über das Verstärkungsprofil verschieben lassen. Die Feinabstimmung erfolgt über den Diodenstrom, wobei typischerweise bis 0,1 cm^{-1}/mA erreicht werden. Erwähnt werden soll die Abstimmung im Pulsbetrieb, wobei eine zeitabhängige Erwärmung während des kurzen Stromimpulses mit µs-Dauer den Abstimmungseffekt bewirkt. Hierbei können spektrale Halbwertsbreiten für die Laserlinien um 10^{-3} cm^{-1} auftreten; im cw-Normalbetrieb werden sonst Werte kleiner 10^{-4} cm^{-1} gefunden. Wegen der kleinen Dimensionen senkrecht zur Ausbreitungsachse in der Größenordnung der Wellenlänge

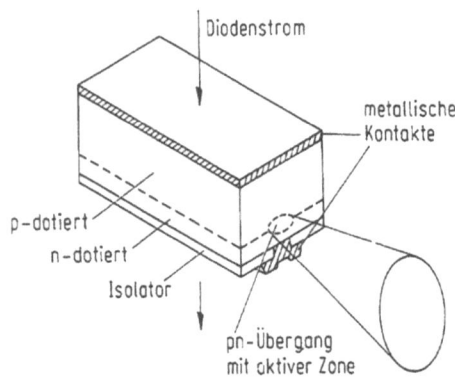

Abb. 35. Schematischer Aufbau eines Diodenlasers (nach [139])

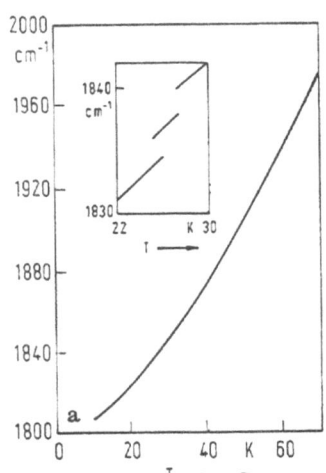
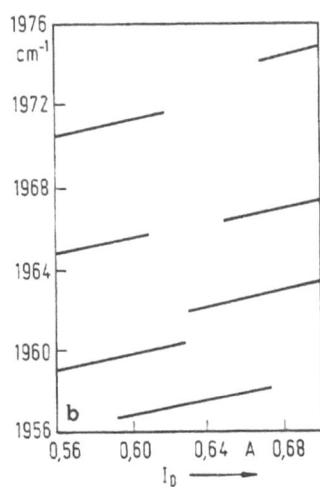

Abb. 36. Grob- und Feinabstimmung eines Diodenlasers. **a** Temperatureinfluß, **b** Abstimmung über den Diodenstrom

der Laserstrahlung, ist diese stark divergent (siehe Abb. 35), und die Abstrahlung erfolgt beugungsbegrenzt; mit geeigneten optischen Elementen läßt sich die Divergenz des Laserstrahls jedoch auf wenige Grad reduzieren [139].

Für den IR-Bereich existiert eine Reihe von weiteren abstimmbaren Lasertypen wie die Spin-Flip-Ramanlaser und die optischen parametrischen Oszillatoren. Ein anderes Verfahren beruht auf dem Prinzip der optischen Frequenzmischung zur Erzeugung von Summen- und Differenzfrequenzen, wobei einer von den zwei verwendeten Lasern durchstimmbar ist (Grundlagen hierzu in [140, 141]). Diese Verfahren haben für die Gasanalytik jedoch kaum Verwendung gefunden.

In Abb. 37 ist das Schema für ein Absorptionsexperiment mit monochromatischem, durchstimmbarem Laser vorgestellt. Zur Wellenzahlkalibrierung und Stabilisierung können verschiedene Techniken eingesetzt werden, für die eine Übersicht in [16] gegeben wird. Mit Gaslasern läßt sich der Einmodenbetrieb u. a. durch das Einbringen eines Fabry-Perot-Etalons (z. B. eine planparallele Ge-Platte, die als Vielstrahlinterferometer wirkt und zur Laserfeinabstimmung gekippt werden kann) in den Resonator realisieren.

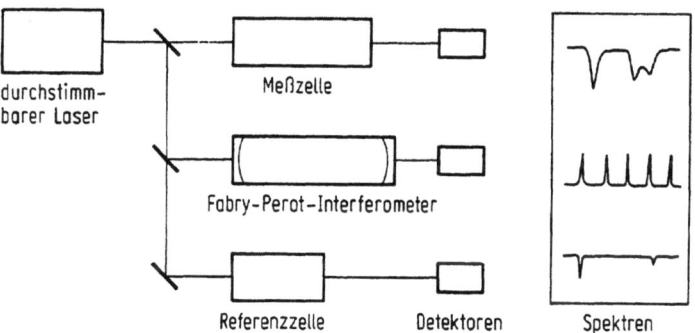

Abb. 37. Schematischer Spektrometeraufbau mit durchstimmbarem Laser

Da Diodenlaser überwiegend in mehreren Moden emittieren (siehe Abb. 36), wird eine Modenselektion mit einem Monochromator (spektrale Spaltbreite etwa $0{,}5$ cm^{-1}) vorgenommen; dieser dient gleichzeitig einer groben Wellenzahlkalibration. Bekannte Absorptionslinien von Referenzgasen können als Wellenzahlstandards verwendet werden, die ebenso für eine aktive Stabilisierung des Lasers auf 10^{-3} cm^{-1} gebraucht werden [142]. Dies ist speziell wichtig für die Spektroskopie von Gasen im Unterdruckbereich. Weitere Frequenzmarken im Scanbereich (vgl. Abb. 37) können beispielsweise über Fabry-Perot Etalons oder andere Interferometer erhalten werden. Für Diodenlaserspektrometer ist die Wellenzahlkalibration in [143] mit weiteren Details beschrieben. Für höchste Anforderungen ($\Delta\tilde{\nu}/\tilde{\nu} \approx 10^{-8}$) wurde ein konfokales Fabry-Perot Interferometer mit frequenzstabilisiertem Einmoden He-Ne Laser vorgeschlagen [144]; ähnliche Ergebnisse wurden mit einem schrittweise scannenden Michelson-Interferometer erzielt [145].

Erwähnt werden soll noch eine andere Art der Stabilisierung über die Lamb-dip Methode (siehe z. B. [16]), mit der sich die Laserwellenlänge auf die Dopplerprofilmitte einer Absorptionslinie stabilisieren läßt; hiermit ist der Bereich Sättigungsspektroskopie angesprochen, die mit Lasern wegen ihrer hohen spektralen Leistungsdichte betrieben werden kann und die hochauflösende dopplerfreie Spektroskopie ermöglicht. Ein Beispiel für eine Anwendung mit Diodenlasern für NH_3 findet sich in [146].

Neben den bereits genannten Lasereigenschaften sind die Möglichkeit der schnellen Durchstimmbarkeit sowie der Einsatz hoher Modulationsfrequenzen zur Rauschreduzierung von Vorteil. Für die quantitative Spektrenauswertung kommen verschiedene Methoden in Frage. Im Prinzip läßt sich auch hier die Bifrequenz-Technik — mit dem Einsatz von Lasern spricht man von differentieller Absorption — einsetzen; bezüglich Laser-Intensitätsschwankungen stehen jedoch weniger fehleranfällige Methoden zur Verfügung, u. a. die mit Diodenlasern verwendete *Integrativ-Spektroskopie* [147]. Zur Erläuterung wird das logarithmierte Lambert-Beersche Gesetz in integraler Form geschrieben; man erhält z. B. für den Partialdruck (oder Volumenanteil)

$$p = \frac{1}{Sl} \int \{\ln I_0(\tilde{\nu}) - \ln I(\tilde{\nu})\} \, d\tilde{\nu},$$

wobei S die bekannte oder experimentell zu bestimmende Linienstärke und l die optische Weglänge im zu messenden Medium ist. Für die Integration werden die logarithmierten Signale des Linienbereiches sowie der Referenz benötigt, die über die beiden Randintervalle bestimmt wird. Vorteilhafterweise ist man bei dieser Methode von einer variablen Linienform unabhängig. Weiterhin lassen sich gepulste Diodenlaser einsetzen, die bei Messungen in der Atmosphäre eine Momentaufnahme im Mikrosekundenbereich erlauben, bei der sich atmosphärische Turbulenzen nur gering auswirken.

Eine häufig verwendete Technik ist die *Derivativspektroskopie*. Hierbei wird auf einen mechanischen Chopper verzichtet, und es erfolgt eine Wellenzahlmodulation z. B. bei Diodenlasern über eine geringe Diodenstromänderung im kHz-Frequenzbereich. Bei der phasenempfindlichen Detektion mit der doppelten Modulationsfrequenz erhält man ein Signal, das bei kleinen Modulationsamplituden gleich der 2. Ableitung des Linienprofils ist. Diese Technik ist für die Verstärkung kleiner, schmalbandiger Liniensignale sehr effizient, bei denen geringfügige Änderungen des Signalhintergrundes vorliegen [148]. Die Signalgröße wird hierbei von der Modulationsamplitude mitbestimmt, die für maximale Signale etwa der vollen Linienhalbwertsbreite entspricht; für eine theoretische Betrachtung dieser Signalabhängigkeit siehe [149]. Für kleine Absorptionen erhält man von der Konzentration lineare Kalibrierfunktionen; in diesem Zusammenhang können Untersuchungen, die über den linearen Bereich hinausgehen, genannt werden [150, 151]. Die Derivativspektroskopie wird hauptsächlich bei Gasmessungen unter reduziertem Druck eingesetzt, bei denen schmale Gauß-Linienprofile vorliegen; jedoch wurden auch Messung mit ähnlichen Empfindlichkeiten bei Atmosphärendruck durchgeführt, die wegen der größeren Linienbreiten höhere Querempfindlichkeiten bedingen

[152]. Da bei dieser Technik das Signal für die Gesamtintensität verloren geht und nur Differenzen ausgewertet werden, ist eine regelmäßige Kalibrierung mit Prüfgasen erforderlich [151, 153].

In den meisten Fällen ist bei diesen Messungen nicht das Detektorrauschen für die erreichbare Nachweisgrenze ausschlaggebend, sondern sogenanntes optisches Rauschen, das von Interferenzeffekten geringer Anteile reflektierter Strahlung herrührt, die zu einer Rückkopplung mit dem Laser führen kann (Kopplung mit externem Resonator). Weiterhin kann eine frequenzabhängige Transmission durch instabile Resonatoren im Strahlengang bedingt sein. Aus diesem Grunde sollten die optischen Elemente im Spektrometerstrahlengang sorgfältig geplant werden, um Interferenzeffekte möglichst auszuschalten. Unterscheidet sich die Frequenz der Schwebungen im Spektrum genügend von den auszuwertenden Signalen, so kann zur Eliminierung eine Filterung mit Bandsperre vorgenommen werden; diese kann besonders einfach nach Transformation des Spektrums in der Fourier-Domaine durchgeführt werden, da hier die Schwebungen, die sonst über dem gesamten Spektrum stören, in einem engen Bereich lokalisiert sind und entfernt werden können. Die Fourier-Rücktransformation liefert das gefilterte Spektrum (für eine Übersicht siehe [154]).

Wie erwähnt, läßt sich die hohe spektrale Auflösung eines Diodenlaserspektrometers vorteilhaft für selektive Gasmessungen im Unterdruckbereich um 50 hPa nutzen; um unter diesen Bedingungen die notwendigen Empfindlichkeiten im ppb-Bereich zu erreichen, sind große optische Weglängen mit Multireflexionsküvetten bis zu mehreren hundert Metern erforderlich. Speziell für die Laserspektroskopie sind Astigmatismus-korrigierte Küvetten entwickelt worden (Riedel et al. [155]).

Mit dieser Technik lassen sich im allgemeinen nur Punktmessungen durchführen (siehe auch Kap. 3.2.2). Um durchschnittliche Gaskonzentrationen über längere Wegstrecken in der freien Atmosphäre zu erhalten, können Laser für das „*open path monitoring*" vorteilhaft eingesetzt werden. Hierfür werden überwiegend Retroreflektoren verwendet, die die Laserstrahlung zum Spektrometer zurücklenken [156]. Eine andere, nicht so effiziente Technik besteht darin, topographische Targets für die Reflexion zu nutzen [157]. Die Derivativspektroskopie kann für den Nachweis von Molekülen genutzt werden, deren Linienhalbwertsbreiten auch bei Atmosphärendruck kleiner 0,5 cm^{-1} sind. Für Stoffe mit breiten Absorptionsbanden wurde ein Zwei-Laser-System zur Messung der differentiellen Absorption (Bifrequenz-Technik) vorgeschlagen [158]. Die nachweisbaren Konzentrationen sind bei den Messungen in der freien Atmosphäre hauptsächlich durch Luftturbulenzen und Querempfindlichkeiten begrenzt.

Um bereichsabhängige Konzentrationsmessungen durchführen zu können, berücksichtigt man Verfahren, die auf dem *LIDAR-Prinzip* (Acronym für Light Detection and Ranging) beruhen. Hier bedient man sich der Tatsache, daß die Laserstrahlung in der Atmosphäre gestreut wird. In den unteren Luftschichten dominiert die Mie-Streuung, die hauptsächlich von Staub und anderen Aerosolteilchen herrührt. Etwa 2 Größenordnungen kleiner ist hier die von Molekülen verursachte Rayleigh-Streuung. Bei der Wechselwirkung der Strahlung mit den Molekülen können sich Spezialfälle ergeben, die u. a. mit den Begriffen Raman- und Resonanz-Raman-Streuung und Resonanzfluoreszenz bezeichnet werden. Die molekularen Querschnitte für Absorptionsexperimente sind jedoch im allgemeinen größer als bei den genannten Verfahren. Für weitere Einzelheiten muß auf die Literatur verwiesen werden (Inaba [141]).

Bei einem LIDAR-Experiment wird ein Laserpuls z. B. im Nanosekundenbereich mit kollimierter Strahlung ausgesandt (siehe Abb. 38). Der rückgestreute Strahlungsanteil wird über eine Teleskop-Optik mit einem Detektor zeitabhängig von den Strahlungslaufzeiten detektiert. Das grundlegende Prinzip kann anhand der LIDAR-Gleichung für die abstandsabhängige rückgestreute Strahlungsleistung $\Phi_r(R)$ erläutert werden:

$$\Phi_r(R) = \Phi_0 \left(\frac{c\tau}{2}\right) \beta(R) \, A_r R^{-2} \exp\left(-2\int_0^R \alpha_L(r)\, dr\right)$$

Φ_0 ist die vom Laser ausgesandte Strahlungsleistung, c die Lichtgeschwindigkeit, τ die Pulsdauer, β der Volumenrückstreukoeffizient, α_L der Absorptionskoeffizient der Atmosphäre und A_r ist die effektive Fläche der Empfängeroptik. Der letzte Faktor beschreibt die Strahlungsdämpfung, die durch Streuung und Absorption in der Atmosphäre bewirkt wird; weitere Einzelheiten findet man z. B. in [159] und bei Collis und Russel [141].

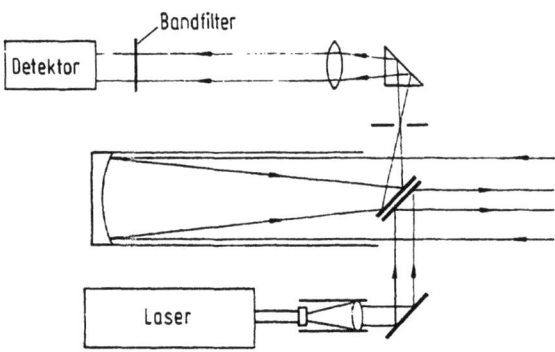

Abb. 38. Schematische Anordnung für ein LIDAR-Experiment mit koaxialer Transmitter/Empfänger-Geometrie (nach Collis, Russel [141])

Bei dem ähnlichen *DIAL-Experiment* (DIAL Acronym für Differential Absorption LIDAR) [160] kann mittels der Mie-Streuung die wellenzahlabhängige Absorption der Atmosphäre für die zu messenden Gaskomponenten genutzt werden. Hierzu wird absorptionslinienresonante Laserstrahlung alternierend zu nichtresonanter pulsweise ausgesandt. In Gegenwart der absorbierenden Gasspezies wird die resonante Strahlung stärker geschwächt; über eine Division beider rückgestreuter Signale lassen sich problematische, bzw. unbekannte Parameter eliminieren. In Abb. 39 sind die Berechnungsgrundlagen für die DIAL-Technik schematisch dargestellt [161].

Bei Verwendung von Hochdruck-Gaslasern, die z. B. mit CO, CO_2, HF, DF oder N_2O als Medium arbeiten, besteht die Möglichkeit eines Mehrkomponenten-DIAL-Experimentes, bei dem zufällige Koinzidenzen von Laser- und Analysenlinien ausgenutzt werden. Zur Detektion der verschiedenen Gaskomponenten ist ein Gitterpolychromator mit Detektor-Array erforderlich [162].

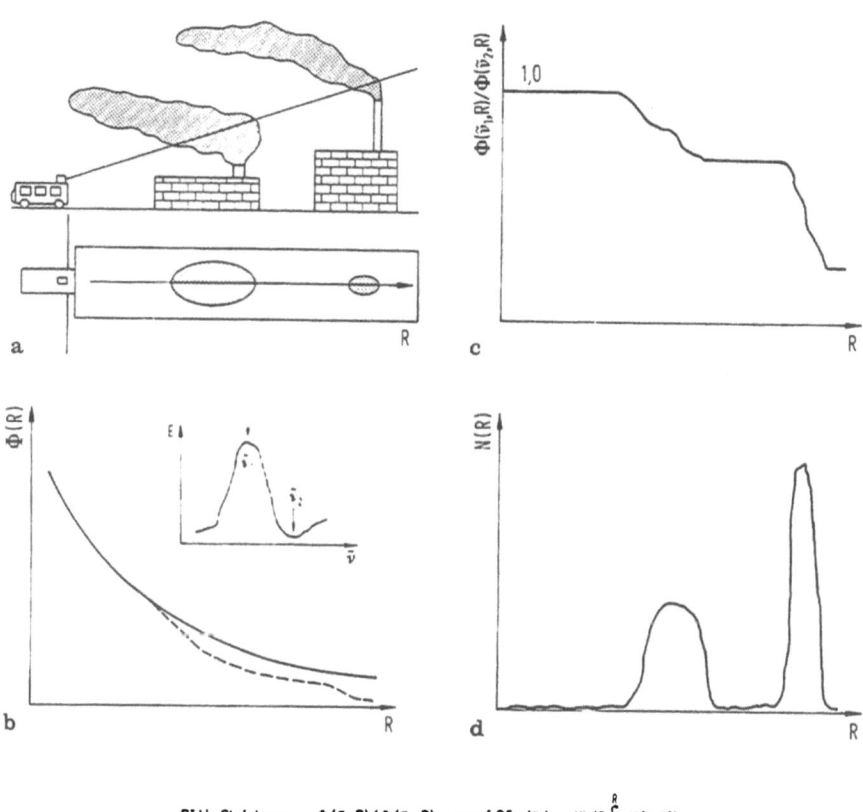

DIAL-Gleichung $\quad \Phi(\tilde{\nu}_1,R)/\Phi(\tilde{\nu}_2,R) = \exp\{-2[\sigma(\tilde{\nu}_1)-\sigma(\tilde{\nu}_2)]\int_0^R N(R')dR'\}$

Abb. 39. Schema eines DIAL-Experimentes, Grundlagen und Auswertung (nach [161]); **a** Meßsituation, **b** rückgestreute Laserstrahlungsleistung für resonante und nichtresonante Wellenzahlen, **c** Quotienten- (DIAL-) Funktion, **d** bestimmte Teilchendichte

Mit den beschriebenen Beispielen fanden empfindliche Halbleiterdetektoren Verwendung. In diesem Zusammenhang soll die äußerst empfindliche *Heterodyne-Detektion* angesprochen werden, die vielfach für aktive Überwachungssysteme mit Lasern, aber auch für passive, z. B. die IR-Emission von Schadstoffquellen nutzende Photometer eingesetzt worden ist. Hierbei wird der Laser als Lokaloszillator verwendet, dessen Strahlung zusammen mit der rückgestreuten über einen nichtlinearen IR-Photodetektor gemischt wird. Für eine ausführliche Übersicht über den Einsatz und die Vorteile der Laser-Heterodyne-Detektionstechnik siehe auch [143] und (Menzies [141]).

Eine andere, sehr empfindliche Detektionsmethode für Punktmessungen verwendet pneumatische Detektoren, deren Prinzip schon bei den NDIR-Photometern vorgestellt wurde (siehe Kap. 4.1). Diese Detektionsmethode ist im Prinzip ziemlich alt (siehe Literaturzitate unter [163]), doch mit dem Einsatz von leistungsstarken Lasern eröffnete sich hier ein weites Gebiet, das mit photo-thermischer bzw. speziell *photoakustischer Spektroskopie* bezeichnet wird. Ein Vorteil ist, daß geringste Konzentrationen einer Komponente im ppb-Bereich bei Atmosphärendruck spektroskopiert werden können. Bei resonanter Abstimmung des Lasers auf eine Absorptionslinie der zu messenden Gasspezies, erfahren deren Moleküle in der Photoakustik-Zelle eine Rotations-Schwingungsanregung. Durch Molekülstöße wird die Anregungsenergie auch in Translationsenergie umgesetzt, so daß eine Druckerhöhung in der Küvette resultiert. Bei Verwendung von intensitätsmodulierter Laserstrahlung läßt sich über ein empfindliches Kondensator-Mikrophon ein Wechselspannungssignal erzeugen. Diese Photoakustik-Zelle ist auch Spektraphon genannt worden. Für weitere Einzelheiten siehe [16, 141]. Mit einer 10 cm Küvette und einer Laserleistung von 100 mW wurden ohne feststellbare Sättigungseffekte noch Absorptionskoeffizienten von $\alpha = 10^{-10}$ cm^{-1} gemessen [164]; diese Empfindlichkeit ist etwa um eine Größenordnung höher, als sie mit 200 m langen Multireflexionsküvetten und der Derivativspektroskopie unter Verwendung von Diodenlasern erhalten werden kann.

Eine Meßvariante mit der Photoakustik-Zelle besteht darin, die Absorptionsküvette in den Laserresonator zu bringen, da in dessen Inneren das elektromagnetische Strahlungsfeld weitaus intensiver als außerhalb des Resonators ist. Hiermit wird eine weitere Methode angesprochen, die man unter dem Begriff *Intracavity-Absorptionsspektroskopie* kennt ([16]; Baev [165]). Bei Verwendung von Diodenlasern hat man auch auf externe, passive Resonatoren zurückgegriffen (siehe z. B. [166]).

Die hier vorgestellten Methoden können nicht vollständig sein, da dies den Rahmen des Artikels sprengen würde. Zum Abschluß des apparativen Teils sei lediglich noch auf zwei weitere leistungsfähige Methoden hingewiesen. Es ist zum einen die *Lasermagnetische-Resonanzspektroskopie*, die sich besonders gut zum Nachweis von Radikalen z. B. für Messungen von Reaktionskinetiken eignet ([16]; Bohle, Urban [155]), zum anderen ist es die *Hochfrequenz-Modulationsspektroskopie*, von der man sich weitere Fortschritte bezüglich geringerer Nachweisgrenzen und höherer Zeitauflösung verspricht, da Begrenzungen allein durch Photonenrauschen (shot-noise) bestimmt werden.

Zur Zeitauflösung noch eine Bemerkung: Gewöhnlich werden z. B. Diodenlaser mit Modulationsfrequenzen um 10 kHz betrieben, wobei als andere Möglichkeit ein Pulsbetrieb mit hoher Folgefrequenz (ca. 1 kHz) in Frage kommt. Unter diesen Bedingungen läßt sich zeitaufgelöste Gasanalytik im ms-Bereich verwirklichen. Eine weitere Steigerung ist über die Hochfrequenz-Modulationsspektroskopie oder ultrakurze Laserpulse von Gaslasern im ns-Bereich möglich (für eine Übersicht des letzteren siehe [16]). Mit einem speziellen Versuchsaufbau mit Diodenlasern wurden

Modulationsfrequenzen von 50 bis 200 MHz realisiert ([167]; Gertz et al. [165]), wobei hingegen mit den Bestandteilen eines kommerziellen Diodenlaserspektrometers 250 KHz erreichbar waren, die eine maximale Zeitauflösung von 2 µs bei einem Rauschpegel von $4 \cdot 10^{-5}$ Extinktionseinheiten erlauben [168].

5.2 Applikationen mit Lasern

Für den Bereich Gasanalytik existiert eine Fülle von verschiedenen Laser-Anwendungen, bei denen besonders Diodenlaser herausgehoben werden müssen. Die Häufigkeit von Applikationen ist wohl zu einem Teil darauf zurückzuführen, daß komplette Diodenlaser-Spektrometer kommerziell vertrieben werden [21, 169]. Kürzlich wurde ein Spektrometer dieser Art mit einem Personal-Computer zur Steuerung und Datenaufnahme vorgestellt [170]. In diesem Zusammenhang soll eine Veröffentlichung genannt werden, in der verschiedene systematische Fehlerquellen, die bei Absorptionsexperimenten mit Diodenlasern auftreten können, diskutiert werden [171]. Einige Applikationsübersichten wurden bereits veröffentlicht und sind im vorangehenden Abschnitt erwähnt worden [139, 141, 143]. Eine jeweils aktualisierte Literaturliste bezüglich „IR-Laser-Spektroskopie, Applikationen und Techniken" wird von [21] abgegeben. Ein anderer Übersichtsartikel umfaßt speziell die Laser-Spektroskopie u. a. in den Forschungsbereichen Energie und Umwelt, wobei auch der UV/VIS-Spektralbereich mitangesprochen wurde [172]. Die hier ausgewählten Beispiele sind wiederum aus den Gebieten Immissions- und Emissionsmessungen sowie aus dem Bereich spezieller Anwendungen. Der Schwerpunkt liegt bei relativ neuen Veröffentlichungen, die den Stand der Entwicklung illustrieren.

Für die Messung *atmosphärischer Spurengase* im ppb-Bereich werden Diodenlaser seit längerem eingesetzt, wobei die überwiegend verwendete Technik Messungen im Unterdruckbereich mit Multireflexionsküvetten vorsieht. Hierdurch kann eine extrem hohe Selektivität gewährleistet werden; die Abwesenheit von Interferenzen kann z. B. eindeutig durch die Konzentrationsbestimmung über zwei verschiedene Absorptionslinien überprüft werden [173]. Eine ausführliche Übersicht zu dieser Technik samt einiger Kalibrationsverfahren ist in [174] gegeben worden. Die Zeitkonstante für eine solche Messung wird hauptsächlich durch den Gasaustausch in der Whitezelle bestimmt, der von der Pumprate und dem Zellenvolumen abhängig ist und einige Sekunden betragen kann, während die Absorptionslinienmessung in Sekundenbruchteilen erfolgt. Bei Komponenten wie HNO_3, NH_3 und H_2O_2, die wegen Ad- und Desorptionsprozessen an der Zelleninnenwand problematisch sind, wurden demgegenüber Zeitkonstanten von 5 min gefunden. Kürzlich wurde ein mobiles, rechnergestütztes Spektrometer vorgestellt, das eine Simultanmessung von zwei Komponenten erlaubt (Schiff, Harris, Mackay [165]). Mit diesem Gerät, das auch für Messungen von Flugzeugen aus vorgesehen ist, können für NO, NO_2 und die bereits genannten Komponenten Nachweisgrenzen um 0,1 ppb erreicht werden.

Ein anderes Spektrometer, das mit einem flüssig-N_2 gekühlten Diodenlaser und einer kleinvolumigen Multireflexionszelle (etwa 10 m maximale optische Weglänge) ausgestattet war, wurde zur in-situ Messung des *Wassergehaltes in der Troposphäre* bis etwa 11 km Höhe eingesetzt [175]. Die Ergebnisse wurden mit denen von Hygrometern verglichen, wobei festgestellt werden kann, daß die Diodenlasermessungen mit einer Zeitkonstante von etwa 0,1 s verläßlicher sind. Die Autoren geben erreichbare Nachweisgrenzen von 0,5 ppb an, so daß auch stratosphärische H_2O-Messungen möglich sind.

Bereits älter sind Messungen von *HCl in Nordseeluft* nahe der Rauchfahnen von Verbrennungsschiffen (Weitkamp [165]). Die gemessenen Durchschnittskonzentrationen wurden ebenfalls naßchemisch bestimmt, und es konnte eine gute Übereinstimmung festgestellt werden. Diese Studie wurde zur Klärung der HCl-Deposition in der maritimen Atmosphäre unternommen.

Eine spezielle Kalibrationstechnik für die atmosphärische Spurengasanalyse mittels Derivativspektroskopie wurde von Restelli und Cappelani [165] vorgeschlagen. Als interne Standards werden benachbarte Linien von Gasen wie CO_2 und N_2O mit konstantem atmosphärischem Volumengehalt mitgemessen; die Autoren geben Beispiele für die Realisierung solcher Experimente für eine Reihe von Spurengasen an.

Die Vorteile der Diodenlaser auch bezüglich ihrer hohen Selektivität konnten bei Messungen mit *Prüfgasen von NO_2 in Luft* (Stoffmengenanteile zwischen 2,3 und 2 500 ppm) gezeigt werden [176]. Die Ergebnisse wurden mit Chemilumineszenz- und zum Teil mit FT-IR-spektroskopischen Messungen verglichen. Querempfindlichkeiten zu HNO_3 und anderen im Prüfgas vorhandenen stickstoffhaltigen Komponenten beeinträchtigten die Chemilumineszenz-Methode; dies führte zu falschen Prüfgaskonzentrationsangaben vom Hersteller. Nach Berücksichtigung der Störungen wurden nur relative Abweichungen von 1—3% zwischen den Meßergebnissen der verschiedenen Methoden beobachtet. Diese Prüfgase werden in vielen Fällen nach weiterer Verdünnung für Kalibrationen im ppb-Bereich eingesetzt.

Bei den bislang beschriebenen Experimenten wurden Diodenlaser eingesetzt. Für *atmosphärische Messungen* lassen sich ebenfalls relativ einfache Versuchsaufbauten z. B. mittels CO_2-Laser und photoakustischer Detektion realisieren, deren Vorteile offensichtlich sind, da diese Art von Detektor bei Raumtemperatur betrieben werden kann. Der dynamische Bereich kann etwa 5 Zehnerpotenzen (z. B. 100 ppm bis 1 ppb) umfassen.

Eine Reihe von unterschiedlichen Schadstoffen wie H_2CO, NH_3, O_3, verschiedene Kohlenwasserstoffe u. a. können mit dem gleichen Spektrometer gemessen werden; ein Beispiel für ein mobiles System ist in [177] und (Meyer, Bernegger, Sigrist [165]) beschrieben. Die Meßergebnisse wurden für C_2H_4 (im unteren ppb-Bereich) in Abhängigkeit von der tagesabhängigen Automobilemission sowie für Feuchte (H_2O) und CO_2 dokumentiert.

Wie schon im voranstehenden, apparativen Teil erwähnt, wird für bereichsaufgelöste Konzentrationsmessungen in der Atmosphäre auf die Differentielle-Absorptions-LIDAR (DIAL)-Technik zurückgegriffen, für die Nachweisgrenzen unter Berücksichtigung einer 100 m Bereichsstrecke für verschiedene Spurenkomponenten abgeschätzt vorliegen (Collis, Russel [141]). Ein stellvertretendes Beispiel ist in [178] zu finden, in dem ebenfalls eine umfangreiche Literaturübersicht zu diesen Experimenten angeführt wird. Als Strahlungsquelle wurde ein CO_2-Laser mit Pulsenergien bis 60 mJ und Pulsdauern bis 15 µs eingesetzt, wobei die Pulswiederholungsrate 30 Hz betrug. Die maximalen Meßentfernungen reichten bis ca. 6 km. Bei den Messungen für O_3, C_2H_4 und Wasserdampf wurde die mögliche Verbesserung des Signal/Rauschverhältnisses durch Mittelung von Signalen überprüft, für die eine Abhängigkeit mit der Wurzel der Anzahl der Laserpulse bestätigt wurde. Die Ergebnisse von Messungen, die die Rückstreuung von festen, diffus streuenden Targets nutzen, zeigen Abweichungen von diesem Gesetz, die ausführlich diskutiert werden.

Ein anderes DIAL-Experiment wurde mit einem Co:MgF_2-Feststofflaser (über einen Nd:YAG-Laser mit Pulsfrequenz von 3 Hz gepumpt) durchgeführt [179]. Der scan-Betrieb über 5 cm^{-1} hinweg war innerhalb des spektralen Bereiches von etwa 1,5 bis 2,3 µm möglich. Unter diesen Bedingungen mit einer Laserpulsenergie $\leq$ 10 mJ wurden Messungen für H_2O, HCl und CH_4 mit bis zu 6 km entfernten topographischen Targets zur Ermittlung von mittleren Konzentrationen im optischen Weg vorgenommen, während die bereichsaufgelösten Messungen wegen der relativ geringen Laserleistung nur eine maximale Reichweite von etwa 3 km zuließen. Aufgrund der endlichen Laserlinienbreite von 0,15 cm^{-1} muß bei Verwendung von Literaturwerten für die Linienstärken der intensitätsverringernde Effekt der Faltung der druckverbreiterten Absorptionslinienfunktion mit dem spektralen Laserprofil berücksichtigt werden (siehe auch Kap. 3.1).

Zur Messung von *lokalen CH_4-Volumengehalten* wurde von einer japanischen Arbeitsgruppe ein tragbares, scannendes Zweistrahl-Diodenlaserspektrometer entwickelt [180]. Das Gerät verwendet ein mit flüssigem N_2 gekühlten PbSnTe-Laser, sowie eine offene, gefaltete Meßstrecke von 128 cm Länge; über einen Beamsplitter wird ein Teil der Strahlung durch eine Referenzzelle auf einem zweiten Detektor fokussiert. Für die Messungen wurde eine Nachweisgrenze von 0,1 ppm bei 4 s Meßzeit angeführt, wobei eine spezielle, von einem Sinus abweichende Modulationsfunktion verwendet wird, mit der das optische Rauschen zum großen Teil eliminiert werden kann.

Zur Messung von *Automobilabgas-Emissionen*, speziell von CO im Stadtbereich, wurde ein Containersystem mit Diodenlaserspektrometer entwickelt, das mit einem Retroreflektor ausgestattet ist, um Durchschnittskonzentrationen in der offenen Atmosphäre über z. B. eine Entfernung von ca. 100 m zu ermitteln (Diehl, Wiesemann, Rudolf [165]). Die Messung erfolgt mittels Frequenzmodulation, wobei die Laserfrequenz über eine CO-Absorptionslinie aktiv stabilisiert wird. Im Innenstadtbereich mit stark befahrenen Straßen wurden hiermit Spitzenwerte bis 20 ppm CO gemessen. Eine Routineüberprüfung, einschließlich Kalibration über Zellen mit unterschiedlichen CO-Gehalten, wurde während des 24-Stunden-Betriebs täglich vorgenommen. Das System arbeitete zuverlässig, und es konnten nur geringe Ausfallzeiten festgestellt werden. Potentielle Meßmöglichkeiten bestehen ebenfalls für z. B. NO, NO_2 und NH_3. Ähnlich mobile Systeme mit Retroreflektor sind z. B. zur Gebäudeüberwachung von Produktionsanlagen oder auf Mülldeponien zur Messung der Emissionsquellen eingesetzt worden (Partridge, Curtis [155]). Eine Übersicht der mit Diodenlasern erreichbaren Nachweisgrenzen und Zeitauflösung ist für verschiedene Komponenten mit den verwendeten optischen Weglängen in [139] zu finden. Die Tabelle umfaßt sowohl offene Systeme bei Atmosphärendruck, als auch Systeme mit Multireflexionsküvetten bei reduziertem Druck.

Mit der eben beschriebenen Applikation kann zu einem anderen wichtigen Bereich, der IR-spektroskopischen Emissionsmessung übergeleitet werden. Im folgenden werden einige Abgasmeßgeräte für den Einsatzbereich Kraftfahrzeug- und Kraftwerkstechnik vorgestellt. Eine Mehrkomponentenanalyse von *Automobilabgas* wurde bereits bei den Applikationen mit FT-Spektrometern vorgestellt (siehe Abb. 23). Als Alternative zu dem dort vorgeschlagenen System wurde ein Diodenlaserspektrometer entwickelt, dessen Schema in Abb. 40 gezeigt ist (Klingenberg, Winkler [165]). Dieses Gerät enthält sechs Laser-Dioden, die von einem gemeinsamen Kryostaten auf ein zur Grobabstimmung individuelles Temperaturniveau geregelt werden. Die Polychromatoranordnung dient zweierlei Zwecken: der Modenselektion und der Strahlvereinigung. Die Dioden werden mit einer Pulsfrequenz von 1 kHz betrieben (Pulsdauer etwa 20—30 µs), die Diodenansteuerung und -auswertung erfolgt im Zeit-Multiplex. Es wurden zwei Detektoren eingesetzt, die die Absorptionssignale bei reduziertem Druck (50 hPa) mit verschiedenen optischen Weglängen messen; in der letzten Spektrometerversion wurde eine aktive Frequenzstabilisierung berücksichtigt. Für fünf verschiedene Komponen-

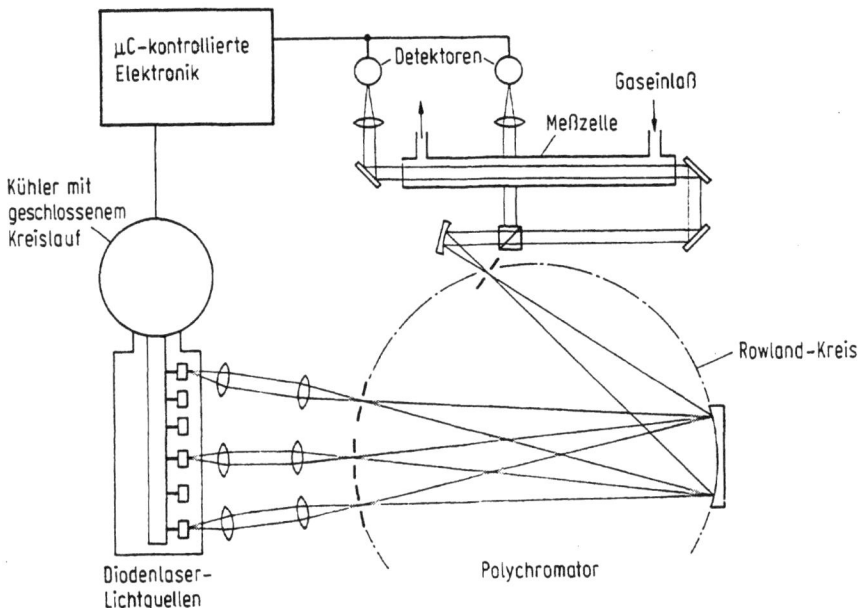

Abb. 40. Diodenlaserspektrometer für die Mehrkomponenten-Abgasanalyse [139]

ten CO, CO$_2$, NO, NO$_2$ und CH$_2$O werden Meßbereiche, Linearität der Kalibrierfunktionen, Nachweisgrenzen und Querempfindlichkeiten durch Wasserdampf angegeben. Bei CO wird zur Erweiterung des Meßbereichs die alternative Auswertung über zwei benachbarte unterschiedlich intensive Linien vorgenommen [139], die Rotations-Schwingungsübergängen der ^{12}CO und ^{13}CO Isotope zugeordnet werden können (siehe auch Abb. 16). Mit einem Einkomponentengerät mit Pulsbetrieb im KHz-Bereich wurde eine entsprechende, allein durch die Probenahme limitierte Zeitauflösung ermöglicht, mit der auch einzelne Verbrennungstakte überwacht werden können.

Für die *Emissionsmeßtechnik* im Kraftwerksbereich werden infolge von neuartigen Verfahren zur Schadstoffreduzierung empfindliche on-line Systeme mit niedrigen Querempfindlichkeiten benötigt, die zudem mit einem geringen Wartungsaufwand auskommen. Bei Anwendungen nichtdispersiver Spektrometer wurde die katalytische Entstickung von Rauchgasen bereits genannt (siehe Kap. 4.2). Das zur Reduktion der Stickoxide zugemischte NH$_3$ sollte nach der katalytischen Reaktion nur noch in Gehalten kleiner 5 ppm vorliegen, um auch die Bildung von festen Ammoniumsalzen zu verhindern. Aus diesem Grund ist ebenfalls eine Meßtemperatur von 350 °C erforderlich. Zu diesem Zweck sind mikroprozessorgesteuerte Diodenlaserspektrometer (siehe Abb. 41) entwickelt worden, die zusätzlich zu NH$_3$ eine weitere Komponente (z. B. NO oder SO$_3$) simultan zu messen erlauben; dies wurde über unterschiedliche Modulationsfrequenzen für beide Kanäle realisiert (Gregorius, Schörner [165]). Ein Vorteil dieses Systems ist, daß auch die Halbleiterdetektoren auf dem Kaltkopf des He-Kryostaten montiert sind, so daß eine Detektorversorgung mit flüssigem N$_2$ entfällt. Das System beinhaltet eine aktive Fre-

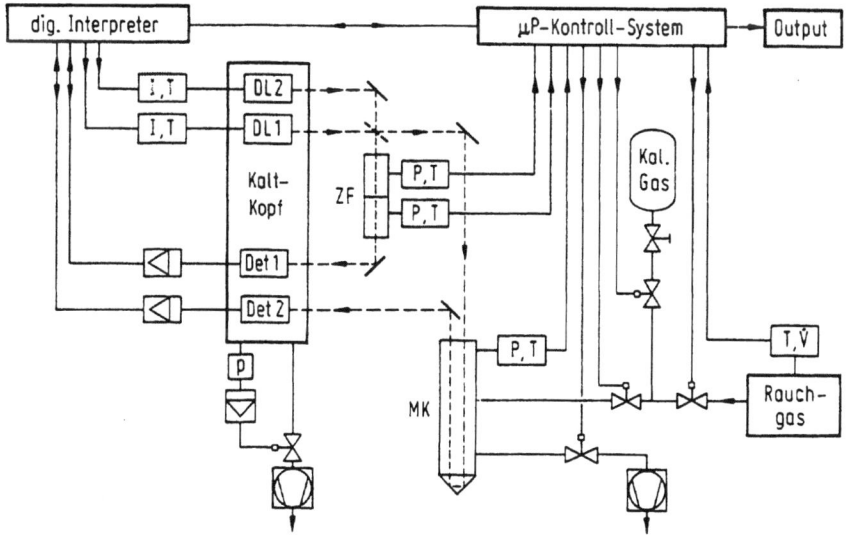

Abb. 41. Blockdiagramm eines Zwei-Komponenten-Rauchgasanalysators auf der Basis eines Diodenlaser-Spektrometers (nach Gregorius, Schörner [165])

quenzstabilisation, die bei Messungen im Unterdruckbereich (30 mbar) erforderlich ist. Die Nachweisgrenze für NH_3 liegt bei etwa 0,25 ppm.

Für die *Prozeßanalytik* in der Aluminium- oder Keramikindustrie, Kernkraftwerken und bei verschiedenen Verbrennungsvorgängen besteht die Notwendigkeit der Überwachung von HF, für die z. B. InGaAsP-Dioden mit Emissionen im nahen IR herangezogen werden können [181]. Das besondere ist ein Betrieb der Dioden mit einfachem Peltier-Kühler. Als Meßgrundlage dienen die intensivsten Rotationsschwingungslinien im R-Zweig des ersten Obertons ($2\nu_{HF}$) bei 7855,6 cm^{-1} oder 7884,3 cm^{-1}. Nachweisgrenzen um 0,1 ppm werden bei einem optischen Weg von 5 m angegeben, wobei für nichtdispersive Spektrometer demgegenüber Werte um 35 ppm gefunden wurden (Cerff, Krieg [166]). Über eine weitere Anwendung eines InGaAsP-Diodenlasers wurde kürzlich von Stanton und Silver [182] für die Messung der P-Zweiglinie (J = 3) in der zweiten Obertonschwingungsbande ($3\nu_{HCl}$) von H^{35}Cl bei 8278,7 cm^{-1} berichtet. Die verwendete optische Weglänge innerhalb einer Multireflexionsküvette betrug etwa 15 m. Die Nachweisgrenze von 3 ppm wurde mittels der Hochfrequenz-Modulationstechnik [167] erreicht.

Eine spezielle Anwendung wurde kürzlich mit der Bestimmung von *NH_3 im menschlichen Atem* beschrieben [183], für die ein Zweistrahl-Diodenlaserspektrometer mit Referenzküvette zur Stabilisierung des Wellenzahlmeßbereichs auf eine Absorptionslinie entwickelt wurde. Die Messungen erfolgten bei Unterdruck mit einer 50 cm langen, auf etwa 45 °C geheizten Durchflußküvette mit gekippten ZnSe-Fenstern; die Nachweisgrenze wurde mit 2 ppm NH_3 angegeben.

Als ein anderes, interessantes Anwendungsbeispiel sei die *Qualitätskontrolle von Halogenlampen* genannt [143]. Hierzu ist eine zerstörungsfreie Bestimmung des Füllgasdruckes und des HBr-Gehaltes gefordert, deren Messung mit konventionellen Methoden wegen des für die Spektroskopie widrigen Lampeninnenlebens schwierig ist. Der HBr-Gehalt und der Fülldruck wurden laserspektroskopisch über die Absorption und Bandenverbreiterung bei etwa 2560 cm^{-1} bestimmt. Bei einem Gesamtdruck von z. B. 270 kPa konnte noch ein HBr-Volumenanteil von 0,01% innerhalb der Lampe gemessen werden.

Die Untersuchung von *Verbrennungsvorgängen* bei Unterdruck in einer CH_4-O_2-NH_3-Flamme wurde mit einem Diodenlaserspektrometer vorgenommen [184]; es interessierten CO- und H_2O-Konzentrationsprofile entlang der Flammenachse. Ein Problem war die Suche nach verläßlichen spektroskopischen Daten, da in dem betrachteten Spektralbereich um 1900 cm^{-1} die vorherige AFGL-Linienbibliothek [20] sich als nicht vollständig erwies und für CO keine Angaben gefunden werden konnten. Die IR-spektroskopische Messung liefert bei ungestörter Flamme integrale Konzentrationswerte entlang des optischen Weges. Mit einem speziellen Auswerteverfahren lassen sich sogar Temperatur- und Konzentrationsbestimmungen gleichzeitig durchführen.

Die *Kopplung Gaschromatographie—IR-Spektroskopie* wurde bereits in Kap. 3.2.3 erwähnt. Vor einiger Zeit wurde ein GC-Detektor, beruhend auf einem Experiment mit CO_2-Laser und optoakustischer Durchflußzelle, beschrieben [185]. Für dessen Nachweisgrenzen wurden Werte angegeben, die durchaus — in Abhängigkeit vom IR-Absorptionskoeffizienten — bei den angegebenen Substanzbeispielen mit denen eines Flammenionisationsdetektors konkurrieren können. Wegen des relativ aufwendigen Experimentes im Vergleich zu sonstigen GC-Detektoren hat dieser IR-Detektor keine weitere Beachtung gefunden.

Eine andere Entwicklung sei mit der *photothermischen Intracavity-Spektroskopie* genannt, die mit fensterlosen Durchflußzellen betrieben werden kann [186]. Über z. B. einen CO_2-Laser, der zur Rotations-Schwingungsanregung dient, werden Änderungen im Brechungsindex der Probe erzeugt, die sich im Resonator eines zusätzlichen He-Ne-Lasers befindet; aufgrund der Brechungsindexänderung kann der probende Laserstrahl abgelenkt werden. Eine Möglichkeit besteht darin, die Intensitätsmodulation des He-Ne-Lasers über einen Auskoppelspiegel zu messen. Für eine 20 cm lange Meßküvette wurden Absorptionskoeffizienten bis hinab zu 10^{-7} cm^{-1} angegeben (entspricht in etwa 3 ppb C_2H_4).

Für die *Halbleitertechnologie* sind zum Teil ultrareine Substanzen erforderlich. Bei einer IR-spektrometrischen Gas-Analyse können die Nachweisgrenzen für bestimmte Komponenten durch deren Desorption von Küvettenwänden begrenzt sein. Um diese Beschränkungen zu umgehen, wurden hochvakuumdichte, auf 150°C aufheizbare Multireflexionsküvetten mit 100 m Weglänge entwickelt (Mantz [165]). Hiermit konnte für die Bestimmung in Reinststickstoff die Nachweisgrenze für CO_2 von 1 ppb auf kleiner 0,06 ppb, und für H_2O von 10 ppb auf kleiner 0,7 ppb gesenkt werden. Ein anderes Problem sind Linienüberlagerungen von z. B. SiH_4 und der zu untersuchenden Spurenkomponente PH_3. Durch die Verwendung von Überschalldüsen ist es möglich, eine adiabatische Abkühlung des Gases vorzunehmen, womit dessen Rotationstemperatur auf unter 16 K gesenkt werden konnte. Die Verschiebung der Besetzungsdichten zu niedrigen Rotationstermen bewirkt eine geringere Liniendichte im Rotations-Vibrations-Spektrum. Hierdurch konnte eine beachtliche Verbesserung im Nachweisvermögen erreicht werden (8 ppb gegenüber 200 ppb bei Raumtemperatur).

Zum Abschluß sei ein etwas ungewöhnliches Gebiet vorgestellt, die *Plasma-Diagnostik* mit Diodenlasern. Über Gasentladungen lassen sich die verschiedensten Molekülionen erzeugen, deren Mehrzahl protonierte stabile Moleküle wie H_3^+, HCO^+, HN_2O^+ u. a. sind. Es wurden jedoch auch negative Ionen wie OH^-, NH^-, NH_2^- und weitere untersucht. Ein Teil dieser Molekülionen befindet sich im interstellaren Raum; hieraus ergibt sich ein Grund für die Astrophysiker, die spektroskopischen Eigenschaften dieser Spezies zu untersuchen. Von Interesse ist aber auch ein besseres Verständnis für die chemischen Reaktionen bei Gleichstrom- bzw. Wechselstrom-Gasentladungen. Eine Übersicht über bereits publizierte Plasma-Studien ist bei Blom [165] zu finden.

6 Schlußbemerkungen

Die IR-spektroskopische Gasanalytik ist äußerst vielseitig in ihren Möglichkeiten. Neben relativ einfachen und preiswerten Meßsystemen sind recht aufwendige Experimente beschrieben worden. Es bleibt zu hoffen, daß sowohl für den Praktiker als auch für den Experten hiermit eine Übersicht und Anregungen für seine Meßprobleme gegeben werden können. Die Entwicklung der Spektrometer wird weiter vorangehen; zu denken ist an kleine kompakte FT-IR-Spektrometer, den Einsatz von Fiberoptik für die verschiedensten Bereiche und vielleicht auch die Entwicklung von Diodenlasern, die bei Raumtemperatur im mittleren Infrarot betrieben werden können, wodurch die hierauf beruhenden, vielseitigen Spektrometer einfacher und preiswerter gebaut werden könnten. Vorteile aus diesen Entwicklungen werden sich für die Analytik zwangsläufig ergeben.

Literatur

1. Leithe, W.: Die Analyse der Luft und ihrer Verunreinigungen in der freien Atmosphäre und am Arbeitsplatz, Wiss. Verlagsges., Stuttgart 1974
2. Birkle, M.: Meßtechnik für den Immissionsschutz, R. Oldenbourg Verlag, München, Wien 1979
3. Leichnitz, K.: „Prüfröhrchen" in: Analytiker-Taschenbuch, Bd. 1, S. 205, Springer-Verlag, Berlin 1980
4. Runge, H.: „Gasspurenanalyse. Messen von Emissionen und Immissionen" in: Analytiker-Taschenbuch, Bd. 3, S. 317, Springer-Verlag, Berlin 1983
5. Böck, H.: „Infrarot-Spektroskopie" in: Analytiker-Taschenbuch. Bd. 4, S. 201, Springer-Verlag, Berlin 1984
6. Schiel, D., Richter, W.: Fresenius Z. Anal. Chem. 327:355 (1987)
7. Herzberg, G.: Molecular Spectra and Molecular Structure, I. Spectra of Diatomic Molecules, Van Nostrand, New York 1950
8. Barrow, G. M.: Introduction to Molecular Spectroscopy, McGraw-Hill, New York 1962
9. Herzberg, G.: Molecular Spectra and Molecular Structure, II. Infrared and Raman Spectra of Polyatomic Molecules, Van Nostrand, New York 1945
10. Cole, A. R. H.: Tables of Wavenumbers for the Calibration of Infrared Spectrometers, 2nd Ed., Pergamon Press, Oxford 1977
11. Heise, H. M., Lutz, H., Dreizler, H.: Z. Naturforsch. 29a: 1345 (1974)
12. Heise, H. M., Winther, F., Lutz, H.: J. Mol. Spectrosc. 90: 531 (1981)
13. Seth-Paul, W. A.: J. Mol. Structure 3:403 (1969)
14. Gordy, W., Cook, R. L.: Microwave Molecular Spectra, Interscience Publishers, New York 1970
15. Penner, S. S.: Quantitative Molecular Spectroscopy and Gas Emissivities, Addison-Wesley Publishing Comp., Reading 1959
16. Demtröder, W.: Grundlagen und Techniken der Laserspektroskopie, Springer-Verlag, Berlin 1977
17. Schrader, B.: „Infrarot und Ramanspektrometrie" in: Ullmanns Encyklopädie der technischen Chemie, 4. Aufl., Verlag Chemie, Weinheim 1980
18. Pugh, L. A., Rao, K. N.: „Intensities from Infrared Spectra" in: Molecular Spectroscopy: Modern Research, Hrsg. K. N. Rao, Bd. 2, S. 165, Academic Press, New York 1976
19. Park, J. H., et al.: Atlas of Absorption Lines From 0 to 17 900 cm^{-1}, NASA Reference Publication 1188 (1987)

20. Rothman, L. S., et al.: Appl. Opt. 26:4058 (1987)
21. Spectra-Physics GmbH, 6100 Darmstadt-Kranichstein
22. Husson, N., et al.: Ann. Geophys. 4:185 (1986)
23. Brown, L. R., Farmer, C. B., Rinsland, C. P., Toth, R. A.: Appl. Opt. 26:5154 (1987)
24. Blass, W. E., Chin, V. W. L.: J. Quant. Spectrosc. Radiat. Transfer 38:185 (1987)
25. Eng, R. S., Calawa, A. R., Harman, T. C., Kelley, P. L.: Appl. Phys. Lett. 21:303 (1972)
26. Günzler, H., Böck, H.: IR-Spektroskopie, Verlag Chemie, Weinheim, 2. Auflage, 1983
27. Stewart, J. E.: Infrared Spectroscopy, Marcel Dekker, New York 1970
28. Griffiths, P. R., de Haseth, J. A.: Fourier Transform Infrared Spectroscopy, John Wiley & Sons, New York 1986
29. Dereniak, E. L., Crowe, D. G.: Optical Radiation Detectors, John Wiley & Sons, New York 1984
30. Tietze, U., Schenk, Ch.: Halbleiter-Schaltungstechnik, Springer-Verlag, Berlin, 8. Auflage, 1986
31. White, J. U.: J. Opt. Soc. Am. 32:285 (1942)
32. Dalton, W. S., Sakai, H.: Appl. Optics 19:2413 (1980)
33. Hanst, P. L.: Appl. Optics 17:1360 (1978)
34. VDI-Richtlinien, Messen von Gasen – Prüfgase, VDI 3490, 1980
35. Rössel, H., Buchholz, N., Hartkamp, H.: Fresenius Z. Anal. Chem. 316:142 (1983)
36. Heise, H. M., Kirchner, H.-H., Richter, W.: Fresenius Z. Anal. Chem. 322:397 (1985)
37. Park, J. H., Kendall, D. J. W., Buijs, H. L.: J. Geophys. Research 89:11645 (1984)
38. Mankin, W. G.: Opt. Engineering 17:39 (1978)
39. Herget, W. F., Brasher, J. D.: Appl. Optics 18:3404 (1979)
40. Herres, W., Gronholz, J.: Comp. Anw. Lab. 5/84:352; 6/84:418; 5/85:230
41. Molt, K.: „Marktübersicht Infrarot-Spektroskopie" in: Nachr. Chem. Techn. Lab. 33, 10/1985
42. Gilby, A. C., Syrjala, R. J., Schlicht, G.: Chem. Techn. 9:189 (1980)
43. Nielsen, J. R., Thornton, V., Dale, E. B.: Rev. Modern Phys. 16:307 (1944)
44. Anderson, R. J., Griffiths, P. R.: Anal. Chem. 47:2339 (1975)
45. Luther, H., Germershausen, R.: Ber. Bunsenges. physik. Chem. 67:571 (1963)
46. Heise, H. M.: Fresenius Z. Anal. Chem. 323:368 (1986)
47. Griffiths, P. R.: Appl. Spectrosc. 29:11 (1975)
48. Haaland, D. M., Easterling, R. G.: Appl. Spectrosc. 34:539 (1980)
49. Maris, M. A., Brown, C. W., Lavery, D. S.: Anal. Chem. 55:1694 (1983)
50. Donahue, S. M., Brown, C. W., Caputo, B., Modell, M. D.: Anal. Chem. 60:1873 (1988)
51. Park, J. H.: Appl. Opt. 23:2604 (1984)
52. Beer, R., Norton, R. H.: Appl. Optics 27:1255 (1988)
53. Wiens, R. H., Zwick, H. H.: „Trace Gas Detection by Correlation Spectroscľpy", in: Infrared, Correlation and Fourier Transform Spectroscopy, Hrsg. Mattson, J. S., Mark Jr., H. B., MacDonald Jr., H. C., Marcel Dekker, New York 1977
54. Deutsche Forschungsgemeinschaft: Maximale Arbeitsplatzkonzentration und biologische Arbeitsstofftoleranzwerte, Verlag Chemie, Weinheim 1987
55. Bencsath, F. A., Drysch, K., Weichardt, H.: Anaesthesist 29:30 (1980)

56. Drysch, K., Woiwode, W.: Beckman Report 1/1980, 6
57. Zeller, M. V., Juszli, M. P.: „IR-Vergleichsspektren mit Dämpfen an den OSHA-Konzentrationsgrenzen mit variablen Langweg-Gasküvetten", in: Angewandte Infrarot-Spektroskopie, Hrsg. Perkin-Elmer, Heft 17 (1975)
58. Smith, B. T., Gillespie, R. E.: Industrial Res. 19:86 (1977)
59. Mantz, A. W.: Appl. Spectrosc. 30:539 (1976)
60. Alexander, A. J., Goggin, P. L., Cooke, M.: Anal. Chim. Acta 151:1 (1983)
61. Ripperger, S., Germerdonk, R.: Chem.-Ing.-Techn. 55:558 (1983)
62. Grupinski, L.: Staub-Reinhalt. Luft 46:490 (1986)
63. Samimi, B. S.: Am. Ind. Hyg. Assoc. J. 44:40 (1983)
64. Diaz-Rueda, J., Sloane, H. J., Obremski, R. J.: Appl. Spectrosc. 31:298 (1977)
65. Hanst, P. L.: „Spectroscopic Methods for Air Pollution Measurement" in: Advances in Environmental Science and Technology, Hrsg. Pitts, Jr., J. N. und Metcalf, R. L., Bd. 2, Wiley-Interscience, New York 1971
66. Hanst, P. L.: Fresenius Z. Anal. Chem. 324:579 (1986)
67. Tuazon, E. C., Graham, R. A., Winer, A. M., Easton, R. R., Pitts Jr., J. N., Hanst, P. L.: Atmos. Environ. 12:865 (1978)
68. Hallam, H. E.: Vibrational Spectroscopy of Trapped Species, Wiley, New York 1973
69. Ewing, G. E., Thompson, W. E., Pimentel, G. C.: J. Chem. Phys. 32:927 (1960)
70. Rochkind, M. M.: Anal. Chem. 39:567 (1967)
71. Carr, B. R., Chadwick, B. M., Edwards, C. S., Long, D. A., Warton, F. C.: J. Mol. Struct. 62:291 (1980)
72. Reedy, G. T., Ettinger, D. G., Schneider, J. F.: Anal. Chem. 57:1602 (1985)
73. Griffith, D. W. T., Schuster, G.: J. Atmos. Chem. 5:59 (1987)
74. Berger, E., Griffith, D. W. T., Schuster, G., Wilson, S. R.: Mikrochim. Acta II:239 (1988)
75. Park, J. H., Carli, B.: Appl. Opt. 25:3490 (1986)
76. Shaffer, W. A., Kunde, V. G., Conrath, B. J.: Appl. Optics 27:3482 (1988)
77. NASA Conference Publication 10014, Proceedings of the Polar Ozone Workshop (Snowmass, Colorado U.S.A., 9.—13. Mai 1988)
78. Fink, U., Larson, H. P.: „Astronomy: Planetary Atmospheres" in: Fourier Transform Infrared Spectroscopy, Hrsg. Ferraro, J. R., Basile, L. J.; Academic Press, New York 1979
79. Allen, P. V., Vanderwielen, A. J.: Anal. Chem. 49:1602 (1977)
80. Lefers, J. B., van den Berg, P. J.: Anal. Chem. 52:1424 (1980)
81. Shakar, J. J., Mann, C. K., Vickers, T. J.: Anal. Chem. 58:1460 (1986)
82. Firth, S., Viktorin, M.: in Tagungsband InCom '89, GIT-Verlag, Darmstadt 1989
83. Herget, W. F., Fa. Nicolet (1985)
84. Staab, J., Klingenberg, H.: Automobil-Industrie Heft 3, Meßtechnik, 359 (1986)
85. Staab, J., Klingenberg, H., Herget, W. F., Riedel, W. J.: Progress in the Prototype Development of a New Multicomponent Exhaust Gas Sampling and Analyzing System, SAE paper No. 840470 (1984)
86. Herget, W. F.: Appl. Opt. 21:635 (1982)
87. Pruss, D.: Materials Sc. Forum 32—33: 321 (1988)
88. Sadtler IR-Gasphasenbibliothek, Sadtler Research Labs., Philadelphia USA (wird in Deutschland von Heyden, Rheine, vertrieben)

89. Herres, W.: HRGC-FTIR: Capillary Gas Chromatography-Fourier Transform Infrared Spectroscopy, Dr. Alfred Hüthig Verlag, Heidelberg 1987
90. Pitts Jr., J. N., Finlayson-Pitts, B. J., Winer, A. M.: Environ. Sc. & Techn. 11:568 (1977)
91. Durana, J. F., Mantz, A. W.: „Laboratory Studies of Reacting and Transient Systems", in: Fourier Transform Infrared Spectroscopy, Hrsg. Ferraro, J. R., Basile, L. J., Academic Press, New York 1979
92. Schaefer, W.: PTB-Mitteilungen, Heft 2, 84 (1974)
93. Rosenfeld, E. Z., Boasson, H.: Eur. Pat. Appl. EP 231 639 A 2, 12. Aug. 1987
94. Lehrer, E., Luft, K. F.: Verfahren zur Bestimmung von Bestandteilen in Stoffgemischen mittels Strahlenabsorption, DRP 730 478 v. 9. 3. 1938, BASF; Luft, K. F.: Z. Tech. Physik 24:97 (1943)
95. Hill, D. W., Powell, T.: Non-dispersive Infra-red Gasanalysis in Science, Medicine and Industry, Adam Hilger, London 1968
96. Leybold AG, Meß- und Analysentechnik, 6450 Hanau 1
97. Siemens AG, Bereich Meß- und Prozeßtechnik, 7500 Karlsruhe 21
98. Luft, K. F., Kessler, G., Zörner, K. H.: Chem. Ing. Techn. 39:937 (1967)
99. Maihak AG, 2000 Hamburg 60
100. van Damme, S., Slemeyer, A., Wendt, K.: Techn. Messen — tm 54:416 (1987)
101. Fabinski, W., Ascherfeld, M.: Techn. Messen — tm 47:257 (1980)
102. Griffith, D. W. T.: Tellus 34:376 (1982)
103. Griffith, D. W. T., Keeling, C. D., Adams, J. A., Guenther, P. R., Bacastow, R. B.: Tellus 34:385 (1982)
104. Sensorlab GmbH, 8000 München 19
105. Bodenseewerk Gerätetechnik GmbH, Geschäftsbereich Geosystem, 7770 Überlingen
106. Beckman Industrial Prozess-Geräte GmbH, 8000 München 46
107. Schaefer, W.: Z. angew. Phys. 19:55 (1965)
108. Cha, S., Gabele, P. A.: Opt. Engineer. 25:1200 (1986)
109. Galais, A., Fortunato, G., Chavel, P.: Appl. Opt. 24:2127 (1985)
110. VDI-Handbuch Reinhaltung der Luft, Bd. 5, Hrsg. VDI-Kommission Reinhaltung der Luft, Stand 1988
111. Birkle, M.: GIT Fachz. Lab. 7/1988, 772
112. 13. Verordnung zur Durchführung des Bundes-Immissionsschutzgesetzes (Verordnung über Großfeuerungsanlagen) vom 22. 6. 1983
113. Allgemeine Verwaltungsvorschrift zum Bundes-Immissionsschutzgesetz, Technische Anleitung zur Reinhaltung der Luft (TAL) 1974/1983/1986
114. Gemeinsames Ministerialblatt, herausgegeben vom Bundesminister des Inneren, Bereich Umweltangelegenheiten
115. Wiegleb, G.: Techn. Messen 51:385 (1984)
116. Ascherfeld, M., Fabinski, W.: Techn. Messen 54:195 (1987)
117. Berkhahn, W., Wiedeking, E.: Chem. Techn. 10:829 (1981)
118. Berkhahn, W., Wiedeking, E.: VGB Kraftwerkstechn. 63:801 (1983)
119. Fabinski, W., Eckmann, F.: VBG Kraftwerkstechn. 67:143 (1987)
120. Applikationsbericht Nr. 26/85 Bodenseewerk, Überlingen
121. Herget, W. F., Jahnke, J. A., Burch, D. E., Gryvnak, D. A.: Appl. Optics 15:1222 (1976)
122. Antechnika GmbH, 7505 Ettlingen
123. Becker, K. H.: „Physikalisch-chemische Eigenschaften der reinen und verschmutzten Atmosphäre", in: Atmosphärische Spurenstoffe und ihr physikalisch-chemisches Verhalten, Hrsg. Becker, K. H., und Löbel, J., Springer-Verlag, Berlin 1985

124. Mayer, H., Sajonz, D.: Siemens-Energietechnik 5:6 (1983)
125. Ward, T. V., Zwick, H. H.: Appl. Optics 14:2896 (1975)
126. Fabian, P.: Atmosphäre und Umwelt, Springer-Verlag, Berlin 1984
127. Nather, E., Schorpp, K.: Siemens-Energietechnik 4:141 (1982)
128. Richter, J.: Analysentechnische Meßeinrichtungen für die Zementindustrie, Hartmann & Braun, Einzelbericht (02 PY 3604)
129. Richter, J.: Kontinuierliche Gasanalyse in der Biotechnologie — eine Methode zur Bilanzierung des Stoffwechsels in Produktionsfermenten, Hartmann & Braun, Einzelbericht (02 PY 3603)
130. Schilling, H., Hinz, W.: Aufbereitung von Deponiegasen und Faulgasen für verschiedene Verwendungszwecke, Leybold, Arbeitsbericht 1987
131. Staab, J., Klingenberg, H., Schürmann, D.: SAE Techn. Paper Series 830437, S. 2212, Society of Automotive Engineers. 1984
132. Richter, W., Schiel, D.: PTB-Mitteilungen 91:421 (1981)
133. Pierburg GmbH, 4040 Neuss 1
134. Pockrand, I.: Techn. Messen tm 52:247 (1985)
135. Drägerwerk AG, 2400 Lübeck 1
136. Rothe, K. W., Walter, H.: „Remote Sensing Using Tunable Lasers" in: Tunable Lasers and Applications, Hrsg. Mooradian, A., Jaeger, T., und Stockseth, P., Springer, Berlin 1976
137. Beck, R., Englisch, W., Gürs, K.: Table of Laser Lines in Gases and Vapours, Springer Series in Optical Sciences, Vol. 2, 3. Aufl., Springer-Verlag, Berlin 1980
138. Jaeger, T., Wang, G.: „Tunable High-Pressure Infrared Lasers" in: Tunable Lasers, Topics in Appl. Phys., Vol. 59, Hrsg. Mollenauer, L. F., and White, J. C., Springer, Berlin 1987
139. Grisar, R.: Quantitative Gasanalyse mit abstimmbaren IR-Diodenlasern, IPM Forschungsbericht 11-10-88, 1988
140. Mooradian, A.: „Scalable Tunable IR Lasers"; Byer, R. L.: „Parametric Oscillators" in: Tunable Lasers and Applications, Hrsg. Mooradian, A., Jaeger, T., and Stockseth, P., Springer, Berlin 1976
141. Hinkley, E. D., (Hrsg.), Laser Monitoring of the Atmosphere, Springer, Berlin 1976
142. Reid, J., Garside, B. K., Shewchun, J., El-Sherbiny, M., Ballik, E. A.: Appl. Opt. 17:1806 (1978)
143. Eng, R. S., Butler, J. F., Linden, K. J.: Opt. Engineer. 19:945 (1980)
144. Reich, M., Schieder, R., Clar, H. J., Winnewisser, G.: Appl. Opt. 25:130 (1986)
145. Valentin, A., Nicolas, C., Henry, L., Mantz, A. W.: Appl. Opt. 26:41 (1987)
146. Jennings, D. E.: Appl. Phys. Lett. 33:493 (1978)
147. Riedel, W. J.: Proc. SPIE 99:17 (1976)
148. Reid, J., Shewchun, J., Garside, B. K., Ballik, E. A.: Appl. Opt. 17:300 (1978)
149. Wilson, G. V. H.: J. Appl. Phys. 34:3276 (1963)
150. Mucha, J. A.: Appl. Spectrosc. 38:68 (1984)
151. Weitkamp, C.: Appl. Opt. 23:83 (1984)
152. Ku, R. T., Hinkley, E. D., Sample, J. O.: Appl. Opt. 14:854 (1975)
153. Hager, R. N., Stäudner, R.: Techn. Messen atm 43:329 (1976)
154. Heise, H. M.: Proceedings SPIE 553:247 (1985)
155. Grisar, R., Tacke, M., Schmidtke, G., Restelli, G., (Hrsg.), Monitoring of Gaseous Pollutants by Tunable Diode Lasers, Bd. 2, D. Reidel Publ. Comp., Dordrecht 1989
156. Cassidy, D. T., Reid, J.: Appl. Opt. 21:1185 (1982)
157. Webster, C. R., Grant, W. B.: Appl. Opt. 22:1952 (1983)

158. Eng, R. S., Mantz, A. W., Todd, T. R.: Appl. Opt. 18:3438 (1979)
159. Murray, E. R., Williams, M. F., van der Laan, J. E.: Appl. Opt. 17: 296 (1978)
160. Murray, E. R.: Opt. Engineer. 17:30 (1978)
161. Edner, H., Fredriksson, K., Sunesson, A., Svanberg, S., Unéus, L., Wendt, W.: Appl. Opt. 26:4330 (1987)
162. Rothe, K. W., Walther, H.: „Remote Sensing using Tunable Lasers" in: Tunable Lasers, and Applications, Hrsg. Mooradian, A., Jaeger, T., Stockseth, P., Springer, Berlin 1976
163. Bell, A. G.: Philos. Mag. 11:510 (1881); Tyndall, J.: Proc. Roy. Soc. (London) 31:307 (1881); Röntgen, W. C.: Philos. Mag. 11:308 (1881)
164. Patel, C. K. N., Kerl, R. J.: Appl. Phys. Lett. 30:578 (1977)
165. Grisar, R., Preier, H., Schmidtke, G., Restelli, G., (Hrsg.), Monitoring of Gaseous Pollutants by Tunable Diode Lasers, D. Reidel Publ. Comp., Dordrecht 1987
166. Cassidy, D. T., Bonnell, L. J.: Appl. Opt. 27:2688 (1988)
167. Gertz, M., Lenth, W., Young, A. T., Johnston, H. S.: Opt. Lett. 11: 132 (1986)
168. Beckwith, P. H., Brown, C. E., Danagher, D. J., Smith, D. R., Reid, J.: Appl. Opt. 26:2643 (1987)
169. Mütek GmbH, 8036 Hersching
170. Glenar, D. A., Hill, A.: Rev. Sci. Instrum. 57:2493 (1986)
171. Sams, R., Fried, A.: Appl. Spectrosc. 40:24 (1986)
172. Svanberg, S.: Appl. Phys. B 46:271 (1988)
173. Slemr, F., Harris, G. W., Hastie, D. R., Mackay, G. I., Schiff, H. I.: J. Geophys. Res. 91:5371 (1986)
174. Schiff, H. I., Hastie, D. R., Mackay, G. I., Iguchi, T., Ridley, B. A.: Environ. Sci. Technol. 17:352A (1983)
175. Silver, J. A., Stanton, A. C.: Appl. Opt. 26:2558 (1987)
176. Fried, A., Sams, R., Dorko, W., Elkins, J. W., Cai, Z.: Anal. Chem. 60:394 (1988)
177. Sigrist, M. W.: J. Appl. Phys. 60:R83 (1986)
178. Grant, W. B., Brothers, A. M., Bogan, J. R.: Appl. Opt. 27:1934 (1988)
179. Menyuk, N., Killinger, D. K.: Appl. Opt. 26:3061 (1987)
180. Koga, R., Kosaka, M., Sano, H.: Opt. Laser Techn. 6/1985, 139
181. Grisar, R., Ball, D., Riedel, W. J.: Techn. Messen 52:367 (1985)
182. Stanton, A. C., Silver, J. A.: Appl. Opt. 27:5009 (1988)
183. Ladish, U., Rotter, S., Adler, E., El-Hanany, U.: Rev. Sci. Instrum. 58:923 (1987)
184. Rosier, B., Gicquel, P., Henry, D., Coppalle, A.: Appl. Opt. 27:360 (1988)
185. Kreuzer, L. B.: Anal. Chem. 50:597A (1978)
186. Fung, K. H., Lin, H.-B.: Appl. Opt. 25:749 (1986)

Infrarot-Spektroskopie diffus reflektierender Proben

E. H. Korte

Institut für Spektrochemie
und angewandte Spektroskopie
Bunsen-Kirchhoff-Straße 11, D-44139 Dortmund

1	Einleitung	92
2	Phänomenologisches Modell	94
2.1	Kubelka-Munk-Modell	94
2.2	Eindringtiefe	97
2.3	Fresnel-Reflexion	101
3	Meß- und Auswerteverfahren	103
3.1	Optik	103
3.2	Referenzprobe	107
3.3	Probenpräparation	108
3.3.1	Pulverförmiger Analyt	109
3.3.2	Analyt in Lösung	109
3.3.3	Texturierte Proben	110
3.4	Gehaltbestimmung	111
3.5	Spektrenseparation	114
4	Anwendungen	115
4.1	Mikroanalyse	116
4.2	Oberflächenanalyse	117
4.3	Komplexe Proben	118
5	Alternative Methoden	119
	Literatur	120

1 Einleitung

Bei der Interpretation von Transmissionsmessungen nimmt man generell an, daß in der Probe der Strahlungsfluß nur durch Absorption geschwächt wurde. Dies ist die Voraussetzung für die Anwendung des Gesetzes von Bouguer, Lambert und Beer. Bei einer streuenden, also optisch inhomogenen Probe, wird ein Teil des Strahlungsflusses aus dem Detektionsstrahlengang gelenkt, was bei Transmissionsmessungen Absorption vortäuscht. Solche Strahlung kann — möglicherweise nach vielfacher Richtungsänderung — die Probe auf der Vorderseite verlassen und als reflektierte Strahlung detektiert werden. Da dieser Strahlungsfluß nicht mehr gebündelt, sondern prinzipiell über alle Richtungen des Halbraums über der Probe verteilt ist, spricht man von diffuser Reflexion.

Das Adjektiv „diffus" bezieht sich also primär auf eine breite Winkelverteilung und kann streng genommen die Gültigkeit des Lambertschen Cosinusgesetzes implizieren. In diesem Sinne ist auch die Reflexion an einer rauhen Metalloberfläche diffus zu nennen, wobei die Winkelverteilung aus der unterschiedlichen Orientierung von gerichtet reflektierenden Oberflächenbereichen resultiert. Zur Kennzeichnung der diffusen Reflexion einer Probe, in die die Strahlung eingedrungen und dort durch Brechung, Beugung, Reflexion usw. gestreut worden ist, wäre Remission ein geeigneteres Wort, jedoch wird hierunter häufig sowohl die Reflexion aufgrund von Streuung in der Probe als auch die reguläre Reflexion an der makroskopischen Oberfläche, die durch die Fresnelschen Gleichungen beschrieben wird, zusammengefaßt. Zur Unterscheidung sollen hier die Begriffe „diffuse Reflexion" in bezug auf streuende Proben und „Fresnel-Reflexion" bei regulärer Reflexion an Oberflächen verwendet werden, wobei letztere je nach Beschaffenheit der Oberfläche gerichtet oder diffus sein kann.

Auf dem Weg durch eine streuende Probe wird die Strahlung teilweise absorbiert, so daß in Absorptionsbanden weniger Strahlung reflektiert wird als in absorptionsarmen Spektralbereichen. Registriert man die Intensität der reflektierten Strahlung in Abhängigkeit von der Wellenzahl, so erhält man — konstantes Streuverhalten vorausgesetzt — ein Spektrum, das einem Transmissionsspektrum dieser Probe ähnelt, in dem sich aber die Bandenstärken weniger unterscheiden (vgl. Abb. 1). Diese Nivellierung hat ihren Grund in der Mittelung über verschieden lange Wege durch die Probe. Durch eine Transformation (s. Abschn. 2.1) kann ein solches Spektrum in ein Erscheinungsbild umgeformt werden, an dessen Interpretation der Analytiker gewöhnt ist: wie bei einem Extinktionsspektrum sind dann die Ordinatenwerte proportional zum Extinktionskoeffizienten und zur Konzentration (vgl. Abb. 1).

Damit sind Methoden, die auf diffuser Reflexion beruhen, komplementär zu Transmissionsmessungen in bezug auf streuende Proben wie Pulver, Fasern und Fibern. Diese Methoden sind besonders empfindlich im Bereich geringer Absorption, was z. B. zur Untersuchung von chromatographisch getrennten Fraktionen ausgenutzt wird (vgl. Abschn. 4.1), und in Hinblick auf Oberflächenänderungen der streuenden Partikel z. B. durch Adsorbate (vgl. Abschn. 4.2). Für die Praxis ist es schließlich nicht unerheblich, daß meist nur eine einfache, automatisierbare Probenvorbereitung notwendig ist oder diese sogar völlig entfallen kann. So ist auch eine zerstörungsfreie Untersuchung von oberflächennahen Schichten großer Objekte in situ möglich (vgl. Abschn. 4).

Als Basis für qualitative und quantitative Analysen hat die diffuse Reflexion seit den Arbeiten von Kubelka und Munk über die optische Wirkung von Farbanstrichen [1] starke Verbreitung gefunden. Grundlagen und Methodik sind umfassend von Kortüm [2] beschrieben worden. Zwar steht dort die Spektroskopie im ultravioletten und sichtbaren Spektralbereich im Vordergrund, doch lassen sich die wesentlichen Zusammenhänge direkt auf den hier interessierenden (mittleren) Infrarot-Bereich übertragen.

In diesem Spektralbereich fand die Methode erst nach Einführung der Fourier-Transform-Geräte weite Verbreitung, so daß sie heute häufig mit dem Akronym DRIFT (Diffuse Reflectance Infrared Fourier-Transform) Spektroskopie bezeichnet wird. Wegen der Assoziation mit Signalfluktuationen ist diese Bezeichnung zwar einprägsam aber auch unvorteilhaft, so daß hier die ebenfalls gängige Abkürzung DR-Spektroskopie bevorzugt werden soll. Außerdem liegt der Vorteil der FT-Geräte nicht im interferometrischen Meßprinzip als solchem, sondern in dem üblicherweise gegenüber dispersiven Spektrometern höheren Signal/Rausch-Verhältnis: dies kompensiert den Nachteil, daß prinzipiell nur ein Teil des diffus reflektierten Strahlungsflusses erfaßt werden kann (vgl. Abschn. 3.1).

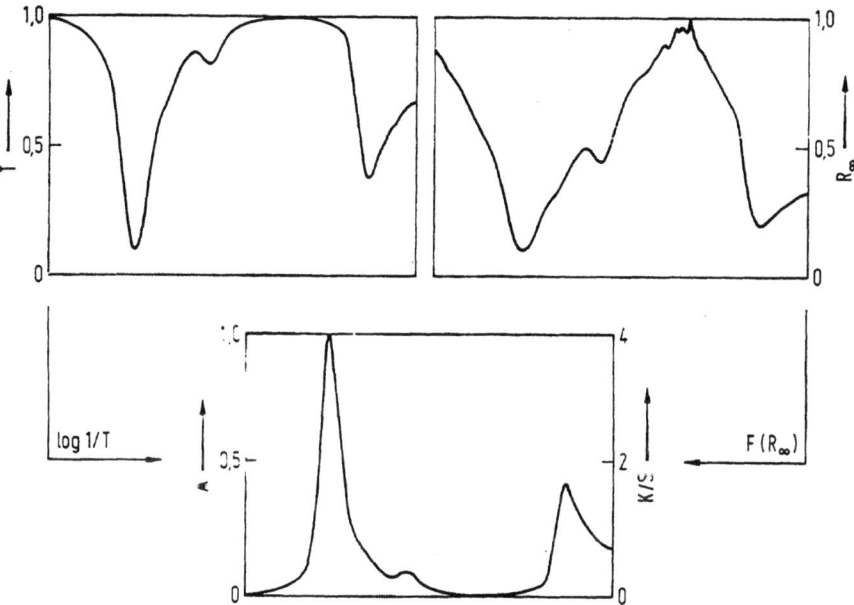

Abb. 1. Unterschiedliche Erscheinungsbilder der Spektren der Transmission (T) und der diffusen Reflexion (R_∞) bei übereinstimmendem Verlauf des Extinktionsspektrums (A) und des mit $F(R_\infty)$ transformierten Reflexionsspektrums (vgl. Abschn. 2.1)

DR-Spektroskopie wird auch in den angrenzenden Spektralbereichen eingesetzt. So werden im Ferninfrarot-Gebiet mit solchen Methoden Katalysatoren untersucht und anorganische Verbindungen identifiziert [3]. Bei den nahinfrarot-spektroskopischen Analysen liegt sogar der methodische Schwerpunkt bei diesem Meßprinzip; die üblicherweise quantitative Interpretation der Spektren basiert meist auf multivariaten chemometrischen Verfahren, insbesondere bei komplexen Proben wie Getreide, Futter- und Lebensmitteln oder Kohle [4]. Solche Verfahren gewinnen zunehmend an Bedeutung auch im mittleren Infrarot-Bereich (vgl. Abschn. 3.4 und 4.3).

2 Phänomenologisches Modell

Für ein Modell der diffusen Reflexion ist primär zu fordern, daß es eine Funktion liefert, die das gemessene Spektrum soweit entzerrt, daß durch einen direkten Vergleich mit Transmissions- oder Extinktionsspektren, insbesondere mit Hilfe automatischer Bibliothekssuche, eine qualitative Interpretation ermöglicht wird. Diese Funktion sollte weiterhin zu einer linearen Kalibrierkurve in einem möglichst großen Bereich des Reflexionsgrades führen, um die quantitative Analyse zu vereinfachen. Schließlich soll das Modell zumindest Ansatzpunkte liefern, wie das Verfahren bezüglich Signal/Rausch-Verhältnis, Konzentration und Absolutmenge des Analyten sowie Richtigkeit der Aussage optimiert werden kann.

Entsprechend der Natur der Prozesse, die zur diffusen Reflexion führen, wären statistische Modelle sinnvoll, sie sind aber für den praktischen Gebrauch in der Analytik ungeeignet [2]. Unter der Voraussetzung, daß die streuenden Partikel klein sind gegen die jeweils betrachtete Schichtdicke, läßt sich die Probe insgesamt aber auch als Kontinuum auffassen. Auf dieser Basis wurde von Kubelka und Munk [1] ein Modell vorgeschlagen, das bis heute das allgemeinste und das bei weitem gebräuchlichste ist. Eine Reihe von Ansätzen anderer Autoren sind als Spezialfälle des Kubelka-Munk-Modells zu betrachten [2], weitere Modelle lassen eine lineare Kalibration über größere Konzentrationsbereiche erwarten [5]. Für eine detailliertere Beschreibung wird in neueren Arbeiten [129, 130] die Winkelcharakteristik des Streuprozesses berücksichtigt.

2.1 Kubelka-Munk-Modell

Wie die meisten Kontinuummodelle zur Beschreibung der diffusen Reflexion, basiert auch der Ansatz von Kubelka und Munk auf einer eindimensionalen Bilanzierung des Strahlungstransportes [2]. Dazu wird eine halbunendliche Probe angenommen, d. h. sie soll in der Ebene ihrer Oberfläche und in einer Richtung senkrecht dazu unendlich ausgedehnt sein. Nur der Strahlungsfluß entlang dieser senkrechten Achse wird berücksichtigt, aber es werden keine Aussagen über die Verteilung in radialer Richtung parallel zur Oberfläche gemacht. Der Reflexionsgrad umfaßt dann alle wieder austretende Strahlung, gleichgültig, wo in der Oberflächenebene dies geschieht.

Aus der Wechselwirkung der Strahlung mit der Probe folgt eine Schwächung des Strahlungsflusses und eine Richtungsumkehr. Dies wird durch einen Absorptionsmodul K und einen Streumodul S (beide wellenzahlabhängig und mit der Dimension einer reziproken Länge) beschrieben. Die zugrunde liegenden physikalischen Prozesse werden nur insofern spezifiziert, als die Streuung isotrop (also dem Lambertschen Cosinus-Gesetz entsprechend) und insgesamt verlustfrei sein soll. Damit ist sichergestellt, daß jede der Schichten, in die man sich die Probe parallel zur Oberfläche zerlegt denken kann, in Einstrahlungs- wie in Reflexionsrichtung mit gleicher Winkelverteilung des Strahlungsflusses bestrahlt wird. Dies verlangt allerdings auch, daß die Probe von außen diffus bestrahlt wird, wenn die aus dem Modell gewonnenen Aussagen das experimentelle Ergebnis streng beschreiben sollen. In der Praxis ist dies im Normalfall nicht gegeben, man erwartet aber, daß sich eine isotrope Winkelverteilung schon in so geringer Tiefe eingestellt hat, daß deren Einfluß auf das Gesamtergebnis vernachlässigbar ist.

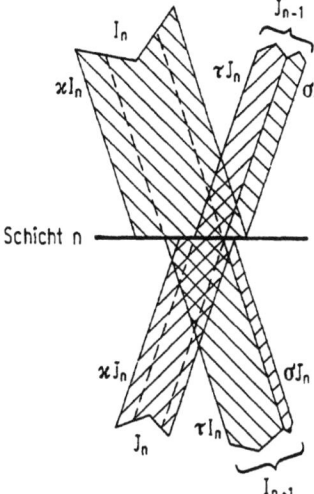

Abb. 2. Wirkung einer streuenden und absorbierenden Schicht auf die auftreffenden Strahlungsflüsse I_n und J_n, wobei $\varkappa$, σ und τ die absorbierten, gestreuten und durchgelassenen Anteile bezeichnen (die Winkelverteilung der Strahlung wurde nicht berücksichtigt)

Auf jede Schicht der Probe fällt von beiden Seiten Strahlung: Einmal von der von außen bestrahlten Oberfläche her, zum anderen in umgekehrter Richtung durch die von den darunterliegenden Schichten reflektierte Strahlung. In beiden Richtungen wird der Strahlungsfluß durch Absorption und Streuung in der Schicht vermindert (vgl. Abb. 2), während er durch die Streuung des entgegengerichteten Flusses vergrößert wird. Diese Überlegung führt auf zwei simultane Differentialgleichungen, die leicht zu integrieren sind, wenn man das Verhältnis des rücklaufenden Strahlungsflusses zum einlaufenden Fluß als Reflexionsgrad einführt, der damit dimensionslos ist und zwischen 0 und 1 liegt. Der Reflexionsgrad einer unendlich dicken Schicht wird mit R_∞ bezeichnet, und für diesen erhält man als Zusammenhang mit den beiden Moduln K und S die Kubelka-Munk-Funktion [1]

$$F(R_\infty) \equiv \frac{(1 - R_\infty)^2}{2R_\infty} = K/S \qquad (1)$$

und umgekehrt

$$F^{-1}(K/S) = 1 + K/S - ((K/S)^2 + 2K/S)^{1/2} = R_\infty \qquad (2)$$

Nach der Umwandlung des Reflexionsgrades mit $F(R_\infty)$ in „KM-Einheiten" ergibt sich eine Proportionalität zum Modul K, der die Absorption beschreibt, und durch [2]

$$K = 2 \ln(10)\, \varepsilon c \qquad (3)$$

weiter zum (dekadischen molaren) Extinktionskoeffizienten ε (L mol^{-1} × cm^{-1}) und zur Konzentration c (mol L^{-1}); der Faktor 2 resultiert aus der isotropen Winkelverteilung. Für viele Anwendungsfälle kann der Streumodul S als hinreichend konstant innerhalb des betrachteten Bereichs des variierten Parameters, z. B. der Wellenlänge oder der Konzentration, angesehen werden. In einem solchen Fall wird $F(R_\infty)$ direkt proportional zu ε (Spektrum zur Identifizierung des Analyten) und zu c (quantitative Analyse).

Die Abhängigkeit des Reflexionsgrades R_∞ vom Quotienten K/S entsprechend der Kubelka-Munk-Funktion ist in Abb. 3 gezeigt. Zum Vergleich ist auch die Funktion $10^{-K/S}$ eingetragen, die bei Gültigkeit des Gesetzes von Bouguer, Lambert und Beer wie bei der Umwandlung von Extinktion in Transmission anzuwenden wäre.[1] Die beiden Kurven zeigen einen ähnlichen Verlauf, jedoch ist $R_\infty(K/S)$ für kleine Werte K/S steiler, für größere Werte flacher. Dies entspricht der vorher gemachten Aussage, daß im Reflexionsspektrum die Banden nivelliert erscheinen (vgl. Abb. 1). Mit wachsender Absorption, also wachsendem K, bei konstantem S, sinkt der Reflexionsgrad zunächst schneller als der Transmissionsgrad sinken würde. Schwache Banden werden also wie aus Abb. 1 ersichtlich hervorgehoben. Dieser höheren Empfindlichkeit der Methode entspricht für sichtbares Licht „die qualitativ geläufige Tatsache, daß ein rein weißer Anstrich außerordentlich empfindlich ist gegen minimale Spuren färbender Zusätze oder Verunreinigungen" [1]. Bei weiterem Anwachsen der Absorption sinkt der Reflexionsgrad langsamer als der Transmissionsgrad, so daß — relativ gesehen — starke Banden nicht entsprechend ausgeprägt werden. Da zudem im Bereich des Bandenfußes die höhere Empfindlichkeit wirksam war, erscheinen starke Banden als breit und Spektralbereiche mit überwiegend großen K-Werten als wenig strukturiert.

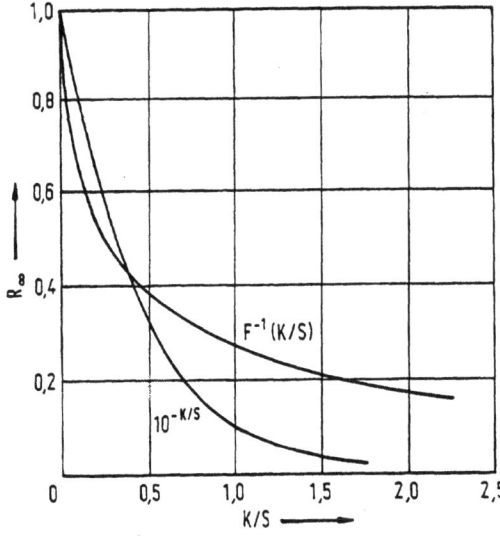

Abb. 3. Reflexionsgrad R_∞ in Abhängigkeit vom Quotienten K/S

---

[1] Nach Gl. 3 gibt diese Funktion den Transmissionsgrad einer Probe der Extinktion εcd mit $d = (2\ln 10)/S$; die folgenden qualitativen Überlegungen gelten auch für andere Schichtdicken.

Der Bereich hoher Empfindlichkeit wird in der Infrarot-Spektroskopie im wesentlichen angesprochen, wenn ein (fester) Analyt in geringer Konzentration in einer stark streuenden, aber nur schwach absorbierenden Matrix wie KBr-Pulver vermessen wird. Am anderen Ende der Skala stehen Proben wie Textilien und Beschichtungen, die nahezu vollständig aus absorbierendem Material bestehen, aber nur schwach streuen. In diesen Fällen sind K/S-Werte im Bandenmaximum von 10 bis über 100, und damit ein Reflexionsgrad unter 0,05 als typisch zu bezeichnen [6, 7]. In Spektralbereichen, die bei Transmissionsmessungen absorptionsfrei erscheinen, werden dann häufig (Kombinationsschwingungs-) Banden sichtbar, die aber bei Entzerrung mit der KM-Funktion wieder unterdrückt werden (vgl. Abb. 1).

2.2 Eindringtiefe

Im Prinzip dringt die Strahlung unendlich tief in die Probe ein, der Fluß in dieser Richtung wird jedoch durch Absorption und Streuung zunehmend geschwächt. Wenn die Intensität I_0 eingestrahlt wird, erreicht eine Intensität $I = TI_0$ die rückseitige Oberfläche einer Schicht der Dicke d. Im Kubelka-Munk-Modell ergibt sich dieser Transmissionsgrad T zu [2]

$$T = \frac{(1 - R_\infty^2) \exp(-A/2)}{1 - R_\infty^2 \exp(-A)} \qquad (4)$$

mit
$$A = Sd(R_\infty^{-1} - R_\infty),$$

wobei die Winkelverteilung der austretenden Strahlung wieder isotrop ist. Der Verlauf von T dieser „diffusen Transmission" in Abhängigkeit von Sd ist in Abb. 4 dargestellt.

Bei einer freistehenden Probe — ohne Reflexion an der Rückseite — tritt der Anteil T des Strahlungsflusses aus und trägt nicht zum Reflexionsgrad der Probe bei. Befindet sich die streuende Probe auf einem Substrat, so beeinflußt dessen Reflexionsgrad die Ausbeute an diffus reflektierter Strahlung. Nimmt man nun bei vorgegebener Schichtdicke das Spektrum der diffusen Reflexion auf, so variiert der Anteil T des Strahlungsflusses, der die Rückseite der Probe bei konstantem S erreicht in Abhängigkeit von der Absorption. Daher kann der Untergrund in absorptionsarmen Bereichen durchscheinen, mit der Konsequenz, daß sein Reflexionsspektrum sich dem der Probe überlagert, während in Absorptionsbanden die Probenschicht deckend ist und kein Einfluß des Substrats auf das Spektrum bemerkbar wird.

Aus dem Kubelka-Munk-Modell ergibt sich unter Berücksichtigung des Reflexionsgrades R_g des Substrats für den Reflexionsgrad einer Probenschicht der Dicke d [2]

$$\begin{aligned}R(d) &= \frac{R_\infty^{-1}(R_g - R_\infty) + R_\infty(R_\infty^{-1} - R_g) \exp A}{(R_g - R_\infty) + (R_\infty^{-1} - R_g) \exp A} \\ &= R_\infty + \frac{(R_\infty^{-1} - R_\infty)(R_g - R_\infty)}{(R_g - R_\infty) + (R_\infty^{-1} - R_g) \exp A}\end{aligned} \qquad (5)$$

wiederum mit $A = Sd(R_\infty^{-1} - R_\infty)$. Die Abweichung von R_∞, also der letzte Term, kann positiv oder negativ sein, je nachdem ob R_g größer oder kleiner ist als R_∞. Dieser Fehler geht gegen Null, wenn die Schichtdicke und damit der Exponent A gegen unendlich gehen; er verschwindet auch dann, wenn der Reflexionsgrad des Substrats $R_g = R_\infty$ ist. Aus dieser Sicht erscheint es zweckmäßig, stark reflektierende Proben z. B. auf Metallen zu vermessen, schwach reflektierende Proben aber auf einem „schwarzen" Untergrund ($R_g \to 0$).

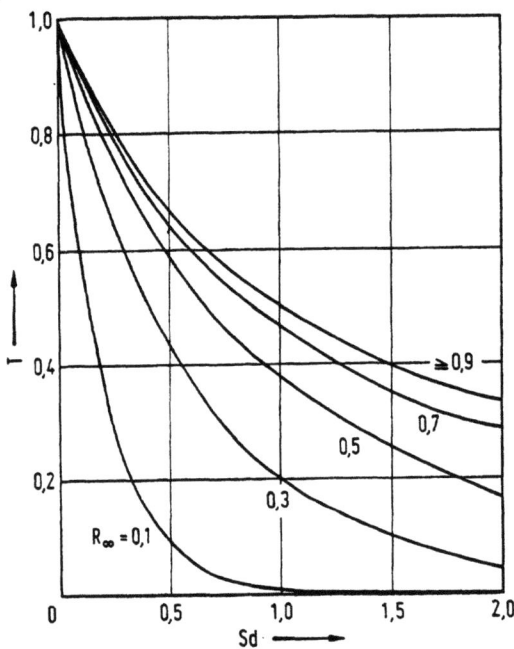

Abb. 4. Transmissionsgrad T in Abhängigkeit von der Schichtdicke d (S Streumodul) für verschiedene Werte R_∞

Aussagen über die praktisch nutzbare Eindringtiefe der Strahlung lassen sich aus Gl. 4 und Gl. 5 gewinnen, wobei ein Maß für den tolerierbaren Fehler vorgegeben werden muß. Die Schwächung der eindringenden Strahlung auf einen bestimmten Bruchteil erscheint wegen der Überlagerung verschieden häufig reflektierter Anteile nicht als sinnvolle Vorgabe. Statt dessen soll hier die Forderung verwendet werden, daß der relative Fehler des Reflexionsgrades durch die Begrenzung der Probe auf eine endliche Schichtdicke 1‰ betragen soll, also

$$|R - R_\infty| = 10^{-3} R_\infty \qquad (6)$$

Die in Abb. 5 gezeigten Kurven wurden unter dieser Bedingung für $R_g = 1$ aus Gl. 5 berechnet. Einem Extinktionsbereich von 0,005 bis 5 bei einer Probe von 25 µm Schichtdicke entspricht nach Gl. 3 ein Wertebereich von K zwischen 10^{-3} µm^{-1} und 1 µm^{-1} (oder — in den üblichen

Einheiten — zwischen 10 cm^{-1} und 10000 cm^{-1}). Innerhalb dieses Bereiches variiert die Eindringtiefe etwa zwischen 0,1 µm und 1 cm je nach Größe des Streumoduls. Die Eindringtiefe nimmt — wie intuitiv zu erwarten — mit steigender Absorption (K) ab, sie nimmt ebenfalls mit steigendem Streumodul S ab. Bei gleichem Reflexionsgrad und damit gleichem Verhältnis von K und S kann die Eindringtiefe in Abhängigkeit von den Einzelwerten verschieden sein.

Über die separaten Werte von K und S sowie eine — wie auch immer definierte — Eindringtiefe ist bisher wenig bekannt. Fuller und Griffiths nahmen zunächst an, daß bei reinem KCl-Pulver die Eindringtiefe kleiner als 5 mm ist [8], dies wurde jedoch später auf weniger als 100 µm [9] korrigiert. Leyden und Murthy erwarten bei oberflächenmodifiziertem Kieselgel in KCl weniger als 500 µm [10]. Noch kleiner als die genannten Werte ist die Eindringtiefe bei Proben, die überwiegend aus absorbierendem Material bestehen und nur wenig streuen [11]. Hierzu sind in Abb. 6 Berechnungen und experimentelle Ergebnisse für Lacke auf Aluminium gezeigt. In diesen Fällen hat bei ca. 30 µm bis 50 µm Schichtdicke der Reflexionsgrad ein Plateau erreicht, das für die Praxis als R_∞ genommen werden kann, wenn möglicherweise auch die Bedingung Gl. 6 noch nicht ganz erfüllt ist.

Nimmt man etwa 100 µm als typische Eindringtiefe für den mittleren Infrarot-Bereich, so ergibt sich die Frage, inwieweit die Voraussetzungen des Kubelka-Munk-Modells noch erfüllt sein können. So dürfte bei Pulvermessungen meist die Korngröße nicht der Bedingung genügen, daß sie

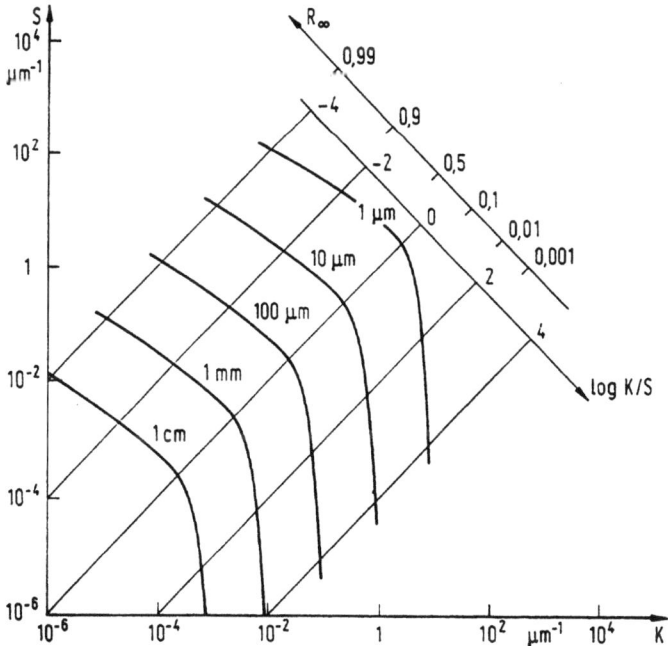

Abb. 5. Kurven gleicher Eindringtiefe für den Fall, daß der relative Fehler durch Begrenzung der Probe auf diese Dicke 1°/₀₀ beträgt

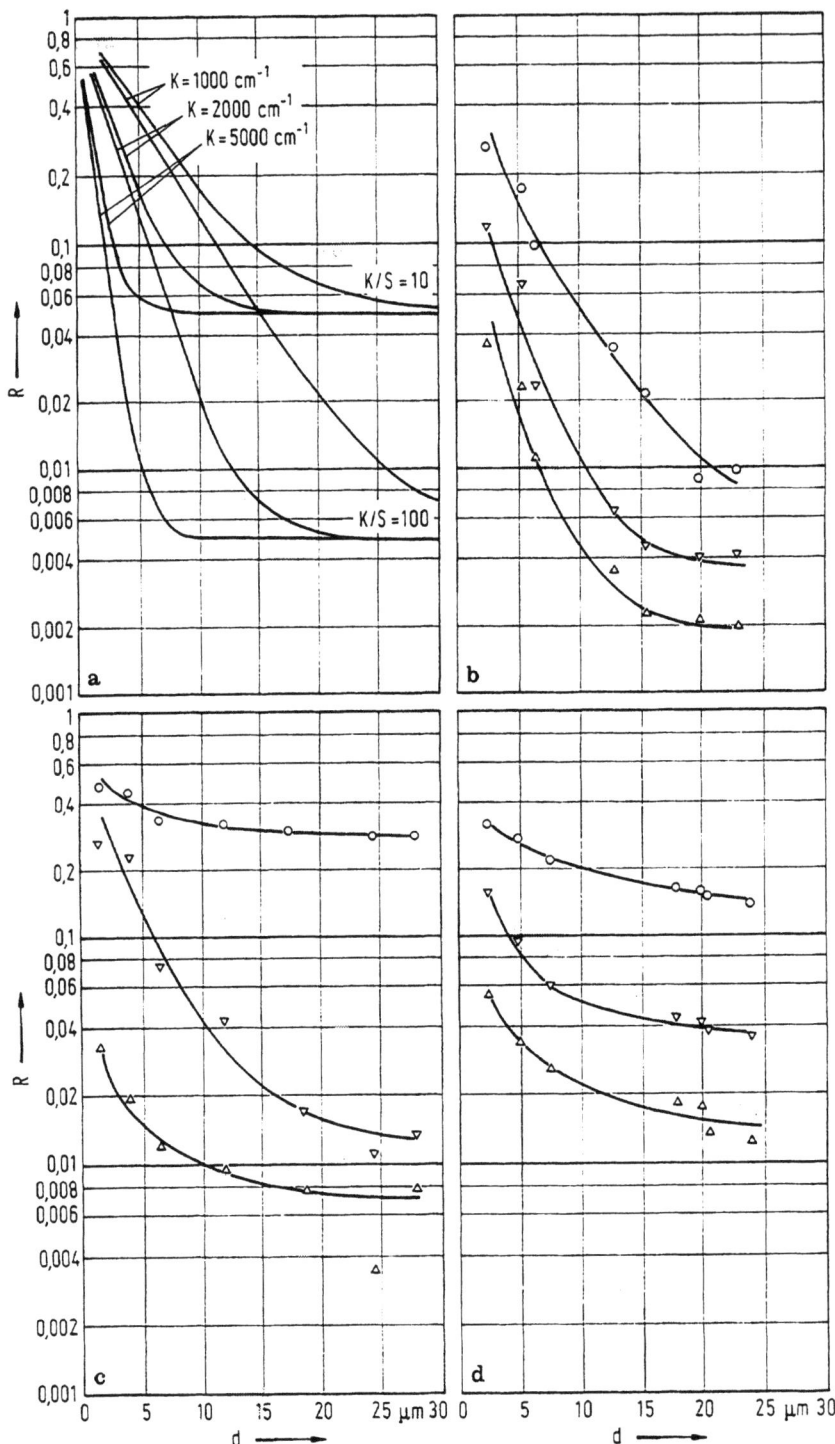

Abb. 6. Reflexionsgrad in Abhängigkeit von der Schichtdicke [11]. Lacke auf Aluminium: **a** berechnet, **b** Polyester-Lack, **c** Grundierung, **d** Metallic-Lack

sehr klein gegen die Schichtdicke sein soll. Auf der anderen Seite sollten die Inhomogenitäten groß gegen die Wellenlänge sein, um konstante Streuung über einen größeren Wellenlängenbereich zu gewährleisten [2]. Wegen des näherungsweise exponentiellen Abklingens des eindringenden Strahlungsflusses kommen die größten Beiträge zum gemessenen Signal aus den obersten Schichten der Probe, in denen sich aber bei der üblicherweise gerichteten Einstrahlung die im Modell angenommene isotrope Winkelverteilung erst einstellen muß. Daher ist es nicht verwunderlich, wenn bei geringer Eindringtiefe, also insbesondere bei stark absorbierenden, nur wenig reflektierenden Proben, die Kubelka-Munk-Funktion (Gl. 1) nicht streng gilt. Olinger und Griffiths zeigen anhand von Messungen im Nahinfrarot-Bereich, daß dann die Funktion $\log(1/R_\infty)$ eher eine Proportionalität zwischen R_∞ und dem Quotienten K/S annähert [12].

2.3 Fresnel-Reflexion

Bei unverdünnten pulverförmigen Proben tritt ähnlich wie bei einer rauhen Metalloberfläche Fresnel-Reflexion an den unterschiedlich orientierten Facetten der Körner (Bouguersche Elementarspiegel [2]) auf. Der dispersionsartige Verlauf des Fresnel-Reflexionsgrades (vgl. Abb. 7) kann innerhalb von starken Banden Amplituden von 10% und mehr erreichen. Eine Überlagerung mit dem bandenartigen Intensitätsverlauf der diffus reflektierten Strahlung führt zu Bandenverschiebungen und -verzerrungen, die eine zuverlässige quantitative Auswertung erschweren. Der Einfluß der diffusen Fresnel-Reflexion kann weder durch die Geometrie der Meßanordnung noch durch Verwendung von Polarisatoren vollständig eliminiert werden [13—15], so daß die Verzeichnung auch als Modulation der Moduln innerhalb der Banden interpretierbar ist. Die effizienteste Verminderung erreicht man durch Verdünnung des Analyten mit einer absorptionsarmen Matrix. Außerdem ist die Verzeichnung um so geringer je schwächer die betrachtete Absorptionsbande ist.

Bei nicht pulverförmigen Proben mit geschlossener, glatter Oberfläche tritt Fresnel-Reflexion als gerichtete Reflexion auf. Da bei solchen Proben der Reflexionsgrad aufgrund diffuser Reflexion in der gleichen Größenordnung oder noch darunter liegt, kann die Erfassung der Fresnel-Re-

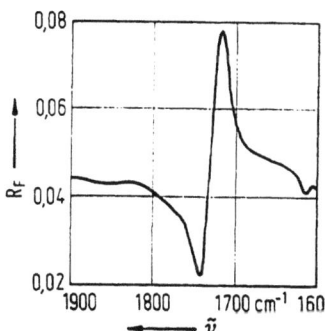

Abb. 7. Verlauf des Fresnel-Reflexionsgrades R_F im Bereich einer starken Bande

flexion mit dem Detektionsstrahlengang zu völlig entstellten Spektren führen. Durch geeignete Wahl der Geometrie der Meßanordnung kann jedoch der verhältnismäßig kleine Raumwinkelbereich der gerichteten Reflexion bei der Detektion ausgespart werden. Bei senkrechter Inzidenz und ebener Probenoberfläche ergibt sich dies von selbst, bei unebenen oder rauhen Oberflächen ist es aber häufig nicht vollständig möglich [6, 7]. Gelangt zumindest ein Teil dieser gerichtet reflektierten Strahlung zusammen mit der diffus reflektierten Strahlung auf den Detektor, so wird die beobachtete Bande verformt, das Maximum verschiebt sich zu höheren Wellenzahlen, und es kann, wie in Abb. 8 gezeigt, sogar eine Aufspaltung vorgetäuscht werden.

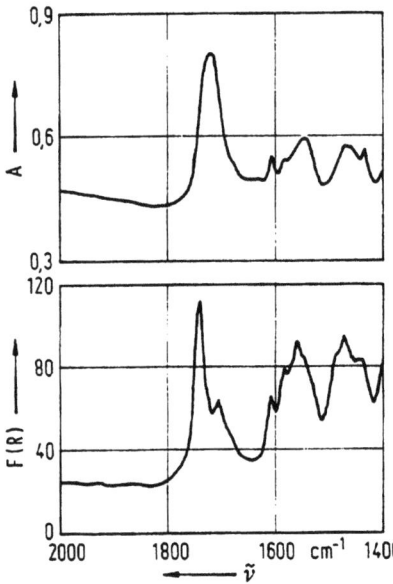

Abb. 8. Spektren eines Polyester-Lacks [6]: (oben) Extinktion A eines Films auf KBr, (unten) diffuse Reflexion einer 20 µm dicken Schicht auf Aluminium in KM-Einheiten (F(R)). Wiedergegeben mit freundlicher Genehmigung des VDI-Verlages, Düsseldorf

Auch wenn die an der Oberfläche reflektierte Strahlung vom Nachweis ausgeschlossen oder ihr Beitrag nachträglich kompensiert [16] werden kann, wird das Spektrum der diffusen Reflexion beeinflußt, da die bereits an der Oberfläche gerichtet reflektierte Strahlung nicht zu diesem Prozeß beitragen kann. Daraus resultiert jedoch im wesentlichen nur eine leichte Verzerrung der Banden, die meist gegenüber anderen Fehlern vernachlässigbar ist.

Gravierender ist der Effekt der Fresnel-Reflexion beim Austritt der Strahlung aus der Probe (vgl. Abb. 9). Da die Strahlung mit isotroper Winkelverteilung die Oberfläche erreicht, tritt Totalreflexion oberhalb des kritischen Winkels auf, so daß ein nicht unerheblicher Anteil des Strahlungsflusses in die Probe zurückgelenkt wird. Auch ein gewisser Anteil — entsprechend den Fresnelschen Gleichungen — der unter kleineren Winkeln die Oberfläche erreichenden Strahlung wird reflektiert. Diese Strahlungsanteile können erst nach neuerlichem, teilweise mehrfachem Durchlaufen des Streu- und Absorptionsprozesses in der Probe aus ihr austreten. Insgesamt wird der Reflexionsgrad beträchtlich verringert, zusätzlich werden die relativen Bandenintensitäten verfälscht.

Vernachlässigt man die winkelabhängige Fresnel-Reflexion unterhalb des kritischen Winkels beim Austritt der Strahlung aus der Probe, so ergibt sich eine isotrope Winkelverteilung des Strahlungsflusses nach Austritt, wenn diese auch in der Probe vorgelegen hatte. In jeder Richtung, und damit insgesamt, ist aber der Strahlungsfluß um das Quadrat des Brechungsindex geschwächt [2].

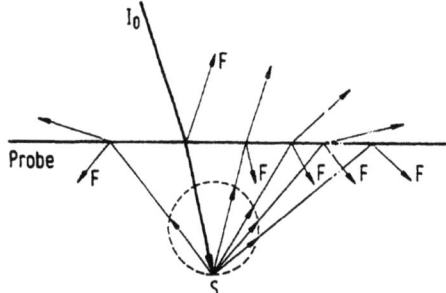

Abb. 9. Schematische Darstellung unterschiedlicher Reflexionen bei einer streuenden Probe mit glatter Oberfläche (I_0 Einstrahlung, F Komponenten nach Fresnel-Reflexion, S streuende Partikel)

3 Meß- und Auswerteverfahren

Zur Messung der Intensität diffus reflektierter Strahlung werden spezielle Anordnungen eingesetzt, die entweder mit dem Detektor des verwendeten Spektrometers oder mit einem separaten Detektor, der an die Datenverarbeitung des Spektrometers angeschlossen ist, arbeiten.

Der wahre Reflexionsgrad einer Probe kann nur mit einer Referenzmessung an einer anderen Probe, die die auffallende Strahlung vollständig und diffus reflektiert, bestimmt werden. Eine solche Referenzprobe ist insbesondere im Infrarot-Bereich schwierig zu realisieren, da sich bereits geringe Absorptionen stark auf den Reflexionsgrad auswirken. Je nach Probentyp, Fragestellung und Anforderungen sind bei Probenpräparation und Auswertung der gemessenen Spektren unterschiedliche Vorgehensweisen erforderlich, die in den folgenden Abschnitten skizziert werden.

3.1 Optik

Der Transmissionsgrad einer Probe wird als Quotient der Intensitäten I und I_0 bestimmt, wobei I die Intensität bezeichnet, die vom Detektor nachgewiesen wird, wenn sich die Probe im Strahlengang befindet, und I_0 diejenige angibt, die ohne Probe gemessen wird (Gerätefunktion). Analog wird der Reflexionsgrad R einer Probe als

$$R = I/I_0$$

bestimmt. Dabei kann aber I_0 nur gemessen werden, wenn sich eine Referenzprobe im Strahlengang befindet, da die optische Achse der Meßanordnung am Ort der Probe geknickt ist. Diese Referenzprobe muß ideal reflektieren ($R = 1$), wenn der wahre Reflexionsgrad der Probe bestimmt werden soll. Bei Messung der Fresnel-Reflexion ebener Proben kann dies im allgemeinen durch einen Spiegel gut angenähert werden. In einem solchen Fall bleibt der optische Leitwert („Lichtstärke") des Spektrometers erhalten, da eingestrahlter und reflektierter Strahlungskegel äquivalent sind.

Wenn die Probe jedoch diffus reflektiert, wird der Strahlungsfluß über den Halbraum über der Probe verteilt und auf den Raumwinkel des Detektionsstrahlengangs entfällt nur ein Bruchteil. Je größer dieser Raumwinkel ist, desto besser ist die Ausbeute. Allerdings muß man dies fast immer durch Verwendung eines Detektors mit größerer aktiver Fläche, der dadurch eine höhere Rauschamplitude erzeugt, erkaufen. Auf keinen Fall kann die gesamte diffus reflektierte Strahlung erfaßt werden, da der Raumwinkel der Einstrahlung ausgespart werden muß: insgesamt erreicht man im besten Fall etwa ein Drittel des ursprünglich mit dem Spektrometer zur Verfügung stehenden Signal/Rausch-Verhältnisses [17]. Dabei ist noch nicht berücksichtigt, daß als Folge der Streuung in der Probe die Strahlung aus einer größeren als der beleuchteten Fläche austritt. Bei den meisten heute erhältlichen Zusatzeinrichtungen liegt der

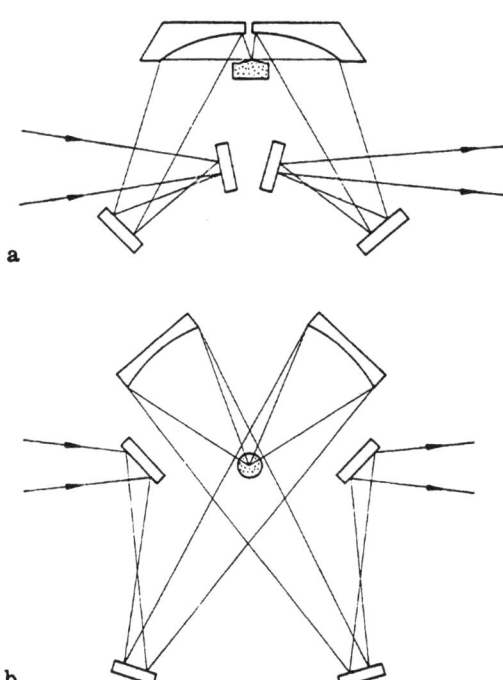

Abb. 10. Prinzip der Strahlengänge kommerziell erhältlicher Zusatzgeräte; **a** an der Probenoberfläche spiegelnd reflektierte Strahlung wird erfaßt; **b** wird nicht erfaßt (die Probe liegt unter der Zeichenebene)

Wirkungsgrad nur bei 10% bis 12% [18]. Dies ist zumindest für Proben mit mittlerem oder hohem Reflexionsgrad ausreichend, also in erster Linie für pulverförmige Proben.

Kommerziell verfügbare Zusatzgeräte werden in den Strahlengang eines Spektrometers eingesetzt und leiten die Strahlung auf dessen Detektor. Ein wesentliches Unterscheidungsmerkmal ist, ob an der Probenoberfläche spiegelnd reflektierte Strahlung erfaßt wird (Spectra-Tech, Inc., Stanford/CT, USA, vgl. Abb. 10a; SPECAC/LOT, Darmstadt) oder nicht (Harrick Scientific Corporation, Ossining/NY, USA, vgl. Abb. 10b). Eine Reihe weiterer Meßköpfe sind in der Literatur beschrieben worden, die einen größeren Raumwinkel erfassen, also einen größeren Anteil des diffus reflektierten Strahlungsflusses sammeln können. Hier ist zuerst die Coblentz-Halbkugel zu nennen [19] (vgl. Abb. 11a). Wegen der besseren Abbildungseigenschaften und der Möglichkeit, den Abstand der Foki größer wählen zu können, sind analoge Anordnungen mit Ellipsoid-Spiegeln [20] günstiger. In diesen Fällen wird der Detektor meist aus dem gesamten Halbraum bestrahlt, während das Gesichtsfeld handelsüblicher Detektoren überwiegend auf 60° beschränkt ist. Solchen Detek-

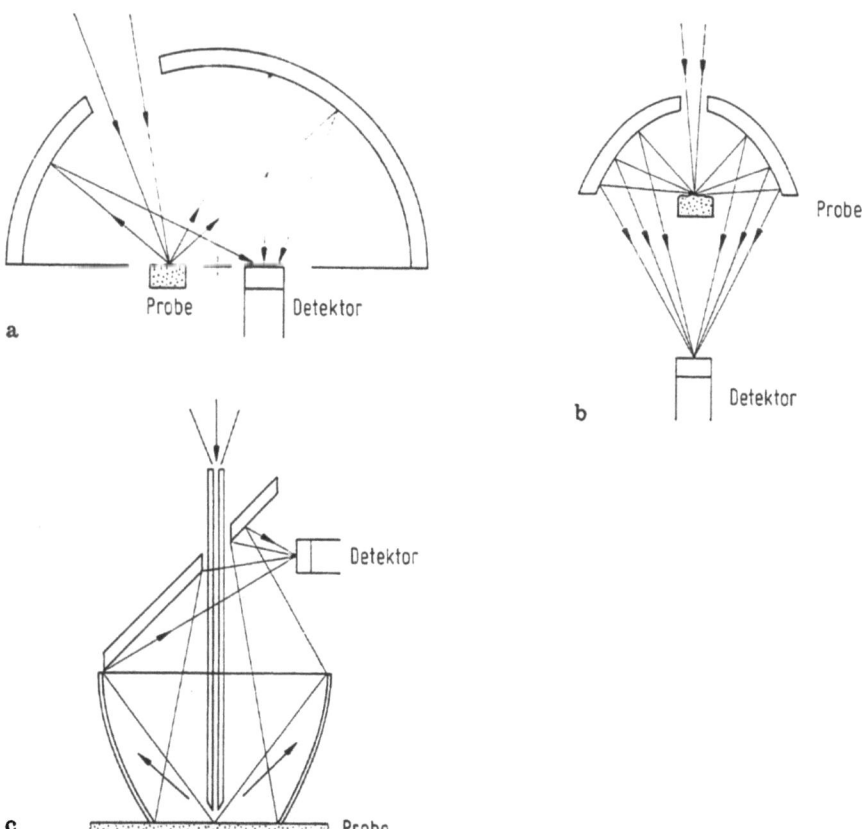

Abb. 11. Verschiedene Meßanordnungen zur Erfassung der diffus reflektierten Strahlung in einem großen Raumwinkel (vgl. Text)

toren kann eine zur Probennormale symmetrische Anordnung (vgl. Abb. 11b, c) [7, 8] leicht angepaßt werden. Diese bieten außerdem den Vorteil, daß bei texturierten Proben (z. B. Glasfasern) direkt über die unterschiedlichen Orientierungen gemittelt wird.

Bei vielen Anordnungen ist die Größe möglicher Proben zumindest in einer Richtung eingeschränkt, während z. B. bei den in Abb. 10b und Abb. 11c gezeigten Anordnungen kleine Bereiche auf prinzipiell beliebig ausgedehnten Objekten zerstörungsfrei, berührungslos und in situ untersucht werden können.

Bei gerichteter Fresnel-Reflexion an der Oberfläche ist eine Anordnung, deren Detektionsstrahlengang nicht in der Reflexionsebene liegt, oder eine solche mit Einstrahlung in der Probennormalen zu bevorzugen [6, 13—15]. Ein Einfluß der Fresnel-Reflexion an absorbierenden Partikeln in der Probenoberfläche kann vermieden werden durch eine auf der Probe aufsitzende Schneide [21], die gerichtet reflektierte Strahlung abblockt, so daß nur Strahlung detektiert wird, die in die Probe eingedrungen war. Da allerdings Verluste bis zu 90% in Kauf genommen werden müssen [13], ist im allgemeinen dieses Verfahren auf Proben mit hohem Reflexionsgrad beschränkt. Einen in gewisser Weise äquivalenten Effekt erzielt man durch Überschichten der absorbierenden Probe mit einem stark streuenden Pulver [2, 22].

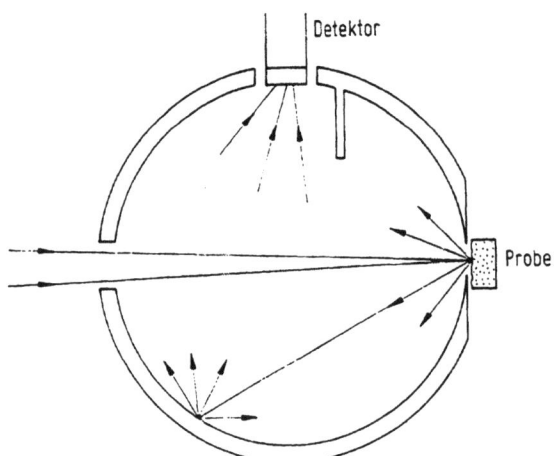

Abb. 12. Ulbricht-Kugel

Die Positionierung der Probe im Beleuchtungsstrahlengang ist allgemein unkritisch, sie sollte aber exakt im Fokus des Detektionsstrahlenganges liegen, da hier schon kleine Verschiebungen das Meßergebnis beeinflussen können [23, 24].

Eine vom Prinzip her adäquate Vorrichtung zur Messung diffuser Strahlung ist die Ulbricht-Kugel (Photometerkugel, integrierende Kugel), wie sie in Abb. 12 gezeigt ist. Eine solche Kugel ist mit einem diffus reflektierenden Belag mit hohem Reflexionsgrad ausgekleidet. Dadurch wird eintretende Strahlung solange in der Kugel reflektiert, bis sie auf einen Detektor fällt, der in einem zur Gesamtfläche kleinen Loch in der

Auskleidung angeordnet ist. Zwei weitere Öffnungen, die ebenfalls möglichst klein sein sollten, dienen zum Anlegen der Probe und ihrer Bestrahlung von außen. Ersteres kann entfallen, wenn die Probe innerhalb der Kugel montiert wird [25]. Mit solchen Anordnungen kann die gesamte Remission, also gerichtet und diffus reflektierte Strahlung, sowie eventuell emittierte Strahlung absolut bestimmt werden. Während im ultravioletten und sichtbaren Spektralbereich Ulbricht-Kugeln überwiegend angewendet werden und sie auch früh im Infrarot-Bereich eingesetzt wurden [26], haben sie sich hier nicht allgemein durchgesetzt. Lange Zeit war es ein Problem, ein ausreichend absorptionsarmes Streumaterial zur Auskleidung zu finden; auch bei den heute verwendeten vergoldeten rauhen Oberflächen (ORIEL/LOT, Darmstadt) liegt die Ausbeute bei nur 2% bis 6% [18].

Statt die diffuse Reflexion einer Probe zur Messung auszunutzen, kann es bei sehr dünnen Schichten günstiger sein, in diffuser Transmission zu messen [9]. Dabei ergibt sich der zusätzliche experimentelle Vorteil, daß der Einstrahlungskegel nicht den für die Detektion verfügbaren Raumwinkel beschränkt, da Einstrahlung und Detektion auf den gegenüberliegenden Seiten der Probe erfolgen. Wenn schließlich noch der Analyt auf eine kleine Fläche konzentriert ist oder werden kann, so bietet ein Infrarot-Mikroskop mit seinem stark fokussierten Strahlengang eine nahezu optimale Meßanordnung.

3.2 Referenzprobe

Eine Referenzprobe zur Messung der Gerätefunktion sollte im Idealfall — wie im vorigen Abschnitt ausgeführt — einen Reflexionsgrad von 1 aufweisen, also streuen ohne zu absorbieren. Streng genommen ist dies nicht zu realisieren, da alle Materialien auch im hypothetischen Zustand absoluter Reinheit noch eine gewisse Absorption zeigen. So wurde für KBr-Pulver (Uvasol, E. Merck) bei 1 724 cm^{-1} ein Reflexionsgrad von nur $R_\infty = 0{,}873$ bestimmt [27], der bei quantitativer Auswertung berücksichtigt werden muß. Allerdings lassen sich solche Daten nur dann exakt übertragen, wenn bei ihrer Bestimmung der gleiche Anteil der diffus reflektierten Strahlung erfaßt wurde, wie beim Einsatz dieser Probe als Referenz. In jedem Fall sollten sich die Winkelverteilungen des reflektierten Strahlungsflusses bei Analyt- und Referenzprobe entsprechen, da sonst unterschiedliche Anteile detektiert und dadurch die Ergebnisse verfälscht werden.

In der Praxis wird für Proben, in denen der Analyt in geringer Konzentration zusammen mit einem Überschuß an Matrixpulver enthalten ist, üblicherweise das Matrixmaterial für die Referenzmessung verwendet. Es sollte aus derselben Charge stammen und in gleicher Weise präpariert werden. Dadurch werden Änderungen des Reflexionsgrades der Matrix im betrachteten Spektralbereich (Wellenlängenabhängigkeit von Streu- und Absorptionsmodul, Absorptionen aufgrund von Kontaminationen) weitgehend kompensiert. Streng genommen führt dies allerdings auch zu einer gewissen Verfälschung des Reflexionsgrades (vgl. Abschn. 3.4).

Eine günstige Alternative zu den Matrixpulvern, insbesondere bei

Proben, die diese nicht enthalten (unverdünnte Pulver, nicht pulverförmige feste Proben), stellt Gold-bedampftes Schmirgelpapier dar [6, 28]. Es zeichnet sich aus durch hohen Reflexionsgrad (etwa 10% höher als KBr, vgl. Abb. 13), Beständigkeit sowie geringe Kontaminationsanfälligkeit, da die Oberfläche gegenüber der von Pulvern klein ist und sich leicht reinigen läßt. Zu beachten ist, daß hier diffuse Fresnel-Reflexion durch verschieden orientierte Facetten der Oberfläche vorliegt und deshalb nicht a priori mit genau der gleichen Winkelverteilung des Strahlungsflusses wie bei der Probe gerechnet werden kann.

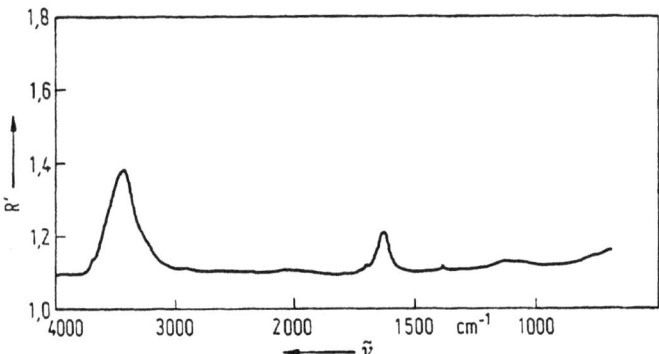

Abb. 13. Reflexionsgrad von Gold-bedampftem Schmirgelpapier relativ zu dem von KBr-Pulver [6]. Wiedergegeben mit freundlicher Genehmigung des VDI-Verlages, Düsseldorf

Die oben erwähnte Verzerrung des Reflexionsgrades bei Messung matrixhaltiger Proben gegen das Matrixmaterial, läßt sich vermindern durch Messung gegen Gold-bedampftes Schmirgelpapier in beiden Fällen und skalierte Subtraktion des Matrixspektrums in KM-Einheiten.

3.3 Probenpräparation

Nicht pulverförmige feste Proben wie Textilien, Oberflächenbeschichtungen und Polymerwerkstücke, bedürfen im allgemeinen keinerlei Vorbereitung für die Messung in diffuser Reflexion. Sie können zerstörungsfrei und in situ untersucht werden, sofern eine Zusatzapparatur verwendet wird, die den erforderlichen Platz für das Probenobjekt bietet. Für qualitative Untersuchungen ist es möglich, mit Schmirgelpapier etwas Substanz abzutragen, die dann auf dem Schmirgelpapier gemessen wird [29].

Insbesondere bei Ausnutzung eines nur begrenzten Raumwinkels für die Detektion (Anordnungen wie in Abb. 10 gezeigt) lassen sich leicht Probenkammern konstruieren, in denen die Proben unter kontrollierter Atmosphäre und variabler Temperatur untersucht werden können (z. B. [47]). Auch Modifikationen kommerziell erhältlicher Probenkammern (Harrick Scientific Corporation, Ossining/NY, USA; Spectra-Tech, Inc., Stanford/CT, USA) sind in der Literatur beschrieben [24, 48].

3.3.1 Pulverförmiger Analyt

Für quantitative Untersuchungen mit pulverförmigen Analyten ist die reproduzierbare Herstellung der Proben eine Notwendigkeit. Die wesentlichen Parameter sind dabei Korngröße, Packungsdichte und Homogenität. Bei entsprechender Sorgfalt kann eine Reproduzierbarkeit mit einer relativen Standardabweichung von 3% erreicht werden [10, 30], bei automatisierter Probenherstellung noch darunter [31].

Der Reflexionsgrad zeigt einen deutlich unterschiedlichen spektralen Verlauf je nachdem, welche Korngröße verwendet wird [8], und auch die Bandenflächen sind stark davon abhängig. In den meisten Fällen kann das Aussieben von Größenfraktionen jedoch entfallen, wenn das Material in der Stahlkapsel einer Schwingmühle während einiger Minuten gemahlen wird [14, 32]. Bei gröberen Pulvern erscheinen Absorptionsbanden des Analyten auch nach Transformation mit der Kubelka-Munk-Funktion häufig verbreitert und schwache Absorptionen verstärkt [8]. Offenbar sind in solchen Fällen die Voraussetzungen, die für die Ableitung der Kubelka-Munk-Funktion gemacht wurden, nicht erfüllt [12].

Wegen der großen Oberfläche besteht besondere Kontaminationsanfälligkeit, vor allem in Hinblick auf Wasserdampf, so daß die üblichen Vorsichtsmaßnahmen getroffen werden müssen (Erwärmen, Exsikkator, Schutzgas usw.).

Häufig wird Pulver nur in das Probengefäß geschüttet und die Oberfläche mit einem Spatel oder einer Klinge glattgestrichen [15]. Um eine reproduzierbare Packungsdichte zu erreichen, sollte die Probe mit einem rauhen Stempel bei konstantem geringem Druck während einer definierten Zeit zusammengedrückt werden [14, 31, 131]. Höherer Druck kann das Streuvermögen beträchtlich reduzieren [34], was zu einem geringeren Reflexionsgrad führt. Als stark streuende absorptionsarme Matrix wird meist KBr- oder KCl-Pulver eingesetzt, für Mineralien kann Si- und insbesondere für Lösungen in polaren Lösungsmitteln (s. u.) Diamant-Pulver vorteilhaft sein. Der verhältnismäßig hohe Preis von Diamant-Pulver läßt sich durch Wiederverwendung nach Reinigung teilweise kompensieren. Diese und weitere Matrixmaterialien wurden von Brackett et al. untersucht [35].

Um die Konzentration exakt einstellen zu können, sollten die Komponenten separat gemahlen worden sein, bevor sie eingewogen werden. Gemeinsames Mahlen kann je nach Substanz zu unterschiedlichen Verlusten und zu abweichenden Bandenformen führen [30]. Eine ausreichend homogene Vermischung der Probenkomponenten wird durch gemeinsames Schütteln in einer Schwingmühle (ohne Mahlkugeln) erreicht [33].

3.3.2 Analyt in Lösung

Der Analyt kann auch in Lösung in das Matrixmaterial eingebracht werden, wenn anschließend das Lösungsmittel verdampft wird. Hierbei dürfte sich der Analyt im wesentlichen auf den Oberflächen der Matrixkörner absetzen und ein anderes Gefüge als bei Pulvermischungen bilden. Ist die Konzentration nicht über die gesamte erfaßte Tiefe der Probe konstant, so kann dies bei quantitativer Auswertung des Reflexionsgrades zu Fehlern führen, da die Reihenfolge von Schichten innerhalb der erfaßten Tiefe, die in unterschiedlichem Maße reflektieren, den Gesamtreflexionsgrad beeinflußt [2].

Läßt man das Eluat vom Flüssigkeitschromatographen direkt auf das Matrixmaterial tropfen, so ist zumindest ein Probengefäß pro Fraktion — kreisförmig [36] oder linear [37] angeordnete, mit Matrixpulver gefüllte Sacklöcher in einer Platte — erforderlich. Bei einer kontinuierlichen Schicht verläuft die Fraktion, wodurch das analytisch nutzbare Signal 1 — R und damit das Nachweisvermögen verkleinert und möglicherweise durch Vermischung der Fraktionen die erreichte chromatographische Trennung nachträglich verschlechtert wird. Während bei normaler HPLC meist eine Stufe zur Einengung des Eluats zwischengeschaltet werden muß [36], um das Matrixmaterial nicht aufzuschwemmen, kann diese bei einer Kombination mit der Mikro-HPLC wegen des kleineren Volumens pro Fraktion entfallen [38].

Da sich allgemein polare Lösungsmittel nur schwer vollständig verdampfen lassen und besonders ausgeprägte Infrarot-Spektren zeigen, ist in solchen Fällen mit Lösungsmittelaustausch gearbeitet worden [39], oder der Wasseranteil wurde vor dem Auftropfen durch Zugabe eines Reagenz in flüchtige Produkte überführt [40].

Eine kontinuierliche Speicherung der chromatographisch getrennten Analytsequenz im Matrixpulver ist möglich, wenn das Laufmittel vor der Aufgabe möglichst vollständig verdampft wird. Hierzu werden Zerstäuber, deren Wirkung auf unterschiedlichen Prinzipien beruhen kann (erhöhter Druck [41], Ultraschall [42], MAGIC-Generator für monodisperses Aerosol [43]), verwendet. Bei der Chromatographie mit suprakritischen Laufmitteln (SFC) ist die Eliminierung besonders einfach zu erreichen [44], da nach dem Restriktor am Säulenende höchstens noch eine (geheizte) Transferkapillare notwendig ist.

Um der Chromatographie entsprechende Nachweisgrenzen zu erreichen, besteht in allen Fällen die Notwendigkeit, den Analyten auf einer möglichst kleinen Fläche zu konzentrieren (der der Strahlengang angepaßt sein muß). Durchmesser von weniger als 200 µm sind bisher erreicht worden [9], wenn die Transferkapillare bis auf ca. 100 µm an den Probenträger herangeführt wird. Flüchtige Analyten können bei Kühlung der Matrixschicht erfaßt werden (Kryokondensation). Nimmt man alle Möglichkeiten zusammen, so ist ein universelles Interface konstruierbar, das sich auf Gas-, SFC- und Flüssigkeits-Chromatographie umschalten läßt und das zur Beschickung von diffus reflektierendem Matrixmaterial sowie von transparenten oder reflektierenden Probenträgern geeignet ist [9].

3.3.3 Texturierte Probe

Bei texturierten Proben, z. B. bei Glasfibern oder Polymerfilmen, können die Spektren bei Messung mit einer nicht zur Probennormalen rotationssymmetrischen Anordnung von der Orientierung der Probe abhängen. In solchen Fällen müssen die Spektren über verschiedene Orientierungen gemittelt werden [22, 45]. Eine direkte Mittelung erreichen McKenzie, Culler und Koenig durch Überschichtung der Probe mit KBr-Pulver [22,

46]. Gleichzeitig wird dadurch die im Kubelka-Munk-Modell gemachte Voraussetzung isotroper Bestrahlung der Probe erfüllt und der Einfluß der Fresnel-Reflexion reduziert.

3.4 Gehaltbestimmung

Die meisten Auswerteverfahren basieren auf der Kubelka-Munk-Funktion (Gl. 1). Andere Ansätze, wie die von Pitt und Giovanelli oder Rozenberg [5], sind bisher nicht in der analytischen Praxis angewendet worden. Üblicherweise werden Bandenmaxima ausgewertet, jedoch kann eine Kalibrierung auf der Basis der Bandenflächen vorteilhaft sein [32, 49]. Um überlappende Banden besser zu trennen, werden verschiedene mathematische Verfahren (z. B. Fourier Self Deconvolution) angewendet [50 bis 52].

Für eine Probe, die aus mehreren innig vermischten Komponenten besteht, läßt sich Gl. 1 schreiben als [2]

$$F(R_\infty) = \frac{\sum x_i K_i}{\sum x_i S_i} \tag{7}$$

wobei K_i und S_i Absorptions- und Streumodul der Komponente i allein bedeuten, und x_i deren jeweiligen Gehalt (üblicherweise in Gewichtsprozent) angibt. Für ein Zweikomponentengemisch aus Matrix (Index M) und einem Gehalt x des Analyten (Index A) ergibt Gl. 7

$$F(R_\infty) = \frac{(1-x) K_M + x K_A}{(1-x) S_M + x S_A}$$
$$= \frac{(K/S)_M + x[(K/S)_A (S_A/S_M) - (K/S)_M]}{1 + x[(S_A/S_M) - 1]} \tag{8}$$

Diese Funktion wurde mit $(K/S)_M = 10^{-2}$ ($R_{\infty M} = 0{,}868$) und $(K/S)_A = 5$ für verschiedene Parameter S_A/S_M berechnet, das Ergebnis ist in Abb. 14a dargestellt. Stimmen die Streumoduln von Analyt und Matrix überein, so ergibt sich eine strenge Linearität von $F(R_\infty)$ der Probe mit dem Gehalt des Analyten. Daß der Achsenabschnitt K_M/S_M sehr klein ist, folgt aus der Forderung, daß das Matrixmaterial gut streuen, aber möglichst wenig absorbieren soll. Eine Abweichung von der Linearität tritt auf, wenn sich die Streumoduln unterscheiden ($S_A/S_M \neq 1$). Dies wirkt sich im Bereich kleiner Gehalte im wesentlichen nur auf die Steigung der Kalibrierkurven (Empfindlichkeit) aus.

Insbesondere, wenn man die Reproduzierbarkeit der Probenherstellung (vgl. Abschn. 3.3) in Rechnung stellt, kann man bereits im unteren Prozentbereich des Analyten den Achsenabschnitt vernachlässigen und erhält dann die bekannte Proportionalität

$$F(R_\infty) = x \frac{K_A}{S_M} = x \frac{S_A}{S_M} (K/S)_A \tag{9}$$

Die Absorption in der Probe wird — in dieser Näherung — durch den Analyten bestimmt, ihr Streuverhalten von der Matrix. Der Proportio-

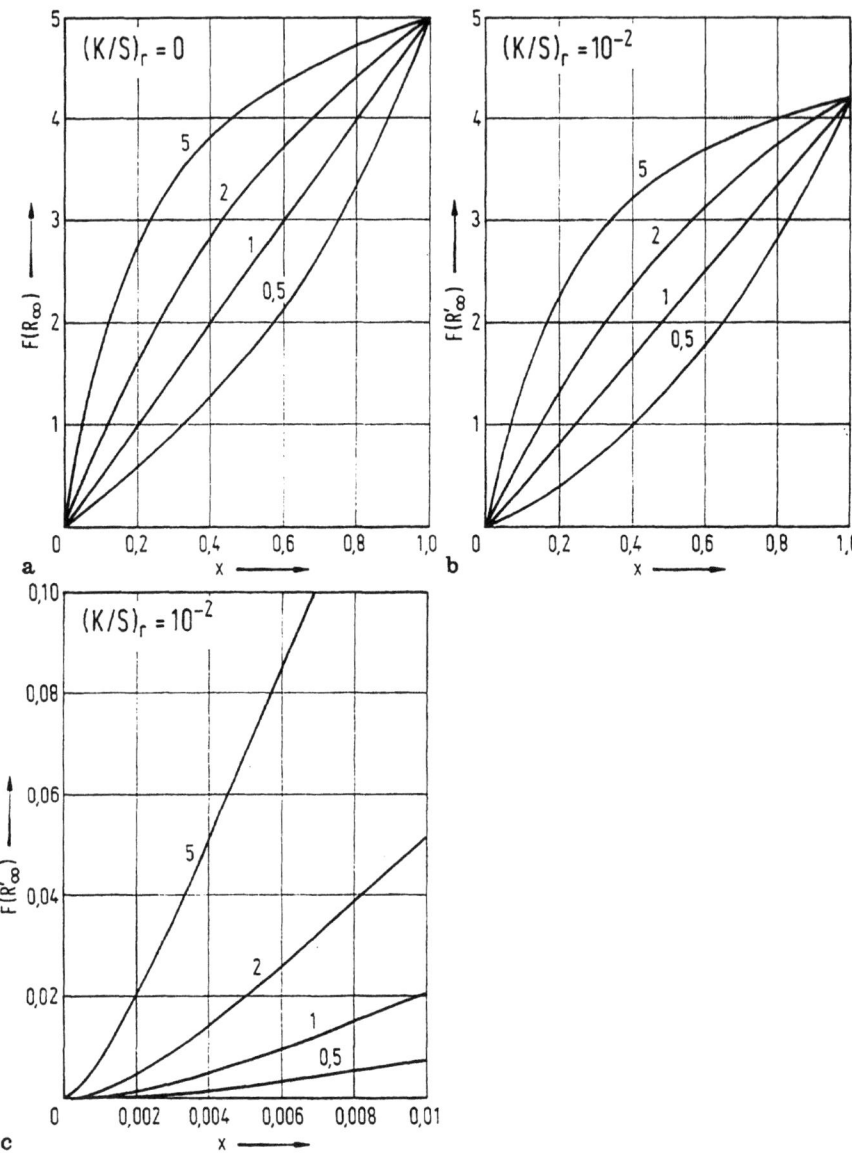

Abb. 14. Berechnete Werte $F(R_\infty)$ bzw. $F(R'_\infty)$ für Mischungen eines Matrixpulvers mit $(K/S)_M = 10^{-2}$ und eines Analyten mit $(K/S)_A = 5$ in Abhängigkeit von dessen Gehalt x. Parameter ist das Verhältnis der Streumoduln S_A/S_M: **a** ideal reflektierende Referenzprobe ($R_r = 1$); **b**, **c** reale Referenzprobe mit $R_r = 0{,}868$

nalitätsfaktor läßt sich aber auch, wie der letzte Teil der Gl. 9 zeigt, als Produkt des Quotienten $(K/S)_A = F(R_{\infty A})$ des reinen Analyten mit dem Verhältnis der Streumoduln des Analyten und der Matrix interpretieren. Die einzelnen Moduln sind jedoch im allgemeinen nicht bekannt. $R_{\infty A}$ kann zwar gemessen und daraus K_A/S_A berechnet werden, jedoch wird angenommen, daß die Messung stark durch Fresnel-Reflexion beeinträchtigt wird, zumal sich auch die Lage der Bandenmaxima mit steigendem Gehalt zu höheren Wellenzahlen verschiebt [14]. Die Richtigkeit der Bestimmung würde erhöht, wenn — analog dem Vorgehen bei der Mehrkomponentenanalyse [53] — R_∞ stets bei derselben Wellenlänge gemessen würde, vorzugsweise an der Stelle, an der das Bandenmaximum bei stark verdünnter Probe auftritt, nicht aber im jeweiligen Maximum.

Der generelle experimentelle Befund, daß die Empfindlichkeit mit zunehmendem Gehalt des Analyten sinkt, und diese Abweichung von der Linearität bei gleichzeitiger Verschiebung des Bandenmaximums bei um so kleineren Konzentrationen beginnt je stärker die Bande ist, wird meist auf Störung durch Fresnel-Reflexion zurückgeführt [12, 14]. Für diesen Bereich haben Fuller und Griffiths vorgeschlagen, den beobachteten Reflexionsgrad R'_∞ analog der Streulichtkorrektur bei Transmissionsmessungen durch

$$R'_\infty = (R_\infty - q)/(1 - q) \tag{10}$$

zu korrigieren, wobei der Parameter q so angepaßt wird, daß $F(R_\infty)$ proportional zur Konzentration wird [54].

Zur Senkung der Empfindlichkeit bei höheren Konzentrationen können offensichtlich (vgl. Abb. 14) auch unterschiedliche Streumoduln von Matrix und Analyt zumindest beitragen. Hattori et al. haben unter Vernachlässigung der Matrixabsorption gegen die Analytabsorption eine Umformung von Gl. 8 angegeben [55], in der sich unterschiedliche Streumoduln nicht auf die Krümmung der Kalibrierkurve auswirken

$$\frac{1}{F(R_\infty)} = \frac{S_A - S_M}{K_A} + \frac{1}{x}\frac{S_M}{K_A} \tag{11}$$

Man erhält also einen linearen Zusammenhang zwischen $1/F(R_\infty)$ und $1/x$ mit einem Achsenabschnitt. Die von den Autoren gezeigten Ergebnisse können im Gehaltbereich von weniger als 1% bis 100% bei verhältnismäßig starken Abweichungen durch Geraden beschrieben werden. In dieser Darstellung sind allerdings jeweils die Bereiche höherer Gehalte komprimiert.

Bei sehr kleinen Analytgehalten wird $xK_A \approx K_M$, so daß die Absorption der Matrix nicht mehr vernachlässigt werden kann:

$$F(R_\infty) = \frac{K_M + xK_A}{S_M} \tag{12}$$

An die Stelle der Proportionalität tritt also eine Linearität mit einem additiven Term (Achsenabschnitt).

In diesem Abschnitt wurde bisher stillschweigend vorausgesetzt, daß der wahre Reflexionsgrad der Proben bekannt ist, daß also eine ideale Referenzprobe eingesetzt wurde. Bei Verwendung realer Referenzproben wie Matrixmaterial, erhält man aber nur einen relativen Reflexionsgrad $R'_\infty = R_\infty/R_r$, wobei $R_r \leq 1$ den zunächst unbekannten wahren Reflexionsgrad der Referenzprobe bezeichnet. Als Konsequenz werden im gesamten Gehaltbereich ein zu großer Reflexionsgrad und damit zu kleine Werte $F(R'_\infty)$ ermittelt, wie in Abb. 14b gezeigt. Auch für übereinstimmende Streumoduln erreicht man dann keine strenge Linearität mehr. Besonders verzerrt wird der untere Gehaltbereich, der in Abb. 14c vergrößert dargestellt ist: Die Kalibrierkurven beginnen bei $x = 0$ mit waagerechter Tangente. Dieser Effekt wirkt sich noch bei um so höheren Gehalten aus, je stärker die Matrix absorbiert [30]. Fordert man die Gültigkeit von Gl. 12, so muß sich bei Variation von R_r dessen wahrer Wert durch eine lineare Kalibrierkurve auszeichnen. Für KBr wurde auf diese Weise ein Reflexionsgrad $R_\infty = 0{,}873$ bei $1724\ cm^{-1}$ ermittelt [27].

Neben diesen aus dem Kubelka-Munk-Modell abgeleiteten Ansätzen wird im mittleren Infrarot-Bereich zur Transformation der Reflexionsspektren selten die Funktion $\log(1/R)$ verwendet, während sie im Nahinfrarot-Bereich die wesentliche Rolle spielt. Wenn bei stark absorbierenden Matrices Zweifel bestehen, ob die Voraussetzungen des Kubelka-Munk-Modells erfüllt werden, kann diese Funktion zu günstigeren Auswertemöglichkeiten führen [12]. Weiterhin werden verschiedene multivariate Kalibrierungen angewendet [56–59]. Diese in der Nahinfrarot-Spektroskopie üblichen Verfahren eignen sich besonders bei komplexen Systemen wie Kohle oder Torf und erlauben, auch unscharf definierte Eigenschaften zu erfassen [60, 61].

3.5 Spektrenseparation

Bei einer Probe mit mehreren absorbierenden Komponenten wird das Gesamtspektrum nach Gl. 7 durch

$$F(R_\infty) = \sum a_i K_i \tag{13}$$

beschrieben, wobei das Spektrum K_i der Komponente i mit dem Faktor

$$a_i = x_i / \sum x_i S_i \tag{14}$$

gewichtet ist. Damit ist eine Spektrensubtraktion im üblichen Sinn wie bei Extinktionsspektren möglich. Deren Transformation mit Hilfe der Exponentialfunktion in Transmissionsspektren bewirkt, daß auch in dieser Darstellung eine Spektrenseparation möglich ist, nämlich durch Division. Dies gilt nicht für die Spektren der diffusen Reflexion, da

$$F(R_1/R_2) \neq F(R_1) - F(R_2) \tag{15}$$

In diesem Fall ist nur eine Differenzbildung in Kubelka-Munk-Einheiten sinnvoll. Voraussetzung hierzu ist, daß der gesamte detektierte Strahlungsfluß von allen Komponenten beeinflußt wurde. So konnte das Spektrum eines Mischgewebes, bei dem die einzelnen Fäden aus den beiden Komponenten verzwirnt waren, wie in Abb. 15 gezeigt, in die Einzelspektren getrennt und dabei das Mischungsverhältnis ermittelt werden [6].

Andere Voraussetzungen liegen vor, wenn z. B. eine mosaikartige Probenfläche untersucht und dabei unterschiedliche, nebeneinanderliegende Materialien erfaßt werden. In diesem speziellen Fall ist die Spektrensubtraktion (nicht Division) im Reflexionsspektrum sinnvoll.

Eine weitere, andersartige Spektrenüberlagerung ergibt sich, wenn das Substrat einer nicht unendlich dicken Schicht durchscheint. Das Resultat wird durch Gl. 5 beschrieben, im allgemeinen ist eine exakte Trennung zumindest schwierig.

Schließlich soll noch der Spezialfall einer nicht streuenden absorbierenden Schicht auf einem diffus reflektierenden Untergrund, z. B. Lack auf Holz, erwähnt werden. Bei einer solchen „Transflexions"-Messung erhält man in erster Näherung das Produkt aus Transmissionsgrad der Beschichtung und Reflexionsgrad des Substrats. Bei genauerer Auswertung muß gegebenenfalls berücksichtigt werden, daß Strahlungsanteile nach unterschiedlich langen Wegen durch die Beschichtung erfaßt werden und daß Fresnel-Reflexion bei Ein- und Austritt der Strahlung erfolgt.

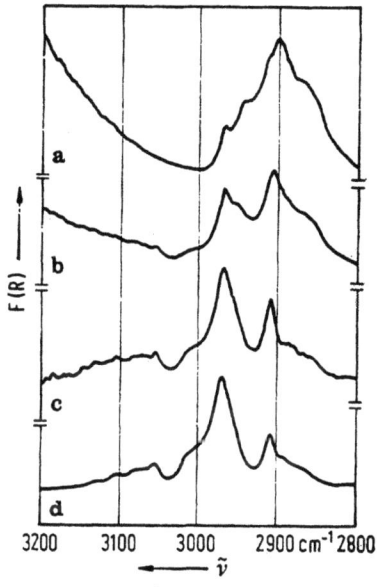

Abb. 15. Reflexionsspektren von Textilproben [6]. **a** Baumwolle, **b** Baumwolle/Polyester (45:55) Mischgewebe, **c** aus a und b berechnetes Differenzspektrum, **d** Polyester. Wiedergegeben mit freundlicher Genehmigung des VDI-Verlages, Düsseldorf

4 Anwendungen

Grundsätzlich lassen sich alle Aussagen, die man aus einem Infrarot-Transmissionsspektrum ableiten kann, auch mit Methoden der diffusen Reflexion gewinnen, also Informationen über Identität, Struktur, Wechselwirkungen, Quantität und Ordnung — vorausgesetzt, die Probe streut. Dies kann als gegeben angesehen werden, wenn die Probe als Pulver, Faser- oder Fibermaterial vorliegt. Die Streuung kann dann verstärkt werden durch Vermischung mit einem absorptionsarmen Matrix-Pulver, wobei gleichzeitig störende, auf Fresnel-Reflexion beruhende Effekte sich vermindern. Aber auch schwach streuende Proben sind der Methode zugänglich.

Der Einsatzbereich der DR-Spektroskopie reicht von der klinischen [62, 63] und forensischen Chemie [64] bis zur Werkstoffprüfung und

Qualitätskontrolle in verschiedenen Zweigen der Industrie [65, 66]. Hierzu seien einige Analysenbeispiele genannt:

Vinylchlorid in Polyvinylchlorid [67],
Siliciumoxid in Siliciumcarbid [68],
Inhaltsstoffe pharmazeutischer Tabletten [59, 69],
Kolophoniumrückstände auf Metallpulvern [70],
Isomeren-Zuordnung [71, 72],
nicht-flüchtige Pyrolyseprodukte von Polymergewebe [73],
Kristallinitätsgrad von Verbundwerkstoffen [74],
Verfolgung von Photoreaktionen [75, 76] sowie
Interconversion funktioneller Gruppen [77],
Umesterung [78] und
Komplexbildung [79] in Polymersystemen.

Für die Wahl der DR-Spektroskopie sind — vor allem bei industriellen Routineanalysen — die meist unproblematische oder entfallende Probenpräparation und die einfache Auswertung wichtig [67]. In vielen Fällen ist ausschlaggebend, daß auf diese Weise Zustände und Reaktionen in situ beobachtet werden können. Weiterhin gestattet die DR-Spektroskopie die zerstörungsfreie Untersuchung oberflächennaher Schichten (vgl. Abschn. 2.2) in kleinen Bereichen auf großen Objekten, obwohl deren Reflexionsgrad fast immer sehr klein ist [7]. Die Streuung bewirken dabei z. B. kristalline Bereiche und Füllstoffe in Polymerwerkstoffen, Blasen in Schäumen und Pigmente in Lacken. Daß eine solche Lokalanalyse zerstörungsfrei durchgeführt werden kann, ist zumindest ein Vorteil bei Proben wie Werkstücken, Textilien und Papier, kann aber eine Notwendigkeit sein bei Kunstgegenständen, wenn z. B. ihre Provenienz oder ihr Alter über die Charakterisierung der Oberflächenlackierung abgesichert werden soll [16].

Besondere Bedeutung hat die DR-Spektroskopie dort erlangt, wo ihre hohe Empfindlichkeit bei geringer Absorption (vgl. Abschn. 4.1) und bei Änderung der Oberfläche (vgl. Abschn. 4.2) ausgenutzt werden kann.

4.1 Mikroanalyse

Nachweisgrenzen im unteren Nanogramm-Bereich [66, 80] sind mit Analyten, die als Pulver vorliegen und mit einem absorptionsarmen Matrix-Pulver verdünnt werden, verhältnismäßig einfach zu realisieren. Bringt man den (nichtflüchtigen) Analyten in gelöster Form in die Matrix ein und läßt das Lösungsmittel anschließend verdampfen, so wird in der Praxis wegen Kontaminationen häufig nicht die von der Methode her mögliche Nachweisgrenze erreicht [81]. Selbst in solchen Fällen bietet dieses Vorgehen aber meist eine günstige Alternative zu anderen infrage kommenden Verfahren.

Wichtigstes Anwendungsgebiet dieser Technik dürfte die direkte Kopplung von *Flüssigkeitschromatographie* und Infrarot-Spektroskopie sein. Die Nachweisgrenzen können jedoch nur dadurch in einen sinnvollen Bereich gesenkt werden, daß der große Überschuß an Laufmittel eliminiert wird. Hierzu bietet das Verdampfen vom Matrixpulver einen experimentell einfachen Weg, da eine unerwünschte Verteilung des Analyten und Probleme anderer Probentechniken, wie Ausbilden ungleichmäßiger Schichten, vermieden werden. Die Weiterentwicklung der Interfaces, die in Abschnitt 3.3.2 skizziert wurde, ermöglicht heute Nachweisgrenzen im unteren Nanogramm-Bereich bei automatisiertem Betrieb [9]. Solche Interfaces arbeiten sowohl mit Normal-Phase- als auch mit Reversed-Phase-Chromatographie und sowohl mit HPLC — wobei Mikro-HPLC meist vorteilhafter ist — als auch mit SFC. Bei größeren Analytmengen können die Spektren der diffusen Reflexion zeitversetzt, aber in Phase mit dem Chromatogramm aufgenommen werden. Da dieses sozusagen gespeichert wird, besteht darüber hinaus die Möglichkeit, anschließend durch längere spektroskopische Meßzeit das Signal/Rausch-Verhältnis und damit das Nachweisvermögen zu erhöhen.

Interfaces, mit denen das Laufmittel eliminiert wird bevor der Analyt auf das Matrixpulver aufgebracht wird, erlauben bei Verwendung entsprechender Probenträger eine Reihe anderer infrarot-spektroskopischer Beobachtungsweisen wie Transmission [82], diffuse Transmission [9, 83], Reflexion-Absorption [41] und Matrixisolation [84]. Bei der vergleichenden Bewertung müssen neben den zu erreichenden Nachweisgrenzen und der Linearität der Kalibrierfunktion experimentelle und wirtschaftliche Gesichtspunkte berücksichtigt werden. In zunehmendem Maße gewinnt auch die Sicherheit der Identifizierung an Bedeutung, die bei einer Suche in Spektrenbibliotheken, insbesondere solchen mit „normalen", d. h. nicht unter den speziellen experimentellen Gegebenheiten aufgenommenen Spektren, zu erreichen ist [9].

Bei der *Dünnschicht-Chromatographie* liegt der Analyt in einer streuenden Matrix vor, daher sollten seine Lokalisierung auf der Platte und Identifizierung mit DR-Spektroskopie in situ möglich sein [6, 85]. Der nutzbare Spektralbereich wird allerdings durch Absorptionsbanden der stationären Phase eingeschränkt, und auch in den Bereichen geringerer Absorption ist Spektrensubtraktion erforderlich. Bei den gängigen Plattentypen bleibt aber ein zur Identifizierung ausreichender Teil des Fingerprint-Bereiches zugänglich; die Nachweisgrenze liegt in der Größenordnung von 1 µg [6, 86]. Die Spektren können sich jedoch so sehr von den jeweiligen Transmissionsspektren unterscheiden, daß eine Suche in üblichen Spektrenbibliotheken nicht möglich ist, sondern Vergleichsspektren separat aufgenommen werden müssen [6]. Es sind deshalb Verfahren entwickelt worden, dünnschichtchromatographisch getrennte Fraktionen in eine für die diffuse Reflexion günstigere Matrix zu überführen [87, 88].

4.2 Oberflächenanalyse

Die Empfindlichkeit der diffusen Reflexion bezüglich der Oberflächenbeschaffenheit beruht im wesentlichen darauf, daß die detektierte Strahlung mehrfach mit Oberflächen in Wechselwirkung getreten ist. Daher ist dies am ehesten bei Proben großer spezifischer Oberfläche auszunutzen, also bei Pulvern, Fasern, Zeolithen u. ä. Die Hauptanwendungsgebiete lassen sich durch die Schlagworte *Katalysator* und *chemisch modifizierte*

Oberflächen charakterisieren. Zugänglich sind jeweils Informationen über Oberflächenbelegung, Eigenschaften von aktiven Zentren (sites) und Struktur der Oberflächenspezies; Reaktionen können in situ verfolgt und der Einfluß von Nachbehandlung und Alterung untersucht werden.

Bereits 1980 erschien eine Übersicht über Untersuchungen von Adsorptionszentren, Molekülen, Oberflächenkomplexen und Wechselwirkungen zwischen Katalysatorkomponenten [89]. In neueren Arbeiten wird vor allem berichtet über

— Beobachtungen der thermischen Aktivierung [90—93],
— Strukturbestimmung und Eigenschaften (Acidität) von Oberflächenspezies [94—97, 132], und
— Verfolgung von Reaktionen [98—100].

Bei Silan-behandeltem Silicagel wurde u. a.

— die relative Oberflächenkonzentration von Silan und
— die Hydrolysierung der Methoxy-Gruppen in Abhängigkeit vom oberflächenadsorbierten Wasser und von der Temperatur [23, 101] sowie
— Reaktionen an der Oberfläche [102]

untersucht. Silane als Haftvermittler lassen sich auf

— Metalloxiden [103],
— Glasfibern [22, 104, 105],
— Keratin-Fibern [106],
— Glimmer [107],
— Mineralien [108]

beobachten, ebenso

— Phosphat auf Aluminiumoxid-Gel [109] und
— adsorbierte Wassermoleküle auf Aramid-Fibern [110].

Weiterhin wird DR-Spektroskopie eingesetzt, um chemisch modifizierte Graphit-Elektroden [111] und Säulenmaterialien für die Chromatographie zu charakterisieren [112, 113].

Auch die *Orientierung* der Oberflächenmoleküle auf Filmen, Fibern und Glas [114—115] kann bestimmt werden. Um bei Filmen und ähnlichen Proben den Einfluß des Bulk-Materials auf das Spektrum gegenüber dem der Oberflächenschicht zu vermindern, ist vorgeschlagen worden, die Probe mit KBr-Pulver zu überschichten [116].

4.3 Komplexe Proben

Typisch für diese Probenart ist die Anwendung von Verfahren zur Auflösungsverbesserung [50, 117] und zur multivariaten Kalibrierung [57, 58] anstelle der direkten Auswertung entsprechend der Kubelka-Munk-Funktion (vgl. Abschn. 3.4).

Als Anwendungsbeispiele seien genannt:

— Charakterisierung von Torf [60] und Ölsand [61],
— Bestimmung einzelner Komponenten von Lignocellulose [56],
— quantitative Analyse der Struktur von Lignin [49].

Bei Kohle kann die Inkohlungsstufe ermittelt werden [57], und es lassen sich Veränderungen infolge chemischer und physikalischer Prozesse verfolgen, insbesondere

— Hydrierung und Dehydrierung [118],
— Oxidation und Reduktion [118, 119] sowie
— Acetylierung [120].

Im allgemeinen kann das Probengut, abgesehen von eventuellem Pulverisieren, ohne Aufarbeitung verwendet werden.

5 Alternative Methoden

Für eine Reihe von Anwendungen stehen alternative infrarot-spektroskopische Verfahren zur Verfügung, die wiederum ihre spezifischen Vor- und Nachteile aufweisen:

— feinkörnige Pulver können mit KBr zu Tabletten gepreßt und in *Transmission* gemessen werden;
— dünne Schichten streuenden Probenmaterials lassen sich in *diffuser Transmission* untersuchen (vgl. Abschn. 2.2 und 4.1);
— das Problem der Fresnel-Reflexion bei Einkopplung der Strahlung in die Probe entfällt bei Messung der *Emission*, ein ausreichendes Meßsignal dürfte aber immer erhöhte Probentemperaturen voraussetzen [121];
— bei schwach reflektierenden (kompakten) Proben kann die *Fresnel-Reflexion* an der Oberfläche ausgenutzt werden, für qualitative und quantitative Auswertung müssen jedoch die dispersionsartigen Spektren umgewandelt werden [16];
— Analyte aus Lösung können auf einem Spiegel in *Reflexion-Absorption* [122] und speziell bei streifendem Einfall polarisierter Strahlung mit hoher Empfindlichkeit (Adsorbate [123]) gemessen werden;
— Proben, die sich in optischen Kontakt mit einer Kristalloberfläche bringen lassen, können mit *abgeschwächter Totalreflexion* (ATR) untersucht werden, wobei die Eindringtiefe im allgemeinen deutlich kleiner ist als bei diffuser Reflexion [6];
— bei der *photoakustischen Spektroskopie* (PAS) [124] wird die Strahlung in gleicher Weise absorbiert wie im Fall der diffusen Reflexion, es ist daher eine ähnliche Empfindlichkeit z. B. bezüglich Oberflächenänderungen bei Pulvern zu erwarten; der unterschiedliche Detektionsweg, der bei PAS von den thermischen Eigenschaften der Probe beeinflußt wird, kann im speziellen Fall zu Vor- oder Nachteilen führen.

Beispiele für Anwendungen dieser Untersuchungsmethoden auf Oberflächenbeschichtungen und andere dünne Schichten geben Herres und Zachmann [125], auf einige Alternativen bei der on-line Kopplung mit der Flüssigkeitschromatographie ist in Abschnitt 4.1 hingewiesen worden. Für die am stärksten konkurrierenden Methoden PAS und DR-Spektroskopie sind eine Reihe von direkten Vergleichen unternommen worden

[126—128]. Offenbar kann man keiner der beiden Methoden generell den Vorrang geben; wegen unterschiedlicher experimenteller Erfordernisse und Einschränkungen ergänzen sie sich.

Literatur

1. Kubelka, P., Munk, F. (1931): Z. techn. Phys. 12:593
2. Kortüm G (1969): Reflexionsspektroskopie. Springer, Berlin
3. Ferraro, J. R., Rein, A. J. (1985) in: Ferraro, J. R., Basile, L. J. (eds.) Fourier Transform Infrared Spectroscopy, vol. 4. Academic Press, Orlando/Fla., p. 244
4. Osborne, B. G., Fearn, T. (1986): Near Infrared Spectroscopy in Food Analysis. Wiley, New York
5. Hecht, H. G. (1976): Anal. Chem. 48:1775; (1980): Appl. Spectrosc. 34:161
6. Otto, A. (1987): Infrarotspektroskopie mit diffus reflektierter Strahlung: in-situ-Messungen an schwach streuenden Proben. VDI Verlag Düsseldorf (Fortschritt-Berichte VDI, Reihe 8, Nr. 146)
7. Korte, E. H., Otto, A. (1988): Appl. Spectrosc. 42:38
8. Fuller, M. P., Griffiths, P. R. (1978): Anal. Chem. 50:1906
9. Griffiths, P. R., Pentoney Jr., S. L., Pariente, G. L., Norton, K. L. (1987): Mikrochim. Acta [Wien] III:47
10. Leyden, D. E., Murthy, R. S. S. (1988): Trends Anal. Chem. 7:164
11. Otto, A., Korte, E. H. (1988): Mikrochim. Acta [Wien] II:141
12. Olinger, J. M., Griffiths, P. R. (1988): Anal. Chem. 60:2427
13. Yang, P. W., Mantsch, H. H., Baudais, F. (1986): Appl. Spectrosc. 40:974
14. Brimmer, P. J., Griffiths, P. R. (1986): Appl. Spectrosc. 40:258; (1987): Appl. Spectrosc. 41:791; (1988): Appl. Spectrosc. 42:242
15. Hembree Jr., D. M., Smyrl, H. R. (1989): Appl. Spectrosc. 43:267
16. Staat, H., Korte, E. H., Kolev, D. (1989) in: Jordanov, B., Kirov, N., Simova, P. (eds.) Recent Developments in Molecular Spectroscopy. World Scentific, Singapore, p. 64
17. Korte, E. H. (1988): Appl. Spectrosc. 42:428
18. Hirschfeld, T. (1986): Appl. Spectrosc. 40:1082
19. Coblentz, W. W. (1913): Nat. Bur. Stand. Bull. 9:283
20. Maulhardt, H., Kunath, D. (1982): Talanta 29:237
21. Messerschmidt, R. G. (1985): Appl. Spectrosc. 39:737
22. McKenzie, M. T., Culler, S. R., Koenig, J. L. (1984): Appl. Spectrosc. 38:786
23. Murthy, R. S. S., Blitz, J. P., Leyden, D. E. (1986): Anal. Chem. 58:3167
24. Venter, J. J., Vannice, M. A. (1988): Appl. Spectrosc. 42:1096
25. Richter, W., Erb, W. (1987): Appl. Opt. 26:4620
26. Willey, R. R. (1976): Appl. Spectrosc. 30:593
27. Reinecke, D., Jansen, A., Fister, F., Schernau, U. (1988): Anal. Chem. 60:1221
28. Nash, D. B. (1986): Appl. Opt. 25:2427
29. Spragg, R. A. (1984): Appl. Spectrosc. 38:604
30. Brimmer, P. J., Griffiths, P. R. (1986): Anal. Chem. 58:2179
31. Christy, A. A., Tvedt, J. E., Karstang, T. V., Velapoldi, R. A. (1988): Rev. Sci. Instrum. 59:423
32. Murthy, R. S. S., Leyden, D. E. (1986): Anal. Chem. 58:1228
33. Hamadeh, I. M., Yeboah, S. A., Trumbull, K. A., Griffiths, P. R. (1984): Appl. Spectrosc. 38:486

34. Schatz, E. A. (1966): J. Opt. Soc. Amer. 56:389
35. Brackett, J. M., Azarraga, L. V., Castles, M. A., Rogers, L. B. (1984): Anal. Chem. 56:2007
36. Kuehl, D. T., Griffiths, P. R. (1980): Anal. Chem. 52:1394
37. Kalasinsky, V. F., Smith, J. A. S., Kalasinsky, K. S. (1985): Appl. Spectrosc. 39:552
38. Conroy, C. M., Griffiths, P. R., Jinno, K. (1985): Anal. Chem. 57:822
39. Conroy, C. M., Griffiths, P. R., Duff, P. J., Azarraga, L. V. (1984): Anal. Chem. 56:2636
40. Kalasinsky, V. F., Whitehead, K. G., Kenton, R. C., Smith, J. A. S., Kalasinsky, K. S. (1987): J. Chromatogr. Sci. 25:273
41. Gagel, J. J., Biemann, K. (1986): Anal. Chem. 58:2184; (1987): Anal. Chem. 59:1266
42. Castles, M. A., Azarraga, L. V., Carreira, L. A. (1986): Appl. Spectrosc. 40:673
43. Robertsen, R. M., de Haseth, J. A., Kirk, J. D., Browner, R. F. (1988): Appl. Spectrosc. 42:1365
44. Shafer, K. H., Pentoney Jr., S. L., Griffiths, P. R. (1986): HRC CC, J. High Resolut. Chromatogr. Chromatogr. Commun. 7:707; (1986): Anal. Chem. 58:58
45. Velapoldi, R. A., Tvedt, J. E., Christy, A. A. (1987): Rev. Sci. Instrum. 58:1126
46. McKenzie, M. T., Koenig, J. L. (1985): Appl. Spectrosc. 39:408
47. Hamadeh, I. M., King, D., Griffiths, P. R. (1984): J. Catal. 88:264
48. Smyrl, N. R., Fuller Jr., E. L., Powell, G. L. (1983): Appl. Spectrosc. 37:38
49. Schultz, T. P., Glasser, W. G. (1986): Holzforschung 40 (Suppl.): 37
50. Wang, S. H., Griffiths, P. R. (1985): Fuel 64:229
51. Hamadeh, I. M., Griffiths, P. R. (1987): Appl. Spectrosc. 41:682
52. Blitz, J. P., Murthy, R. S. S., Leyden, D. E. (1986): Appl. Spectrosc. 40:829
53. Junker, A., Bergmann, G. (1974): Z. Anal. Chem. 272:267
54. Griffiths, P. R., Fuller, M. P. (1982) in: Clark, R. J. H., Hester, R. E. (eds.). Advances in Infrared and Raman Spectroscopy, Heyden & Son, London, vol. 9
55. Hattori, T., Shirai, K., Niwa, M., Murakami, Y. (1981): Bull. Chem. Soc. Jpn. 54:1964
56. Schultz, T. P., Templeton, M. C., McGinnis, G. D. (1985): Anal. Chem. 57:2867
57. Christy, A. A., Velapoldi, R. A., Karstang, T. V., Kvalheim, O. M., Sletten, E., Telnaes, N. (1987): Chemom. Intell. Lab. Syst. 2:199
58. Fredericks, P. M., Kobayashi, R., Osborn, P. R. (1987): Fuel 66:1603
59. Park, M. K., Yoon, H. R., Kim, K. H., Cho, J. H. (1988): Arch. Pharmacal. Res. 11:99
60. Holmgren, A., Norden, B. (1988): Appl. Spectrosc. 42:255
61. Yang, P. W., Mantsch, H. H., Kotlyar, L. S., Woods, J. R. (1988): Energy Fuels 2:26
62. Cheng, H. Y., Zuber, G. E. (1985): Anal. Chem. 57:100
63. Berthelot, M., Cornu, G., Daudon, M., Helbert, M., Laurence, C. (1987): Clin. Chem. [Winston-Salem, N.C.] 33:780
64. Suzuki, E. M., Gresham, W. R. (1986): J. Forensic Sci. 31:931; (1986): ebenda 31:1292; (1987): ebenda 32:377
65. Chalmers, J. M., Mackenzie, M. W. (1985): Appl. Spectrosc. 39:634
66. Coates, J. P., D'Agostino, J. M., Friedman, C. R. (1986): Am. Lab. [Fairfield, Conn.] 18:82

67. Kimmer, W., Metzner, K., Schönemann, M., Kunath, D. (1975): Plaste Kautschuk 22:330
68. Tsuge, A., Uwamino, Y., Ishizuka, T. (1986): Appl. Spectrosc. 40:310
69. Yeboah, S. A., Yang, W. J., Griffiths, P. R. (1981): Proc. SPIE-Int. Soc. Opt. Eng. (Int. Conf. Fourier Transform Infrared Spectrosc.) 289:118
70. Snyder, R. W. (1987): Appl. Spectrosc. 41:460
71. Nyquist, R. A., Putzig, C. L., Peterson, D. P. (1983): Appl. Spectrosc. 37:140
72. Gurka, D. F., Billets, S., Brasch, J. W., Riggle, C. J. (1985): Anal. Chem. 57:1975
73. Carlsson, D. J., Day, M., Suprunchuk, T., Wiles, D. M. (1983): J. Appl. Polym. Sci. 28:715
74. Cole, K. C., Noel, D., Hechler, J. J., Wilson, D. (1987): Mikrochim. Acta [Wien] I:291
75. Chase, D. B., Amey, R. L., Holtje, W. G. (1982): Appl. Spectrosc. 36:155
76. Yang, P. W., Casal, H. L. (1986): J. Phys. Chem. 90:2422; (1986): Appl. Spectrosc. 40:1070
77. Davies, J. A., Sood, A. (1984): Am. Lab. [Fairfield, Conn.] 16:122
78. Van der Velden, G., Kolfschoten-Smitsmans, G., Veermans, A. (1987): Polym. Commun. 28:169
79. Lee, J. Y., Moskala, E. J., Painter, P. C., Coleman, M. M. (1986): Appl. Spectrosc. 40:991
80. Fuller, M. P., Griffiths, P. R. (1980): Appl. Spectrosc. 34:533
81. Otto, A., Bode, U., Heise, H. M. (1988): Z. Anal. Chem. 331:376
82. Jinno, K. (1987): Chromatographia 23:55
83. Pentoney Jr., S. L., Shafer, K. H., Griffiths, P. R. (1986): J. Chromatogr. Sci. 24:230
84. Raymer, J. H., Moseley, M. A., Pellizzari, E. D., Velez, G. R. (1988): HRC CC, J. High Resolut. Chromatogr. Chromatogr. Commun. 11:209
85. Brown, P. R., Beauchemin Jr., B. T. (1988): J. Liq. Chromatogr. 11:1001
86. Zuber, G. E., Warren, R. J., Begosh, P. P., O'Donnell, E. L. (1984): Anal. Chem. 56:2935
87. Shafer, K. H., Griffiths, P. R., Wang, S. Q. (1986): Anal. Chem. 58:2708
88. Chalmers, J. M., Mackenzie, M. W., Sharp, J. L., Ibbett, R. N. (1987): Anal. Chem. 59:415
89. Klier, K. (1980): ACS Symp. Ser. 137 (Vib. Spectrosc. Adsorbed Species):141
90. Kazanskii, V. B., Zaitsev, A. V., Borovkov, V. Yu., Lapidus, A. L. (1988): Appl. Catal. 40:17
91. Venter, J. J., Vannice, M. A. (1987): J. Am. Chem. Soc. 109:6204
92. Denneulin, E., Brénard, C., Depecker, C., Legrand, P. (1988): Mikrochim. Acta [Wien] II:113
93. Depecker, C., Legrand, P., Sene, A., Wrobel, G. (1988): Mikrochim. Acta [Wien] II:119
94. Kazanskii, V. B. (1984): Stud. Surf. Sci. Catal. (Struct. React. Modif. Zeolites) 18:61
95. Zholobenko, V. L., Kustov, L. M., Borovkov, V. Yu., Kazanskii, V. B. (1988): Zeolites 8:175
96. Sunila, P. J. (1987): Finn. Chem. Lett. 14:102
97. Hattori, T., Nagata, E., Komai, S., Murakami, Y. (1986): J. Chem. Soc., Chem. Commun. 15:1217
98. Hoser, H., Innocenti, A., Riva, A., Trifiro, F. (1987): Appl. Catal. 30:11

99. Johnson, S. A., Rinkus, R. M., Diebold, T. C., Maroni, V. A. (1988): Appl. Spectrosc. 42:1369
100. Blyholder, G., Orji, L. (1987): Adsorpt. Sci. Technol. 4:1
101. Blitz, J. P., Murthy, R. S. S., Leyden, D. E. (1988): J. Colloid Interface Sci. 121:63
102. Davies, J. A., Sood, A. (1985): Makromol. Chem. 186:1631
103. Naviroj, S., Koenig, J. L., Ishida, H. (1985): J. Adhes. 18:93
104. Graf, R. T., Koenig, J. L., Ishida, H. (1984): Anal. Chem. 56:773
105. Wiedemann, G., Wustmann, B., Maulhardt, H., Kunath, D. (1984): Acta Polym. 35:584
106. Klimisch, H. M., Kohl, G. S., Sabourin, J. M. (1987): J. Soc. Cosmet. Chem. 38:247
107. Matienzo, L. J., Shah, T. K. (1986): SIA Surf. Interface Anal. 8:53
108. Berger, S. E., Desmond, C. T. (1983): Plast. Compd. 6:55
109. Nanzyo, M. (1984): J. Soil Sci. 35:63
110. Chatzi, E. G., Ishida, H., Koenig, J. L. (1986): Appl. Spectrosc. 40:847
111. Ianniello, R. M., Wieck, H. J., Yacynych, A. M. (1983): Anal. Chem. 55:2067
112. Kaiser, M. A., Chase, D. B. (1980): Anal. Chem. 52:1849
113. Fuchsgruber, A., Lindner, W., Dietl, R. (1988): Mikrochim. Acta [Wien] II:123
114. Xue, G., Liu, S., Jin, Y., Jiang, S. (1987): Appl. Spectrosc. 41:264
115. Urban, M. W., Chatzi, E. G., Perry, B. C., Koenig, J. L. (1986): Appl. Spectrosc. 40:1103
116. Culler, S. R., McKenzie, M. T., Fina, L. J., Ishida, H., Koenig, J. L. (1984): Appl. Spectrosc. 38:791
117. Fuller, M. P., Hamadeh, I. M., Griffiths, P. R., Lowenhaupt, D. E. (1982): Fuel 61:529
118. Fuller Jr., E. L., Smyrl, N. R. (1985): Fuel 64:1143
119. Huffman, G. P., Huggins, F. E., Dunmyre, G. R., Pignocco, A. J., Lin, M. C. (1985): Fuel 64:849
120. Smyrl, N. R., Fuller Jr., E. L. (1987): Appl. Spectrosc. 41:1023
121. Bates, J. B. (1978) in: Ferraro, J. R., Basile, L. J. (eds.) Fourier Transform Infrared Spectroscopy, vol. 1. Academic Press, New York, p. 99
122. Golden, W. G. (1985) in: Ferraro, J. R., Basile, L. F. (eds.) Fourier Transform Infrared Spectroscopy, vol. 4, Academic Press, Orlando/Fla., p. 315
123. Hayden, B. E. (1987) in: Yates Jr., J. T., Madey, T. E. (eds.) Vibrational Spectroscopy of Molecules on Surfaces. Plenum Press, New York, p. 267 (Methods of surface characterization, vol. 1)
124. Graham, J. A., Grim III, W. M., Fateley, W. G. (1985) in: Ferraro, J. R., Basile, L. J. (eds.) Fourier Transform Infrared Spectroscopy, vol. 4. Academic Press, Orlando/Fla., p. 346
125. Herres, W., Zachmann, G. (1984): Z. Anal. Chem. 319:701
126. Childers, J. W., Roehl, R., Palmer, R. A. (1986): Anal. Chem. 58:2629
127. Belton, P. S., Saffa, A. M., Wilson, R. H. (1987): Analyst [London] 112:1117
128. Story, W. C., Masujima, T., Liang, J., Liu, G., Eyring, E. M., Harris, J. M., Anderson, L. L. (1987): Appl. Spectrosc. 41:1156
129. Latimer, P., Noh, S. J. (1987): Appl. Opt. 26:514
130. Theiß, W. (1989): Optische Eigenschaften inhomogener Materialien. Dissertation, Aachen
131. TeVracht, M. L. E., Griffiths, P. R. (1989): Appl. Spectrosc. 43:1492
132. White, R. L., Nair, A. (1990): Appl. Spectrosc. 44:69

Instrumentelle Analytik in der industriellen pharmazeutischen Qualitätskontrolle

Prof. Dr. Ingo Lüderwald und Dr. Manfred Müller

Dr. Karl Thomae GmbH, Abteilung Qualitätskontrolle, Birkendorfer Straße, D-88400 Biberach/Riß

1	Einleitung	113
1.1	Instrumentelle Analytik	114
1.2	Häufigkeit und Umfang analytischer Prüfungen	114
2	Chromatographie	118
2.1	Hochdruck-Flüssigkeitschromatographie (HPLC)	118
2.2	Ionenchromatographie (IC)	121
2.3	Gaschromatographie (GC)	124
3	Spektroskopie	128
3.1	Spektroskopie im mittleren Infrarot (MIR)	128
3.2	Spektroskopie im nahen Infrarot (NIR)	135
3.3	Spektroskopie im Ultravioletten und sichtbaren Bereich (UV-Vis)	141
3.4	Atomabsorptionsspektroskpie (AAS)	144
3.5	Massenspektrometrie (MS)	151
4	Titrationen [Elektrometrische Methoden]	153
5	Sonstige Methoden	159
5.1	Thermoanalyse	159
5.2	Wirkstoff freisetzung	164
5.3	Weitere Methoden	166
6	Validierung	167
7	Literatur	169

1 Einleitung

Eine Grundforderung „für die Versorgung von Mensch und Tier mit Arzneimitteln ist, deren Qualität, Wirksamkeit und Unbedenklichkeit sicherzustellen" [1].

Während der Nachweis von Wirksamkeit und Unbedenklichkeit wesentlicher Bestandteil der Entwicklung eines Arzneimittels ist, wird durch analytische Methoden vor, während und nach der Herstellung von Arzneimitteln die qualitative und quantitative Übereinstimmung mit der registrierten Rezeptur gewährleistet.

Arzneimittel werden in Apotheken und industriellen pharmazeutischen Betrieben hergestellt, wobei sich die unterschiedlichen Herstell- und Abgabemengen besonders auf die Auswahl der erforderlichen analytischen Methoden auswirken. In der Apotheke ist bei kleiner Teilmenge eines einzelnen Arzneimittels die Zahl unterschiedlicher Produkte sehr groß, während in einem pharmazeutischen Industriebetrieb bei kleinerer Produktzahl viele Chargen mit Größen von zum Beispiel mehreren Millionen Tabletten hergestellt werden. Dieses unterschiedliche Mengengerüst analytischer Fragestellungen hat besonders in der pharmazeutischen Industrie zum verstärkten Einsatz automatisierter instrumenteller Methoden geführt.

1.1 Instrumentelle Analytik

Unter der etwas unscharfen Definition „Instrumentelle Analytik" verstehen wir heute die Anwendung physikalischer Methoden in der Analytischen Chemie, wobei auch diese Beschreibung klassische Methoden wie die Bestimmung eines Schmelzpunktes noch mit einschließt.

Charakteristisch für den Einsatz physikalischer Methoden ist, daß das analytische Ergebnis primär meist in Form einer elektrischen Meßgröße anfällt. Derartige Verfahren sind damit „DV-kompatibel", Meßwerte können schnell und automatisch registriert, berechnet und bewertet werden. Sofern das instrumentelle Verfahren auf einem physikalischen Vorgang wie zum Beispiel der Wechselwirkung zwischen dem Analyten und elektromagnetischer Strahlung (Spektroskopie) oder der Verteilung zwischen zwei Phasen (Chromatographie) beruht, so lassen sich Meßvorgang und Probenzufuhr in der Regel auch DV-unterstützt automatisieren.

Für die industrielle pharmazeutische Qualitätskontrolle sind alle automatisierbaren instrumentellen Methoden von besonderem Interesse, wenn große Probenzahlen zuverlässig und in kurzer Zeit geprüft werden müssen.

1.2 Häufigkeit und Umfang analytischer Prüfungen

Gesetzliche Vorgaben [2] und internationale Vereinbarungen [3, 4] legen fest, daß alle Ausgangsstoffe (Ausgangsstoffe für die Wirkstoffsynthese, Wirkstoffe, Hilfsstoffe, Lösungsmittel und Primärpackmittel) für die Herstellung von Arzneimitteln, sowie die pharmazeutischen Zubereitungen in den einzelnen Herstellungsstufen auf die geforderte Reinheit und Qualität zu prüfen sind.

Dies beinhaltet stets die Identitätsprüfung, Prüfung auf Gehalt und Reinheit, eventuell einschließlich mikrobieller Reinheit, sowie die Prüfung auf besondere Verunreinigungen (z.B. Schwermetalle, Restlösungsmittel). Organoleptische Prüfungen wie die Prüfung auf Farbe, Geruch, Aussehen ergänzen die instrumentellen Prüfungen. In Sonderfällen ist die Bestimmung der Partikelgröße und deren Verteilung erforderlich. Bei pharmazeutischen Zubereitungen (Arzneimitteln) sind auch physikalische Eigenschaften wie äußere Maße, Härte und Abrieb (bei festen Arzneiformen) oder die Viskosität und Klarheit der Lösung (bei flüssigen und halbfesten Arzneiformen) Qualitätsmerkmale.

Für jedes im Handel befindliche Arzneimittel legen spezifische Prüfungsvorschriften Prüfpunkte und Toleranzen, Häufigkeit und Umfang der analytischen Prüfungen fest. Diese Prüfungsvorschriften sind Bestandteile der bei den Behörden

Tabelle 1. Ausgewählte physikalische und physikalisch-chemische Prüfpunkte der europäischen (deutschen), amerikanischen und japanischen Pharmakopöen

Deutsche Prüfpunktbezeichnung	Ph.Eur.II DAB10	USP XXII	Pharmacopoeia of Japan XI
Amperometrie	V.6.13	⟨733⟩ loss on ignition	Electrometric titration
Asche[1]	V.3.2.16	⟨851⟩ spectrophotometry and light-scattering atomic absorption	Loss on ignition
Atomabsorptionsspektroskopie	V.6.17		Atomic absorption spectrophotometry
Atomemissionsspektroskopie (einschließlich Flammenphotometrie)	V.6.15		
Ausschlußchromatographie	V.6.20.5		
Bestimmung von Wasser durch Destillation	V.6.10	⟨921⟩ water determination azeotropic (toluene distillation) method	
Brechungsindex	V.6.5	⟨831⟩ refractive index	Refractive index
Chromatographie	V.6.20	⟨621⟩ chromatography	
Destillationsbereich	V.6.8	⟨721⟩ distilling range	Boiling point and distilling range
Dünnschichtchromatographie	V.6.20.2	⟨621⟩ thin-layer chromatography	Thin-layer chromatography
Elektrophorese	V.6.21	⟨726⟩ electrophoresis	
Erstarrungstemperatur	V.6.12	⟨651⟩ congealing temperature	Congealing point
Ethanol in flüssigen Zubereitungen	V.5.3	⟨611⟩ alcohol determination	Alcohol number
Färbung von Flüssigkeiten	V.6.2	⟨631⟩ color and achromicity	
Fluorimetrie	V.6.15	⟨851⟩ spectrophotometry and light-scattering fluorescence	Fluorometry
Flüssigchromatographie	V.6.20.4	⟨621⟩ pressurized liquid chromatography	Liquid chromatography
Gaschromatographie	V.6.20.3	⟨621⟩ gaschromatography	Gaschromatography
Gleichförmigkeit einzeldosierter Arzneiformen	V.5.2	⟨905⟩ uniformity of dosage units	Content uniformity
IR-Spektroskopie	V.6.18	⟨851⟩ spectrophotometry and light-scattering infrared	Infrared spectrophotometry
Karl-Fischer-Methode	V.3.5.6	⟨921⟩ water determination titrimetric method	Water determination (Karl Fischer method)
Kernresonanzspektroskopie	V.6.23	⟨761⟩ nuclear magnetic resonance	
Klarheit und Opaleszenz von Flüssigkeiten	V.6.1	⟨851⟩ spectrophotometry and light-scattering turbidimetry, nephelometry	

[1] Die genannten Prüfpunkte aus DAB 10 und USP XXII sind ausführungsähnlich, der Einsatzzereck unterschiedlich

Tabelle 1 (Forts.)

Deutsche Prüfpunktbezeichnung	Ph.Eur.II DAB10	USP XXII		Pharmacopoeia of Japan XI
Kristallinität		⟨695⟩	crystallinity	
Massenspektroskopie		⟨736⟩	mass spectrometry	
Optische Drehung	V.6.6	⟨781⟩	optical rotation	Optical rotation
Osmotischer Druck		⟨785⟩	osmolarity	
Papierchromatographie	V.6.20.1	⟨621⟩	paper chromatography	Paper chromatography
pH-Wert	V.6.3	⟨791⟩	pH	pH-determination
Polarographie		⟨801⟩	polarography	
Potentiometrie	V.6.14	⟨541⟩	titrimetry	Electrometric titration
Prüfung auf	V.2.1.1	⟨71⟩	sterility test	sterility test
Pyrogene	V.2.1.4	⟨151⟩	pyrogen test	Pyrogen test
Radioaktivität		⟨821⟩	radioactivity	
Ramanspektroskopie		⟨851⟩	spectrophotometry and light-scattering raman measurement	
Relative Dichte	V.6.4	⟨841⟩	specific gravity	Specific gravity
Röntgenstrahlbeugung		⟨941⟩	x-ray diffraction	
Schmelztemperatur	V.6.11	⟨741⟩	melting range or temperature	Melting point
Siebanalyse	V.5.5.1	⟨811⟩	powder fineness	
Siedetemperatur	V.6.9			Boiling point and distilling range
Teilchengrößenbestimmung	V.5.5	⟨811⟩	powder fineness	
Thermoanalyse	V.6.24	⟨891⟩	thermal analysis	
Trocknungsverlust	V.6.22	⟨731⟩	loss on drying	Loss on drying
UV-Vis-Spektroskopie	V.6.19	⟨851⟩	spectrophotometry and light-scattering ultraviolet, visible	spectrophotometry
Viskosität	V.6.7	⟨911⟩	viscosity	Viscosity
Wasserdampfdurchlässigkeit von Behältern		⟨671⟩	containers-permeation	
Wirkstofffreisetzung aus festen peroralen Arzneiformen	V.5.4	⟨711⟩	dissolution ⟨724⟩ drug release	Dissolution test
Wirkstofffreisetzung transdermale Systeme		⟨724⟩	drug release	
Zerfallszeit	V.5.1	⟨701⟩	disintegration	Disintegration test

Tabelle 2. Übersicht wichtiger Prüfpunkte und angewandte Methoden

Prüfpunkt	Methoden	Ausgangsstoff	Arzneiform fest	Arzneiform halbfest	Arzneiform flüssig	Bemerkung
Abmessungen	mechanisch		x			
Anomale Toxicität	biologisch	x	x	x	x	biotechn. Präparate, Antibiotika
Auflösegeschwindikgeit	UV, HPLC		x			schwerlösliche Arzneistoffe
Aufschüttelbarkeit	mechanisch				x	Suspensionen
Aussehen	organoleptisch	x	x	x	x	
Fremdpartikel	organoleptisch, optisch	x	x	x	x	insb. Parenteralia
Gleichförmigkeit d. Gehalts	UV, HPLC		x			niedrig dosierte Arzneiformen
Härte Druckfestigkeit	mechanisch					
Identität	HPLC, DC, GC, IR, NIR	x	x	x	x	Inprozeß-Prüfung
Keimzahl	mikrobiologisch	x	x	x	x	
Konservierungsmittelgehalt	HPLC, DC, GC, Polarographie			x	x	
Konservierungswirksamkeit	mikrobiologisch			x	x	
Konsistenz	mechanisch			x		
Lösungsmittelrückstand	GC	x	x			
Magensaftresistenz	UV, HPLC		x			
pH-Wert	potentiometrisch	x			x	
Pyrogene	Limulus Test, biologisch	x			x	Parenteralia
Relative Dichte	Wägung, Schwingungsmessung	x			x	
Restsauerstoffgehalt	GC				x	
Sterilität	biologisch	x	x	x	x	
Teilchengröße	Lichtstreuung, Mikroskopie	x		x	x	Parenteralia, Ophthalmika
Tonizität	Gefrierpunktserniedrigung				x	Suspensionen
Viskosität	mechanisch			x	x	
Wassergehalt	Karl-Fischer, GC, (Trocknungsverlust)	x	x	x		
Wirkstoffgehalt	HPLC, UV, DC, GC, Titration	x	x	x	x	
Wirkstoff-Freigabe	UV, HPLC		x	x	x	
Wirkstoffzersetzung	HPLC, DC, GC	x	x	x	x	
Zerfallszeit	mechanisch		x			

zu hinterlegenden Zulassungsdokumentation. Die verwendeten analytischen Verfahren und Methoden müssen validiert sein, das heißt, Richtigkeit, Wiederholbarkeit, Vergleichbarkeit und Störunanfälligkeit, sowie Bestimmungs- bzw. Nachweisgrenze müssen belegt sein [5].

Mit dem vorliegenden Beitrag wollen wir einen Überblick über die instrumentellen Analysenmethoden geben, die in der industriellen pharmazeutischen Qualitätskontrolle eingesetzt werden. Dem Praktiker sollen Anregungen gegeben werden, analytische Probleme in der Qualitätskontrolle auch mit Methoden anzugehen, die auf den ersten Blick vielleicht unkonventionell erscheinen.

Der Schwerpunkt der Ausführungen bleibt Anwendungsbeispielen vorbehalten, die mit einigen Meßkurven illustriert werden sollen. Diese sind meist so gewählt, daß unterschiedliche Meßtechniken, Detektionsarten oder chromatographische Trennungen beschrieben werden. Auch sollen einige alternative Analysentechniken aufgezeigt werden.

Den jeweiligen Kapiteln werden typische Anwendungen, Analysenzeiten, Analytkonzentrationen und Gerätekosten vorangestellt.

Die Vielfalt der Methoden macht eine erschöpfende Darstellung im Rahmen dieses Beitrages unmöglich, auch kann und soll dieser Beitrag Lehrbücher und Monographien nicht ersetzen. Die jeweiligen Grundlagen der Methoden werden nur knapp beschrieben und der Leser wird auf weiterführende Literatur verwiesen.

Die einführende tabellarische Übersicht soll ausgewählte Prüfpunkte aus bedeutenden Pharmakopoen zusammenfassen. Die Anforderungen der europäischen Pharmakopoe (Ph.Eur.II) werden in das Deutsche Arzneibuch (DAB 10) übernommen.

2 Chromatographie

2.1 Hochleistungsflüssigkeitschromatographie (HPLC)

In den letzten Jahren hat die HPLC [6] gegenüber allen konkurrierenden quantitativen Analysenmethoden bei der Gehaltsbestimmung der Wirkstoffe in pharmazeutischen Zubereitungen eine besondere Bedeutung erlangt. Innerhalb der HPLC dominiert dabei die Chromatographie an Umkehrphasen (reversed phase) kombiniert mit der UV-Detektion. Hierfür gibt es mehrere Ursachen:
1. Die UV-Bestimmung ist eine seit vielen Jahren gebräuchliche quantitative Bestimmungsmethode für Arzneimittel. Der Methoden entwickelnde Analytiker kann daher auf eine umfangreiche Datensammlung an Spektren von Wirk- und Hilfsstoffen zurückgreifen [7]. Aus der Kenntnis der Absorptionsmaxima und des Absorptionskoeffizienten lassen sich Detektierbarkeit und Nachweisgrenze schon vor der ersten Injektion abschätzen. Vergleichbar umfangreiche Informationen liegen für andere Detektoren, z.B. elektrochemische, nicht vor.
2. Durch die chromatographische Trennung wird die Bestimmung selektiv. Vielfach kann die HPLC-Bestimmung des Wirkstoffgehalts daher so ausgeführt

Tabelle 3. Hochdruckflüssigkeitschromatographie

typische Anwendungen	Wirkstoffgehalt in Arzneiformen
	Gehaltsbestimmung von Ausgangsstoffen
	Stabilitätsanalyse von Ausgangsstoffen und Arzneiformen
	chemische Reinheit von Ausgangsstoffen und Arzneiformen
typische Analyte	feste und flüssige meist organische, selten anorganische Substanzen
Detektion	UV-Vis für Substanzen mit Chromophor
	seltener fluorimetrische oder amperometrische Detektion
typische Analysenzeiten	quantitative Einzelanalyse inkl. Eichung: 1–3 Stunden
	quantitative Serienanalyse: 10 Minuten bis 1 Stunde
Probenvorbereitung	Lösen oder Extrahieren der Probe, Verdünnen, selten Derivatisieren
Eichung	gegen Referenzsubstanz oder Flächenprozentmethode
Messdauer	Einzelchromatogramm meist zwischen 5 bis 20 Minuten
Geräte	HPLC-Gerät aus Pumpe, Injektionsschleife, Trennsäule und Detektor: 25–100 TDM
	Autosampler ca. 10–25 TDM
	Integrator oder Chromatographiedatensystem 2,5–25 TDM
typischer Konzentrationsbereich	1–100 µg/ml (UV-Detektion)

werden, daß sie zugleich als Identitätsnachweis und Reinheitsbestimmung dient. Nötigenfalls können mit Hilfe der Diodenarraydetektionstechnik aufgenommene UV-Spektren der eluierenden Peaks sowohl die Identitätsaussage stützen wie die Selektivitätsaussage untermauern (Vergleich der UV-Spektren an Peakanfang, -maximum und -ende). Es sei hier angemerkt, daß bei der Reinheitsprüfung eines Fertigarzneimittels das Hauptaugenmerk arzneimittelstabilitätsrelevanten Zersetzungsprodukten gilt, weil die Begrenzung der möglichen Synthesenebenprodukte schon im Rahmen der Rohstoffkontrolle erfolgt. Sind die Arzneimittel konserviert, so kann auch das Konservierungsmittel gegebenenfalls im gleichen Chromatogramm mitbestimmt werden.

3. Die grundsätzliche Eignung eines Wirkstoffes für eine HPLC-Bestimmung ist seine Löslichkeit in einem HPLC-Fließmittel. Diese Eigenschaft ist systemisch wirksamen pharmazeutischen Wirkstoffen immanent, denn ohne eine Mindestlöslichkeit ist eine Verteilung im Körper nicht gewährleistet. Damit ist die Anwendbarkeit der HPLC auf eine wesentlich breitere Basis gestellt als die der konkurrierenden Gaschromatographie, denn eine unzersetzte Verdampfbarkeit eines Wirkstoffes ist keine Wirksamkeitsvoraussetzung. Diese Einschränkung der Gaschromatographie ist insofern bedauerlich, da die Trennleistung der Kapillargaschromatographie die der HPLC bei weitem übersteigt und die Gaschromatographie mit dem Flammenionisationsdetektor über einen noch universelleren Detektor verfügt, als es der UV-Detektor in der HPLC darstellt.

4. Die HPLC ist mit Hilfe von Autosamplern und der Chromatographie nachgelagerten Auswertesystemen (Integratoren oder Rechnern), wie übrigens auch die Gaschromatographie, leicht zu automatisieren. Solche Systeme können somit auch über Nacht oder an Wochenenden unbeaufsichtigt laufen.

Dies gilt nicht für die konkurrierende Methode der quantitativen Dünnschichtchromatographie, die wohl mit aus diesem Grund an Bedeutung verloren hat.
5. Mit der Entwicklung von chiralen Phasen wird die getrennte Quantifizierung von Enantiomeren [8] pharmazeutischer Wirkstoffe ermöglicht. Dies ist eine der wesentlichen Voraussetzungen bei neuen Arzeneimittelzulassungen, denn racemische Gemische werden von den Behörden zusehends als Wirkstoffgemisch eingestuft, bzw. wenn die Wirkung nur einem Enantiomeren zukommt, als nur 50% rein angesehen.

Abb. 1 zeigt den Ausschnitt aus einem Chromatogramm eines basischen Arzneimittels mit chiralem Kohlenstoffatom. Die Trennung erfolgte an einer 250 mm × 4,6 mm Chiralcel OD-Säule mit einem isokratischen Fließmittel aus 25% Ethanol und 75% mit 0,2% Diethylamin versetztem Hexan. Als Detektor wurde in der oberen Chromatogrammspur ein UV-Detektor bei 327 nm verwendet. Die Zuordnung zum links oder rechtsdrehenden Antipoden wird ohne Isolierung der Antipoden mittels eines ChiraMonitors ermöglicht. Aufgrund der niedrigeren Empfindlichkeit muß hierbei jedoch die Konzentration der Substanz erhöht werden.

Die Bestimmung des Enantiomerenanteils ist mittels der Chromatographie an chiralen Phasen mit wesentlich geringerem Substanzbedarf möglich, als dies die Bestimmung der optischen Drehung, wie sie im Arzneibuch beschrieben ist [9], erlaubt. Durch die Kombination empfindlicher Detektionsmethoden wie z.B. Fluoreszenzdetektion und HPLC-Trennung an chiralen Phasen läßt sich die Bestimmungsgrenze soweit absenken, daß die Pharmakokinetik der Enantiomere von Wirkstoffen bestimmt werden kann [10].

Ein Problem, mit dem sich der HPLC-Anwender auseinandersetzen muß, ist die Variabilität der chromatographischen Eigenschaften der HPLC-Säulen. Auch bei gleicher Phasen-Bezeichnung der HPLC-Trennsäule und gleichen

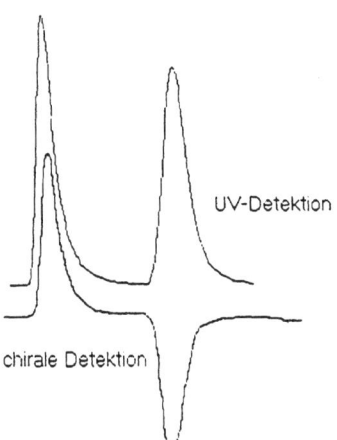

Abb. 1. HPLC-Chromatogramm eines Enantiomerengemisches (25 cm. 4,6 mm i.D. Chiralcel OD-Säule, mobile Phase: Ethanol: 0,2% Diethylamin in Hexan = 25:75)

physikalischen Dimensionen ist ein Wechsel von einem Säulenhersteller zu einem anderen nahezu immer mit Problemen verbunden. Verbindungen, die bei der Entwicklung der Methode problemlos getrennt wurden, können nach Säulenwechsel koeluieren. Selbst die Variabilität von Säulencharge zu Säulencharge eines Herstellers kann eine Anpassung der chromatographischen Bedingungen erfordern. Dieses Problem wurde in letzter Zeit von den Säulenherstellern erkannt. [11] Eine Einschränkung dieser Variabilität gilt als Marketingargument. Erkannt haben dieses Problem auch die Autoren des 1. Nachtrags zum DAB 9. Neben die üblichen Referenzsubstazen mit möglichst hoher Reinheit stellten sie daher „Chemische Referenzsubstanzen zur Eignungsprüfung (CRS)", die beim Technischen Sekretariat der Europäischen Arzneibuch-Kommission bezogen werden können. Diese „Verunreinigungsstandards" [12] enthalten neben der namentlich bezeichneten Hauptsubstanz noch definierte Verunreinigungen mit chemisch verwandten Substanzen. In der Arzneibuchmonographie wird eine klare Abtrennung dieser Verbindungen gefordert. Nötigenfalls ist die mobile Phase anzupassen.

Dies zeigt, daß ein starres Festschreiben der Analysenbedingungen bei der HPLC nicht möglich ist. HPLC-Bedingungen müssen als Richtwerte angesehen werden, die von einem kritischen Analytiker seinen Gegebenheiten angepaßt werden müssen. Neben den geschilderten Unterschieden der HPLC-Säulen können auch bauartbedingte Unterschiede der HPLC-Geräte Überarbeitungen der Analysenmethode auslösen. Besonders deutlich wird dies in Erscheinung treten, wenn mit Lösungsmittelgradienten gearbeitet wird. Unterschiedliche Pumpen- und Mischsysteme (Niederdruck/Hochdruck) sowie unterschiedliche Volumina der Zuleitungen und Mischkammern führen bei gleich programmierten Gradienten zu unterschiedlichen zeitlichen Verläufen in der Trennsäule.

2.2 Ionenchromatographie (IC)

Die Ionenchromatographie [13] wurde zuerst von Small et al. [14] beschrieben. Die Trennung der zu bestimmenden Anionen and Kationen beruht in der Regel auf Ionenaustauschvorgängen, bei der Bestimmung organischer Säuren treten auch Ionenausschlußeffekte in Erscheinung.

Die gebräuchlichsten Detektionsmethoden sind die Leitfähigkeitsdetektion und die indirekte UV-Absorptions-Detektion. Die Leitfähigkeitsdetektion selbst gliedert sich nochmals auf in die sog. suppressed ion chromatography und die non-suppressed ion chromatography. Bei der suppressed ion chromatography folgt der analytischen Austauschersäule eine zweite, die sog. Supressor-Säule. Diese setzt durch Ionenaustausch die Grundleitfähigkeit des Eluenten herab und ermöglicht so die Leitfähigkeitsdetektion. Im Falle des häufig für die Anionenbestimmung verwendeten Carbonat/Hydrogencarbonat-Eluenten wird als Supressor ein Kationenaustauscher in der Protonenform verwendet der die Carbonat und Hydrogencarbonationen durch Protonierung in nahezu undissoziierte Kohlensäure überführt.

Tabelle 4. Ionenchromatographie

typische Anwendungen	Wirk- und Hilfsstoffgehalt in Arzneiformen
	Wassergüte
typische Analyte	anorganische und organische Anionen und Kationen
Detektion	Leitfähigkeit
	indirekte oder direkte UV-Vis-Bestimmung evtl. mit Nachsäulenderivatisierung
typische Analysenzeiten	quantitative Einzelanalyse inkl. Eichung: 1–3 Stunden
	quantitative Serienanalyse: 15 Minuten bis 1 Stunde
Probenvorbereitung	Lösen oder Extrahieren der Probe, Verdünnen
Eichung	gegen Referenzsubstanz
Messdauer	Einzelchromatogramm meist zwischen 5 bis 20 Minuten
Geräte	IC-Gerät aus Injektor, Trennsäule, Säulenofen und Detektor: 25–100 TDM
	Autosamler ca. 10–25 TDM
	Integrator oder Chromatographiedatensystem 2,5–25 TDM
typischer Konzentrationsbereich	1–100 µg/ml anorganische Anionen und Kationen (Leitfähigkeits-Detektion)
	10–200 µg/ml Anionen organischer Säuren (Leitfähigkeits-Detektion)

Bei der erstmals 1979 beschriebenen non-suppressed ion chromatography [15] oder Einsäulenionenchromatographie benutzt man analytische Säulen mit niedriger Austauschkapazität und kann daher auch Eluenten mit niedriger Ionenstärke benutzen, ohne die Analysenzeiten zu verlängern. Die Grundleitfähigkeit wird elektronisch kompensiert. Da die Änderung der Leitfähigkeit bei Eluation eines zu bestimmenden Ions gegenüber der Grundleitfähigkeit des Eluenten, sehr klein ist, werden an die Temperaturkonstanz des Fießmittels und die Pulsationsfreiheit der Pumpen höhere Anforderungen gestellt, als dies bei der HPLC mit UV-Detektion nötig ist. Ein Einsatz von herkömmlichen HPLC-Geräten ist daher nicht generell möglich. Typische Eluenten in der Einsäulenionenchromatographie sind Benzoate oder Phthalate.

Benzoate oder Phthalate werden auch in der Ionenchromatographie mit indirekter UV-Detektion verwendet. Hierbei wird die Absorption des Eluenten erniedrigt, sobald ein Probenanion in den Detektor gelangt.

Die Ionenchromatographie bietet in der analytischen Praxis zunehmend eine Alternative zur Atomabsorptionsspektroskopie. Gegenüber dieser hat sie den Vorteil der Simultanbestimmung mehrerer Kationen (s. Abb. 2) bzw. Anionen. Deutlich sichtbar wird dies insbesondere bei der Analytik von Infusionslösungen. Als Probenvorbereitung genügt der Ionenchromatographie sowohl für die Anionen wie für die Kationen eine Verdünnung von 1:10 bis 1:100. Inklusive Kalibrierung kann die Bestimmung der Alkali- und Erdalkaliionen einer Infusionslösung bei Mehrfachinjektion der Probe und des Standards in etwa 2 Stunden erfolgen. Die in einigen Infusionslösungen in hohen Konzentrationen enthaltenen Zucker Glucose und Fructose und Zuckeralkohole Sorbit und Mannit stören die Bestimmung nicht. Enthält die Infusionslösung jedoch Aminosäuren, so kann es zu Peaküberlagerungen kommen; in diesen Fällen ist die Atomabsorptionsspektrometrie selektiver.

Instrumentelle Analytik in der industriellen pharmazeutischen Qualitätskontrolle 113

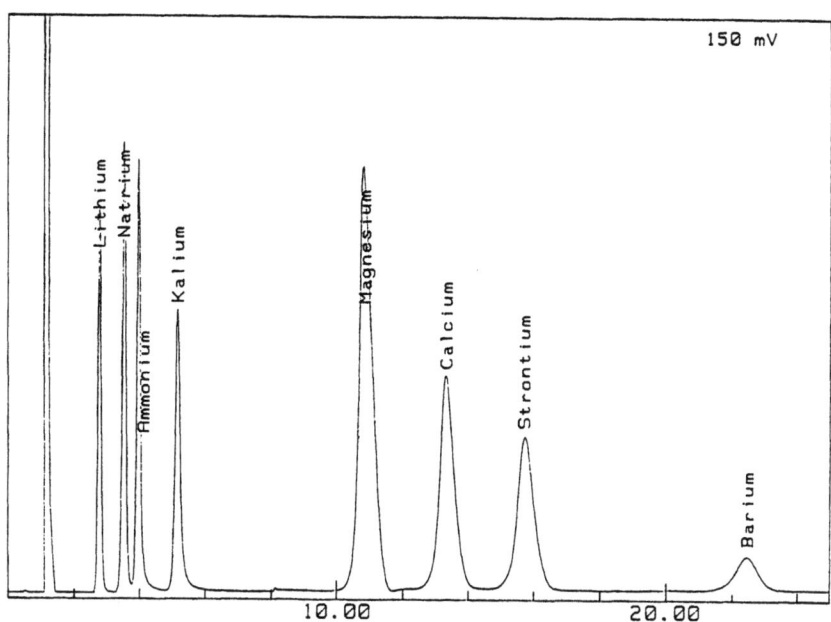

Abb. 2. Ionenchromatogramm (SCIC) ein- und zweiwertiger Kationen (12,5 cm × 4,0 mm i.D. Supersep, mobile Phase: 5 mmol/l Weinsäure, Detektion: Leitfähigkeit)

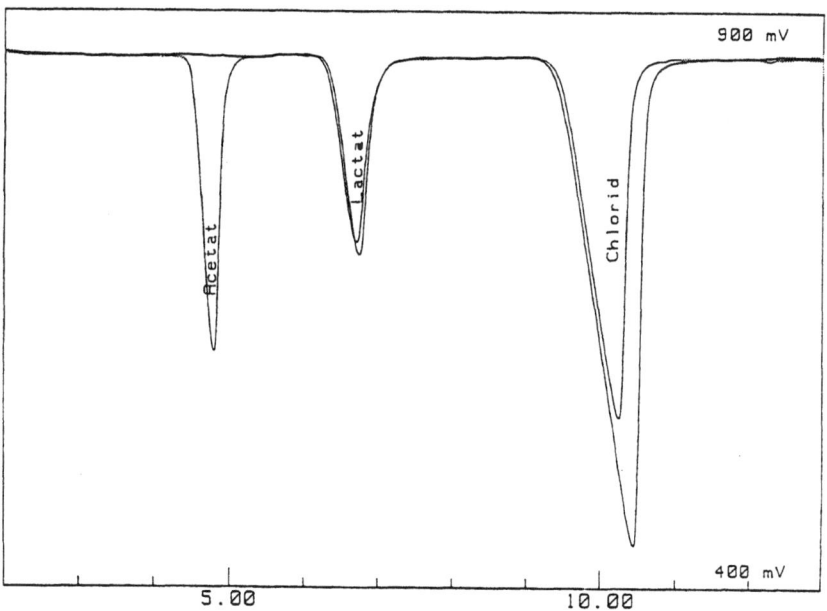

Abb. 3. Ionenchromatogramm (SCIC) einwertiger Anionen einer Infusionslösung (12,5 cm × 4,0 mm i.D. PRP-X, mobile Phase: 0,3 mmol/l Phthalsäure in 30% igem Acetonitril, pH 5,5, Detektion: indirekte UV-Detektion bei 230 nm). Oberes Chromatogramm: Eichlösung mit Acetat, Lactat und Chlorid, unteres Chromatogramm: 2 ml Ringer-Lactat-Infusionslösung auf 100 ml verdünnt.

Die in Infusionslösungen typischerweise enthaltenen anorganischen und organischen Anionen Chlorid, Phosphat, Lactat und Acetat lassen sich an einem Styrol-Divenylbenzol-Harz, dessen Oberfläche quarternäre Ammoniumgruppen trägt, mit Eluenten aus Kaliumhydrogenphthalat Puffern und 30% Acetonitril als organischem Modifier, trennen [16] (Abb. 3). Dabei soll neben den als Ionenaustauscher wirkenden Ammoniuumgruppen auch underivatisierte Teile der Polymeroberfläche als Umkehrphase an der Trennung beteiligt sein. Die Detektion erfolgt als indirekte UV-Detektion durch Verminderung der Absorption des Eluenten.

2.3 Gaschromatographie (GC)

Im Rahmen der Substanzanalytik dient die Gaschromatographie sowohl als Methode der Identitätsprüfung wie zur Bestimmung der Reinheit und des Gehaltes. Wie in der HPLC lassen sich auch mittels Gaschromatographie Enantiomere trennen [17]. Prädestiniert für die gaschromatographische Analytik [18, 19] sind dabei Lösungsmittel, aber auch zahlreiche Syntheseausgangsstoffe besitzen hinreichende Flüchtigkeit und thermische Stabilität, um gaschromatographisch charakterisiert zu werden. Aus diesen Gründen läßt sich die Gaschromatographie auch im Rahmen der Bestimmung der „possible impurities" einsetzen. Abb. 4 zeigt die Prüfung auf Ethylenoxidreste aus der Synthese eines nichtionischen Emulgators. Die gleiche Methode eignet sich zur Prüfung auf Sterilisationsrückstände.

Tabelle 5. Gaschromatographie

typische Anwendungen	chemische Reinheit von Ausgangsstoffen
	Rückstandsanalytik in Ausgangsstoffen und Arzneiformen
	Gehaltsbestimmung von Wirk- und Hifsstoffen in Arzneiformen
typische Analyte	gasförmige oder verdampfbare flüssige oder feste organische, seltener anorganische Substanzen
Detektion	FID für Substanzen mit „brennbarem" Kohlenstoffatom
	WLD universell für alle anorganischen und organischen Verbindungen
	ECD für halogenhaltige Verbindungen
typische Analysenzeiten	quantitative Einzelanalyse inkl. Eichung: 1–3 Stunden
	quantitative Serienanalyse: 15 Minuten bis 1 Stunde
Probenvorbereitung	Lösen oder Extrahieren der Probe, Verdünnen, selten Derivatisieren
Eichung	gegen Referenzsubstanz oder Flächenprozentmethode
Messdauer	Einzelchromatogramm meist zwischen 5 bis 20 Minuten
Geräte	GC-Gerät aus Injektor, Trennsäule, Säulenofen und Detektor: 25–100 TDM
	Autosampler ca. 10–15 TDM
	Integrator oder Chromatographiedatensystem 2,5–25 TDM
typischer Konzentrationsbereich	0,1 µg/ml bis unverdünnte Probe (FID-Detektion)
	0,05 ng/ml (ECD-Detektion)
	(20 ng-) 1 µg/ml (MS-Gesamtspektrum)
	1 ng/ml (MS-Selected Ion Monitoring)

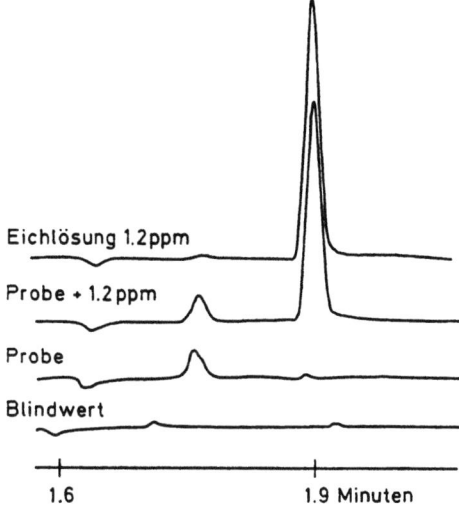

Abb. 4. Bestimmung von Ethylenoxidresten in Emulgatoren durch Head-space-Gaschromatographie (50 m × 0,53 mm i.D. CB-Sil 5 (2 µm), isotherm 60°; Detektion: FID)

Als Beispiele aus neueren Arzneibüchern seien hier die Bestimmung von Anillin, Cyclo- und Dicyclohexylamin in Natriumcyclamat nach DAC 1986, 3. Lieferung 1988, und von 2- und 4-Toluolsulfonsulfonamid in Saccharin-Natrium nach DAB 9 genannt. In beiden angeführten Beispielen handelt es sich um Spurenanalysen mit Limitierung der Verunreinigung auf 10 ppm bzw. 1 ppm (Anilin und Dicyclohexylamin). Zur Anreicherung der Verunreinigungen beschreiben die Monographien Ausschüttelungen in Dichlormethan mit nachfolgender Einengung. Injiziert wird in beiden Fällen auf mit Kieselgur gepackte Trennsäulen von 2 m Länge und etwa 2 mm Innendurchmesser. Dies ist heute nicht mehr Stand der Technik. In der industriellen pharmazeutischen Analytik setzen sich zusehends Quarzkapillarsäulen mit Längen von 10 bis 30 m, Innendurchmessern von 0,25 bis 0,53 mm und Filmdicken von 0,2 bis 2 µm durch (Abb. 5).

Diese Kapillarsäulen besitzen wesentlich bessere Trennleistungen. Dadurch werden nicht nur verwandte Verbindungen besser getrennt, also die Selektivität und damit die Richtigkeit verbessert, sondern auf Grund der schmaleren und damit höheren Peaks auch die Empfindlichkeit wesentlich gesteigert. Erkauft wird dies mit einer geringeren Belastbarkeit der Säulen mit Analyten; die typische Kapazität von 10 µg/Peak bei gepackten Säulen fällt auf < 50 ng/Peak bei niedrig belegten Kapillarsäulen. Damit entsprechend geringe Substanzmengen in die Kapillarsäule gelangen, bedient man sich der Splitinjektionstechnik. Dabei wird der Trägergasstrom hinter dem Injektor aufgeteilt und nur ein Bruchteil davon auf die Trennsäule geleitet, während der größere Teil durch ein Nadelventil entweicht. Typisch sind Splitverhältnisse von 1:10 bis 1:50.

Die geringen Substanzmengen lassen auch Ab- und Adsorptionseffekte im chromatographischen System, insbesondere für polare Substanzen, in Erscheinung treten. Diese sogenannten Aktivitäten treten je nach Betriebsbedingungen früher

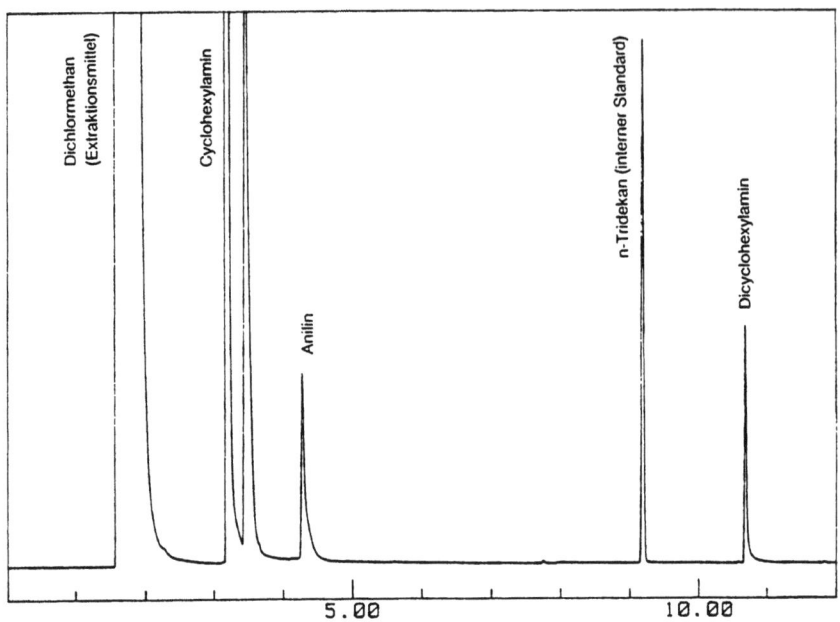

Abb. 5. Gaschromatographische Bestimmung von Verunreinigungen in Natriumcyclamat (15 m × 0,32 mm i.D. DB 1 (0,25 μm), Säulentemperatur initial 60 °C, Temperaturprogramm 10°/min bis 260°, Detektion: FID)

oder später auf und zeigen sich als „tailing" der Peaks (Abb. 5: Anilin und Dicyclohexylamin im Vergleich zu n-Tridekan), können jedoch auch zu völligem Verschwinden von Peaks führen. Die Eignung des gaschromatographischen Systems muß daher in geeigneter Weise nachgewiesen werden. Beim Grob-Test wird zu diesem Zweck eine Lösung verschiedener Verbindungen aus unterschiedlichen Substanzklassen injiziert. Die Konzentrationen dieser Verbindungen sind so abgestimmt, daß sie mit dem Flammenionisationsdetektor gleiche Peakflächen ergeben. Ist die Kapillarsäule aktiv, so erniedrigt sich die relative Peakfläche der unterdrückten Verbindung im Vergleich mit einer nicht unterdrückten Verbindung. „Aktive" Säulen lassen sich teilweise regenerieren; andernfalls sind sie nur noch für spezielle Zwecke einzusetzen.

Die größte Lebensdauer haben Trennsäulen, die für die Head-Space-Gaschromatographie eingesetzt werden. Bei dieser speziellen Injektionstechnik wird die Probe in einem gasdicht verschlossenem Gefäß meist bei erhöhter Temperatur einige Zeit equilibriert. Anschliessend wird ein Teil des über der Probe vorhandenen Gasraums injiziert. Weil dabei nur gasförmige Substanzen in das chromatographische System gelangen, wird das System nur gering belastet. Die Head-space-Technik ist gleichermaßen prädestiniert für die Bestimmung von Restlösemitteln aus der Substanzsynthese als auch von flüchtigen Anteilen aus der Produktion pharmazeutischer Zubereitungen (Granulierung, Dragierung,

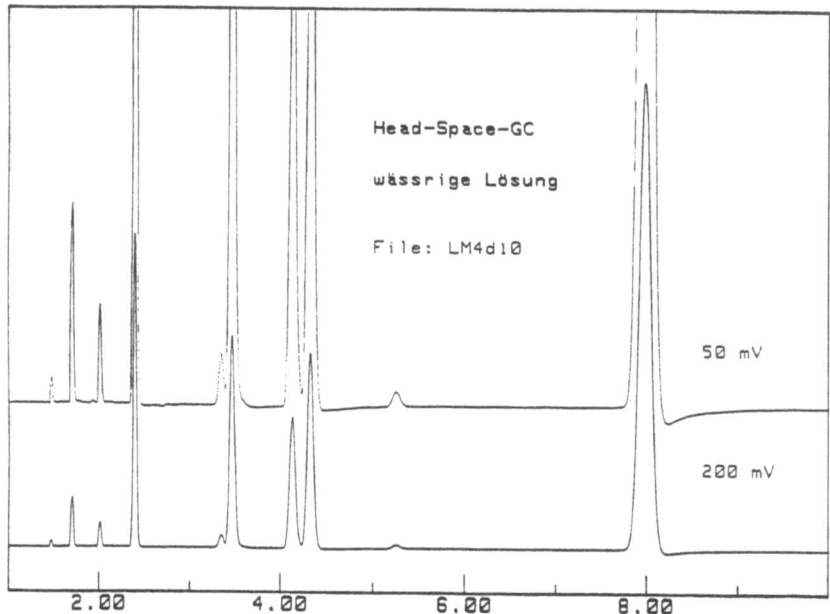

Abb. 6. Bestimmung von Restlösemitteln mittels Head-space-Gaschromatographie (50 m × 0,53 mm i.D. CB-Sil 5 (2 μm), 60° für 8 min dann mit 5°/min auf 120°, Detektion: FID; die angegebenen Konzentrationen beziehen sich auf eine Probeneinwaage von 100 mg Probe in 1 ml Wasser, Peaks von links nach rechts: unbekannt, Methanol 200 ppm, Acetonitril 20 ppm, Dichlormethan 200 ppm, Chloroform 20 ppm, Isobutanol 200 ppm, 1-Butanol 200 ppm, Benzol 40 ppm, Dioxan 40 ppm, Toluol 200 ppm)

etc.). Insbesondere bei Benutzung von Dickfilmkapillaren eignet sie sich hervorragend als Screeningmethode zur gleichzeitigen Bestimmung mehrerer toxischer Lösungsmittelreste im ppm-Bereich.

Da die zu bestimmenden Verbindungen bei der Head-space-Gaschromatographie bereits gasförmig in den Injektor gelangen, läßt sich der Trägergasstrom problemlos teilen. So kann die Probe simultan auf 2 unterschiedliche Trennsäulen injiziert werden, die wiederum an unterschiedliche Detektoren angeschlossen sind. Auf diese Weise lassen sich grundverschiedene Verunreinigungen in um Größenordnungen verschiedenen Konzentrationen bestimmen. Abbildung 7 zeigt die Bestimmung von 0,13 ppm Trichlorethylen und 1,2 ppm Dichlormethan neben 0,16% Aceton im Rahmen einer In-Process-Kontrolle. Aceton wird dabei mit dem nahezu universell detektierenden Flammenionisationsdetektor bestimmt, für die halogenierten Verbindungen wird der Elektroneneinfangdetektor eingesetzt.

Die Kombination leistungsfähiger Kapillargaschromatographie mit moderner Datenverarbeitung und statistischen „pattern recognition"-Algorithmen eröffnet seit wenigen Jahren der Gaschromatographie eine interessante Anwendung in der mikrobiologischen Diagnostik [20]. Dabei werden die zellulären Fettsäuren durch Hydrolyse der Zellen mit Natronlauge bei 100 °C innerhalb

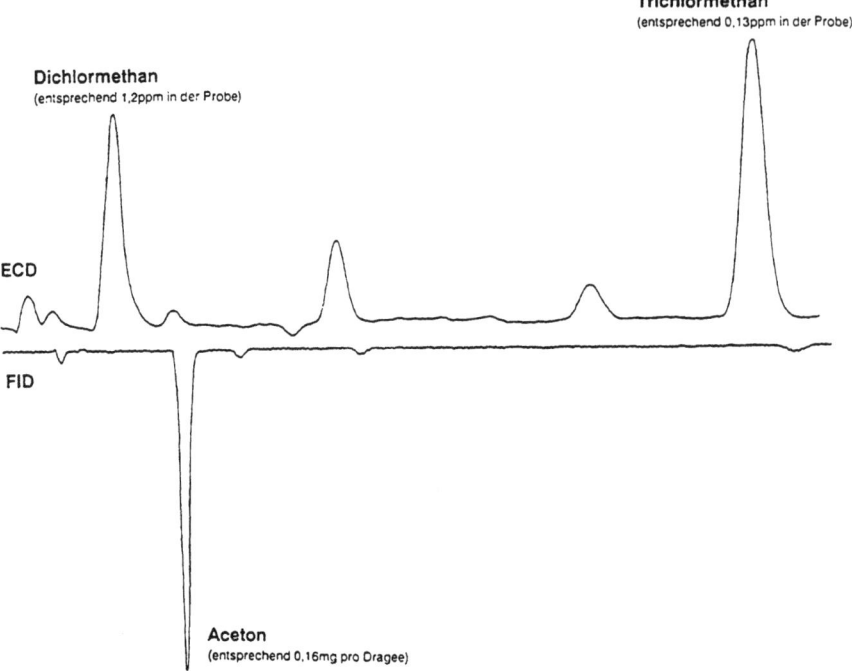

Abb. 7. Simultane Bestimmung von Restlösemitteln mit erheblichen Konzentrationsunterschieden durch Aufteilung des Trägergasstromes auf 2 Kapillarsäulen und Wechsel des Detektors (Probe in DMF; Temperierung vor Injektion 45 Minuten; isotherme Chromatographie bei 90°; oberes Chromatogramm: 25 m × 0,53 mm (2 µm) OV 1 Detektion ECD, unteres Chromatogramm 50 m × 0,53 mm i.D. CB-Sil 5 (2 µm), Detektion FID)

von 30 Minuten freigesetzt. Anschließebnd werden sie unter saurer Katalyse in ihre Fettsäuremethylester überführt. Nach Ausschütteln in Hexan und Einengen ergeben sich bei quantitativer und qualitativer Auswertung des Kapillarchromatogramms der sogenannten BAMES (bacterial acid methyl esters) charakteristische Muster für die verschiedenen Spezies. Mit Hilfe dieser Technik läßt sich der Zeitbedarf einer Keimidentifizierung gegenüber der klassichen mikrobiologischen Technik beträchtlich verkürzen und automatisieren.

3 Spektroskpie

3.1 IR-Spektroskopie im mittleren Infrarot (4000 cm^{-1} bis 200 cm^{-1}) (MIR)

IR-Spektren [21] werden zur Sicherung der Identität in der industriellen Praxis von nahezu jedem organischen Wirkstoff, den allermeisten Hilfsstoffen und in steigendem Maße von Primärpackmitteln aufgenommen. Identität wird dann

Tabelle 6. Infrarotspektroskopie

typische Anwendungen	Identitätsprüfung von Wirk- und Hilfsstoffen sowie Primär-Packmitteln
typische Analyte	(meist) organische Substanzen, fest, flüssig oder gasförmig
Detektion	Absorption elektromagnetischer Strahlung im Bereich von 4000–400 (200) cm^{-1} entsprechend 2,5 μm–25 (50) μm
typische Analysenzeiten	Einzelanalyse inkl. Dokumentation ca. 20 Minuten
Probenvorbereitung	feste Proben mit KBr verreiben und verpressen oder mit Nujol verreiben; flüssige Proben in Küvetten füllen oder als Film zwischen NaCl-Scheiben auftragen; gasförmige Proben in Gasküvette füllen
Eichung	Erstmessung gegen Referenzsubstanz
Messdauer	ca. 5 Minuten bei dispersiven IR-Geräten, einige Sekunden bei FTIR-Geräten
Geräte	IR-Gerät aus Lichtquelle, Probenraum, optischem System mit Monochromator (Gittergerät) oder Interferometer (FT-Gerät), Detektor, Bildschirm, Schreiber oder Plotter: 25–65 TDM (Gittergerät), 45–145 TDM (FTIR)
typischer Konzentrationsbereich	1–3 mg/300 mg Kaliumbromid ca 1 μg Absolutmenge möglich bei Mikropreßtechnik und Einsatz eines Beamkondensers (Gitterg.), FTIR < 1 μg

angenommen, wenn Probe und Referenzsubstanz Maxima bei denselben Wellenzahlen mit den gleichen relativen Intensitäten zeigen. Nach Weitkamp und Wortig ist diese Übereinstimmung für sich allein ausreichend, um die Identität einer Substanz zu garantieren [22]. Diese Ansicht wird durch Spektren wie die von Tetracyclinhydrochlorid und Oxytetracyclinhydrochlorid (siehe Abbildung 8), die sich anhand der Schulter bei 3550 cm^{-1} (O-H-Streckschwingung) leicht

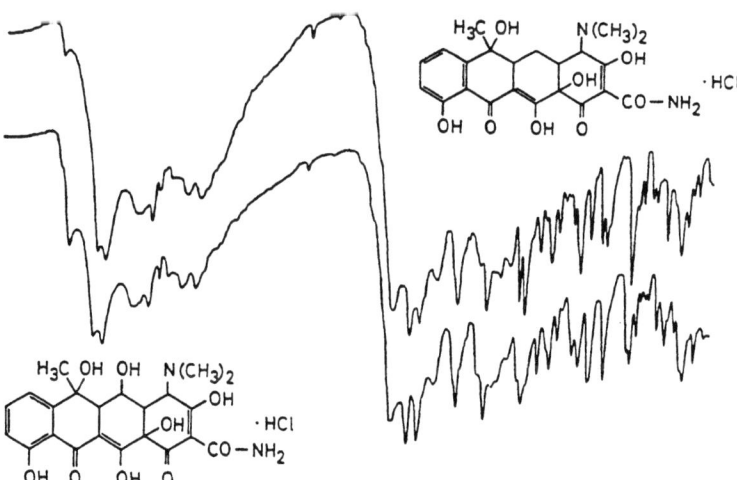

Abb. 8. Infrarotspektren von Tetracyclin (oben) und Oxytetracyclin (unten) aufgenommen als KBr-Preßlinge (Konz. etwa 3 mg/300 mg KBr) dargestellt in Transmission im Bereich von 4000 cm^{-1} bis 600 cm^{-1}

unterscheiden lassen, nachhaltig unterstützt. Zweifel an dieser Aussage sind für die Unterscheidbarkeit von Aminoglykosidantibiotika angemeldet worden. In der pharmazeutischen Praxis wie im Arzneibuch hat es sich eingebürgert, die IR-Spektren lediglich als ein Identitätskriterium anzusehen, das durch ein weiteres, z.B. den Schmelzpunkt, ergänzt werden muß.

Zu quantitativen Analysen wird die IR-Spektroskopie – bisher – nur selten benutzt.

Entscheidend für die Qualität von IR-Spektren ist eine gute Probenpräparation. Das Arzneibuch beschreibt daher eine Vielzahl von Techniken, die eine flexible Anpassung an die Probe erlauben.

Feste Substanzen werden, wenn möglich, als Preßling in Kaliumbromid oder -chlorid gemessen. Mit dieser Präparationstechnik können auch Unterschiede in den Kristallmodifikationen von Substanzen als geringfügige Abweichungen im sogenannten Fingerprintbereich von $1300\,cm^{-1}$ bis $600\,cm^{-1}$ erkannt werden. Diese Modifikationsunterschiede sind u.U. von großer Bedeutung für die Auflösegeschwindigkeit von Wirkstoffen und damit die Bioverfügbarkeit. Weitere Gründe für Unterschiede in Spektren von Preßlingen sind verschiedene Teilchengrößen von Referenzmuster und Probe oder unterschiedliche Hydrat- oder Solvatanteile der Substanzen.

Ist eine sichere Identifizierung in diesen Fällen nicht möglich, weil entsprechende Vergleichsspektren nicht vorliegen, so müssen Probe- und Referenzsubstanz entweder nach Lösen und Eindampfen erneut als Preßling oder als Lösungsspektren gemessen werden.

Ebenfalls als „Preßlinge", jedoch ohne Zusatz eines Halogenids, lassen sich verschiedene Kunststoffe messen. Diese werden unter Druck, mit oder ohne Anwendung von Wärme, zu dünnen Filmen gepreßt. Die so erhaltenen IR-Spektren dienen sowohl als Identitäts- wie Reinheitskriterium des Kunststoffs. Abb. 9 zeigt Spektren von eingefärbten Polyethylenflaschen. Im oberen Spektrum ist die Verunreinigung mit einem als Gleitmittel eingesetzten Stearat anhand der Absorptionsbanden bei 1550 und 1400 Wellenzahlen zu erkennen.

Gebräuchlich ist auch die Verreibung der Probe mit flüssigem Paraffin. Die entstehende Paste wird danach zwischen zwei IR-durchlässige Platten gepresst und in den Strahlengang gebracht. Nachteilig an dieser Präparationsweise sind die störenden C-H-Absorptionsbanden des Paraffins bei 2900, 1450, 1380 und $750\,cm^{-1}$, die das Substanzspektrum komplett überdecken.

Flüssigkeiten werden als Film zwischen IR-durchlässigen Platten, z.B. Kochsalzscheiben gemessen oder in geeigneten Küvetten. Diese Film-Technik ist auch zur Aufnahme von Spektren niedrig schmelzender Substanzen geeignet. Die leicht über den Schmelzpunkt erwärmte Probe wird dazu auf eine Kochsalzscheibe aufgetropft und mit einer zweiten Kochsalzscheibe zu einem gleichmäßigen Film gequetscht. Abbildung 10 zeigt nach dieser Technik aufgenommene Spektren von Emulgatoren der Sorbitanfettsäureesterfamilie. Trotz der großen strukturellen Verwandschaft sind die drei Ester im IR-spektrum unterscheidbar. Im Spektrum des Sorbitanmonostearates (oben) fällt eine breite Absorptionsbande auf die durch die C-O-Streckschwingung der beiden freien sekundären Hydroxylgruppen

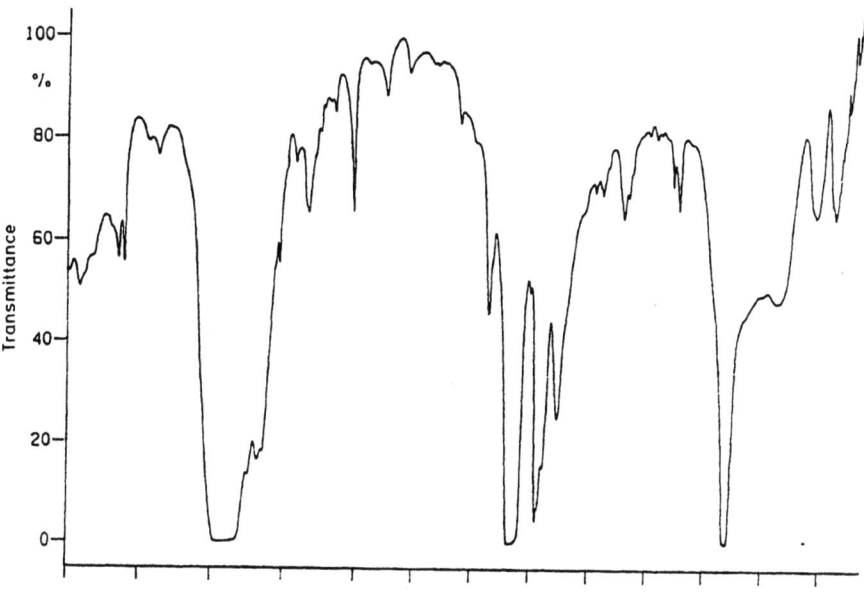

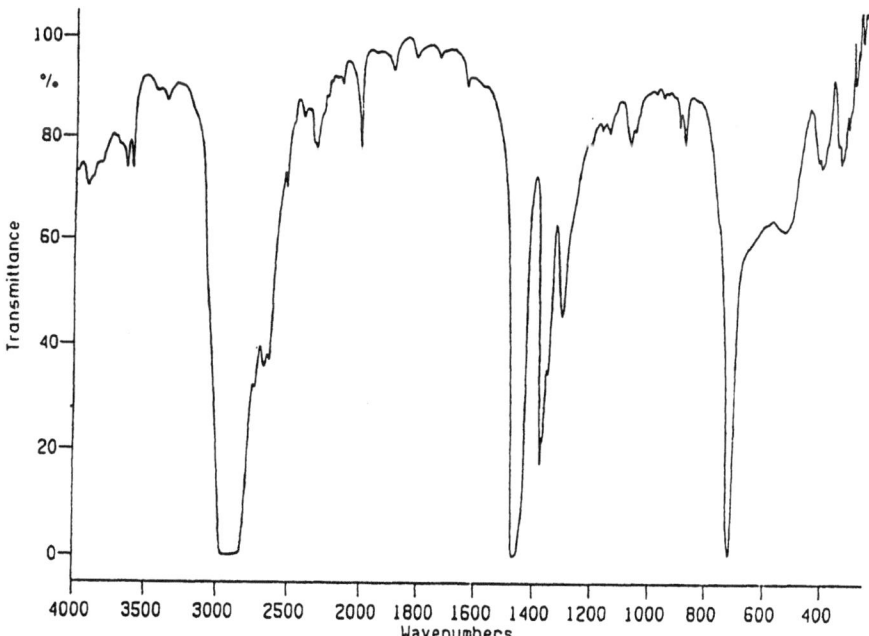

Abb. 9. Infrarotspektren (FTIR) von eingefärbten Polyethylenflaschen, aufgenommen als durch Pressen hergestellter dünner Film, dargestellt in Absorption im Bereich von 4000 cm^{-1} bis 200 cm^{-1}

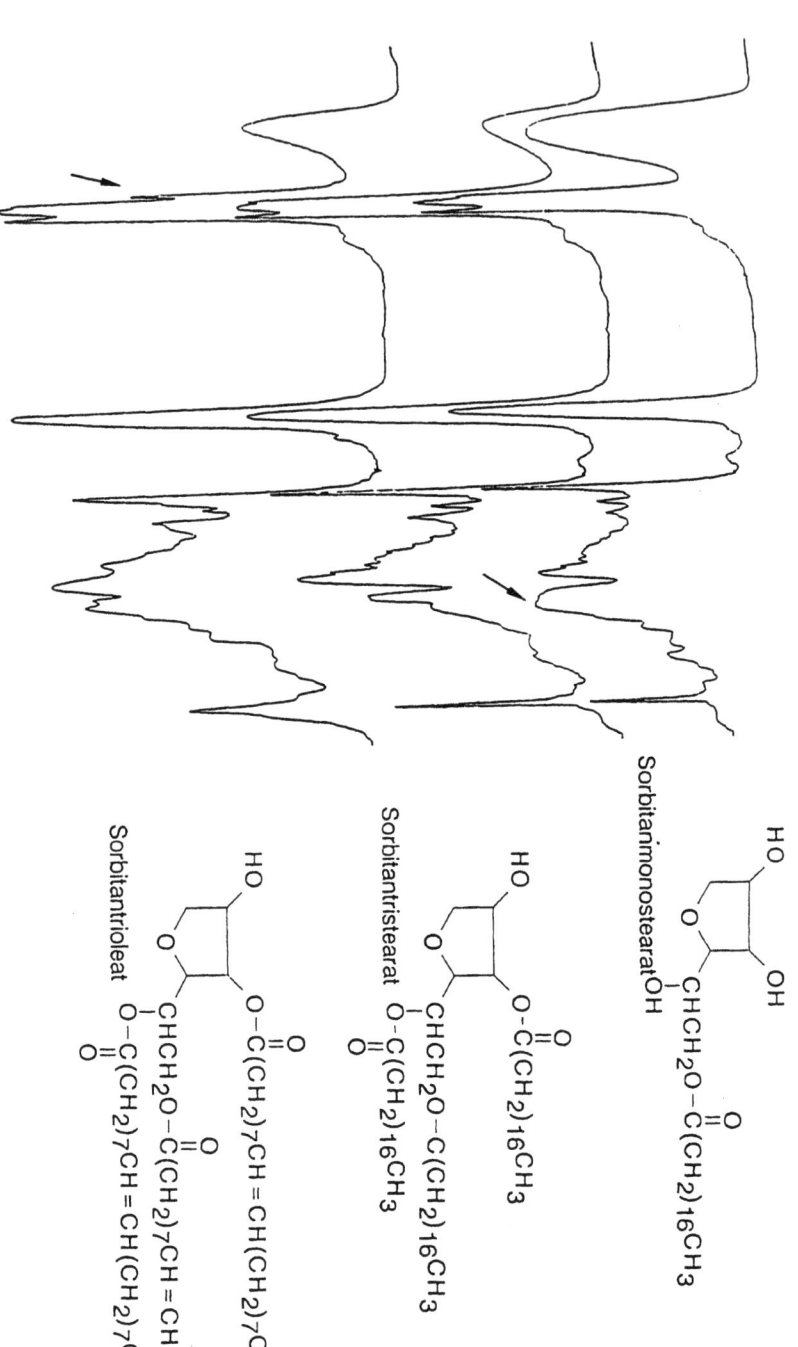

Abb. 10. Infrarotspektren von Sorbitanfettsäureestern, aufgenommen als erstarrte Schmelze auf NaCl-Scheiben, dargestellt in Transmission im Bereich von 4000 cm^{-1} bis 600 cm^{-1}

des Ringes bei 1100 cm^{-1} verursacht wird. Im Spektrum des Sorbitantrioleates (unten) tritt die olefinische C-H-Streckschwingung der Doppelbindung zwischen C9–C10 der Ölsäure als scharfe Schulter bei ca 3030 cm^{-1} in Erscheinung.

Dieser Technik verwandt ist das Aufbringen von Lösungen auf Kochsalzscheiben oder Kaliumbromidpreßlinge mit nachfolgendem Abdampfen des Lösungsmittels. Diese Methode eignet sich gut für die Messung von Polymeren (Packmitteln, Lackfilmen oder Gelbildner).

Küvetten von meist 0,1 bis 1 mm Schichtdicke werden auch zur Messung von gelösten festen oder flüssigen Proben verwendet. Aufgrund der geringen Absorptionskoeffizienten im MIR werden die Lösungen in relativ hohen Konzentrationen von 1 bis 10% hergestellt.

Für Gase stehen Küvetten mit einer Schichtdicke von etwa 10 cm zur Verfügung. Diese werden zunächst evakuiert und danach mit der Probe gefüllt.

IR-undurchlässige Proben können durch Mehrfachreflexion bestimmt werden. Die Probe wird dabei auf einen geeigneten Träger, z.B. Thalliumiodidkristall, aufgepreßt oder aus einer Lösung als Film aufgebracht. Der so belegte Kristall wird so in den Strahlengang eingestellt, daß die IR-Strahlung durch Brechung und Totalreflexion mehrmals mit der Probe in Wechselwirkung gerät. Diese Präparationstechnik eignet sich insbesondere für die Identifizierung von Polymeren in Packmitteln.

Die Auswertung der Spektren geschieht auch heute meist noch durch visuellen Vergleich eines Standards mit der Probe. Meist werden die auf transparentem Spektrenpapier aufgezeichneten IR-Spektren auf einem Lichtkasten über den Standard gelegt. Moderner, aber nicht unbedingt schneller, ist der Vergleich an einem hochauflösenden Bildschirm, wie er heute Bestandteil vieler moderner IR-Geräte, insbesondere FTIR-Geräte ist. Günstig ist hierbei, daß ohne erneute Spektrenaufnahme Detailbereiche des Spektrums genauer („gespreizter") dargestellt werden können. Auf einen Ausdruck (eine „Hardcopy") des Spektrums zu Dokumentationszwecken wird man jedoch auch bei solchen Geräten nicht verzichten können.

Es hat sich gezeigt, daß ein automatischer Spektrenvergleich, für Spektren in digitaler Form ein naheliegender Gedanke, schwieriger zu realisieren ist, als zunächst vermutet wurde. Weitkamp und Wortig [22] beschreiben einen Algorithmus, der in Absorption registrierte Spektren in Blöcke zerlegt und diese auf Übereinstimmung testet. Dazu ist es zunächst nötig, Basislinienunterschiede durch ein additives Glied und Konzentrationsunterschiede durch Multiplikation eines Spektrums mit einem Faktor auszugleichen. Ferner werden die Spektren um maximal 6 Wellenzahlen gegeneinander verschoben, um Wellenlängenungenauigkeiten des Spektrometers zu kompensieren. Die dann noch bestehenden Unterschiede in den Spektrenblöcken werden gegen die maximale Absorption dieses Blockes normiert und gegen einen empirischen Schwellenwert verglichen. Wird der Schwellenwert in allen Blöcken unterschritten, so bezeichnet der Rechner die Spektren als identisch. Andernfalls werden die Wellenzahlenbereiche aufgelistet, die einer eingehenden Kontrolle zu unterziehen sind.

Das Lambert-Beersche Gesetz gilt im infraroten Spektralbereich in gleicher Weise wie im UV-Bereich. Lediglich die Absorptionskoeffizienten sind im infraroten Bereich um Größenordnungen geringer als im UV. Starke Banden erreichen im UV molare Absorptionskoeffizienten von über 10000, während mittelstarke Banden im IR lediglich 10 erreichen [23]. Daher ist die Empfindlichkeit einer IR-spektroskopischen Bestimmung begrenzt. Andererseits sind Absorptionsbanden im IR verglichen mit dem UV-Bereich sehr viel schärfer, die Bestimmungen können somit entsprechend selektiv gestaltet werden. Aufgrund des hohen informationsgehaltes sind im IR auch Mehrkomponentenanalysen möglich.

Die Hersteller moderner FTIR-Geräte tragen diesen Möglichkeiten Rechnung und bieten entsprechende Auswertesoftware für quantitative Analysen an. Diese beruhen auf komplexen statistischen Verfahren wie der Faktoranalyse. Die Attribute, die diesen Techniken zugeordnet werden, wie Multikomponenten-Analyse unter Nutzung der Gesamtspektren, Robustheit, Anwendbarkeit bei überlappenden Banden, spektralem Rauschen und Basislinienveränderungen sowie Warnungen bei starkem Abweichen des Probenspektrums von den Kalibrierungsstandards sind vielversprechend. Dennoch scheint sich die Anwendung in der pharmazeutischen Analysenpraxis auf dem Gebiet des MIR nicht durchgesetzt zu haben. Dies ist sicher teilweise auf mangelnde Vertrautheit mit den entsprechenden statistischen Verfahren zurückzuführen und dem darin begründeten Mißtrauen, einem Rechner die Bestimmung der Auswertefunktion zu überlassen. So beruhen denn auch die praktisch genutzten Anwendungen quantitativer

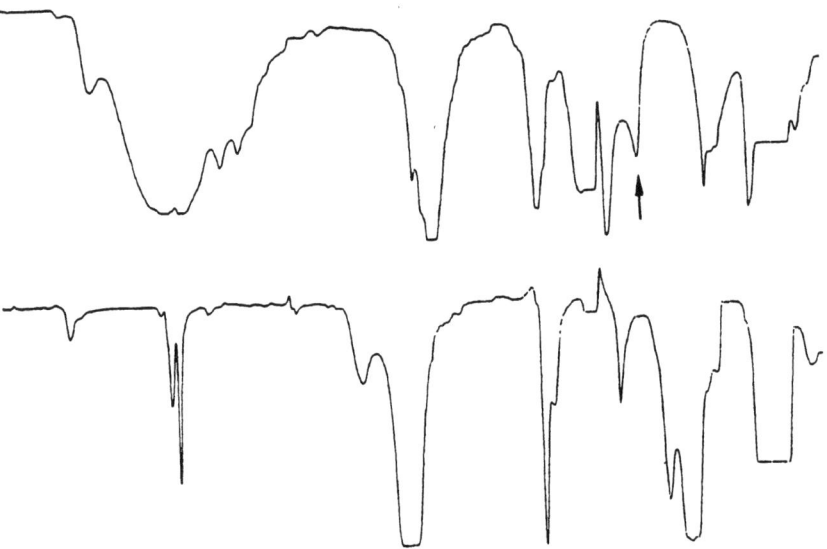

Abb. 11. Infrarotspektren von Monochloressigsäure (oben) und Monochloracetylchlorid (unten) aufgenommen in Kochsalzküvetten dargestellt in Transmission im Bereich von 4000 cm^{-1} bis 600 cm^{-1}

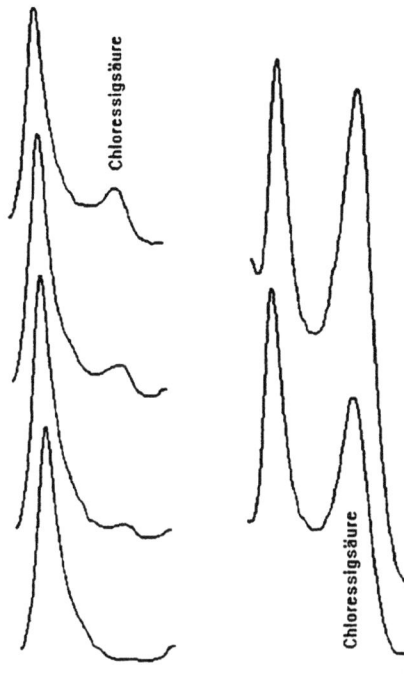

Abb. 12. Ausschnitte aus den Infrarotspektren von Monochloracetylchlorid verunreinigt mit steigenden Konzentrationen von Monochloressigsäure aufgenommen in Kochsalzküvetten dargestellt in Absorption im Bereich von 1200 cm^{-1} bis 1100 cm^{-1}

IR-Spektroskopie auf weit einfacheren Verfahren. USP XXII beschreibt die quantitative Bestimmung von N,N-Diethyl-m-toluamid in einer Lösung zum äußerlichen Gebrauch, läßt dabei jedoch den als Lösungsmittel verwendeten Alkohol im Vakuum entfernen und den Rückstand in Schwefelkohlenstoff aufnehmen. Diese Probenlösung wird dann in einer 1 mm-Küvette gegen einen USP-Referenzstandard gemessen und die Bande bei 14,1 µm gegen das Absorptionsminimum bei 14.4 µm ausgewertet. Das Gesamtspektrum dient als einziger Identitätsnachweis.

Abbildungen 11 and 12 zeigen die Anwendung der quantitativen IR-Spektroskopie im Rahmen der Wareneingangskontrolle eines Syntheseausgangsstoffes. Durch Vergleich der IR-Spektren von Monochloressigsäure (oben) und Chloracetylchlorid (unten) erkennt man eine für die Monochloressigsäure charakteristische Bande bei 1130 cm^{-1} Wellenzahlen. Abbildung 12 zeigt den entsprechenden Spektrenausschnitt von 1200 bis 1100 cm^{-1}. Deutlich erkennbar ist, wie bei steigenden Konzentrationen an Monochloressigsäure die Bande bei 1130 cm^{-1} zunimmt. Die Auswertung erfolgt anhand einer Eichgeraden.

3.2 IR-Spektroskopie im Nahen Infrarot
(10000 cm^{-1} bis 4000 cm^{-1} entsprechend 1000 nm bis 2500 nm) (NIR)

Obwohl noch in keiner Pharmakopoe beschrieben und noch wenig in der pharmazeutischen Analytik verbreitet, soll die Nah-Infrarot-Spektroskopie hier

Tabelle 7. Spektroskopie im Nahen Infrarot

typische Anwendungen	Identitätsprüfung von Wirk- und Hilfsstoffen
typische Analyte	(meist) organische Substanzen, fest, flüssig
Detektion	Absorption elektromagnetischer Strahlung im Bereich von 1100 nm–2500 nm
typische Analysenzeiten	Einzelanalyse inkl. Dokumentation ca. 1–2 Minuten (Reflexionsmessung mit Glasfaseroptik)
Probenvorbereitung	bei Reflexionsmessung mit geeigneter Meßsonde: keine
Eichung	Aufbau einer Spektrenbibliothek
Messdauer	wenige Sekunden bis 1 Minute
Geräte	NIR-Gerät aus Lichtquelle, Probenraum, optischem System mit Monochromator (Gittergerät) oder Interferometer (FT-Gerät), Detektor, Bildschirm, Schreiber oder Plotter: 80–200 TDM
typische Probenmenge:	einige Gramm, Messung im Orginalgebinde möglich

beschrieben werden, denn es steht zu erwarten, daß sie sich insbesondere in Form der Nah-Infrarot-Reflexionsspektroskopie (NIRS; englisch near-infrared reflectance analysis, NIRA) rasch einen wichtigen Platz erobern wird. Die wesentlichen Gründe für diese Erwartung sind:
- die NIRS benötigt in günstigen Fällen keine Probenvorbereitung
- bei Messung mittels Lichtleiter kann auf eine Probennahme verzichtet werden
- die Messung einer Probe und die Auswertung der Messung kann innerhalb weniger Sekunden mittels Personalcomputer unter Anwendung chemometrischer Verfahren erfolgen.

Alle drei Faktoren tragen dazu bei, NIR-Analysen schnell und somit auch kostengünstig zu gestalten. Der hohe zeitliche Implementierungsaufwand darf jedoch nicht übersehen werden (s.u.) [24].

Die Nah-Infrarot-Spektroskopie nutzt den zwischen UV-Vis und (M)IR gelegenen Spektralbereich. In diesem Bereich beobachtet man überwiegend Absorptionen von Ober- und Kombinationsschwingungen von OH-, NH- und CH-Gruppen, also Gruppen, deren Grundschwingungen im MIR zwischen 4000 und 2000 cm^{-1} beobachtet werden. Da sich die Intensität einer Absorptionsbande beim Übergang von der Grundschwingung zur 1. Oberschwingung (etwa doppelte Schwingungsfrequenz) um einen Faktor von 10 bis 100 vermindert und

Tabelle 8. Bandenlage und Absorptionskoeffizienten der CH-Streckschwingung von Chloroform (nach G. Herzberg [25]) sowie geeignete Küvettenschichtdicken der spektroskopischen Messung von unverdünntem Chloroform

Schwingung	Bereich	Bandenlage [nm]	[cm^{-1}]	Absorptionskoeffizient [cm^2/mol]	Küvettdicke E = 0,5 [cm]
Grund	MIR	3290	3040	25000	0,0016
1. Oberton	NIR	1693	5907	1620	0,025
2. Oberton	NIR	1154	8666	48	0,84
3. Oberton	NIR	882	11338	1,7	24

diese Gesetzmäßigkeit auch für die höheren Obertöne gilt (2. Oberton mit näherungsweiser 3-facher Frequenz der Grundschwingung etc.), besitzen die NIR-Banden nur geringe Absorptionskoeffizienten.

Was auf den ersten Blick wie ein Nachteil aussieht, ist eher als Vorteil zu werten, da damit wesentlich größere Schichtdicken der Messung zugänglich werden. Neben einer einfacheren Probenhandhabung wird auch eine representative Messung inhomogener Proben (Pulvergemische, Emulsionen, Suspensionen) erleichtert. Gebräuchlich sind Küvetten von 1 mm bis 10 cm [26]. Als Küvettenmaterial wird Glas, Quarz, oder – für höhere Drucke – Saphir eingesetzt.

Im Gegensatz zu Spektren im MIR-Bereich sehen NIR-Spektren für das menschliche Auge recht uncharakteristisch aus, denn MIR-Banden sind breit und überlappend. Abbildung 13 illustriert dies an einer Gegenüberstellung der Spektren von Acetylsalicylsäure im MIR-Bereich (oberes Spektrum) und NIR-Bereich. Da zudem schon wenige Grundschwingungen im MIR zu einer Vielzahl von überlappenden Banden im NIR führen und zudem ein Mangel an Referenzspektren besteht, sind die NIR-Spektren schwerer zu interpretieren [27]. NIR-Spektren werden daher für die Strukturaufklärung praktisch nicht genutzt.

Das traditionelle Anwendungsgebiet der NIR-Spektroskopie ist die quantitative Multikomponentenanalyse im Agrar- und Lebensmittelbereich. Entwickelt ursprünglich als Methode zur Wasserbestimmung in Agrarprodukten, wurde bald erkannt, daß die vermeintlich störenden Begleitbanden im NIR-Spektrum ihrerseits zur simultanen Bestimmung des Fett- und Proteingehalts herangezogen werden konnten. In der Folgezeit wurden immer komplexere Analysenmethoden ausgearbeitet und schließlich standortübergreifende NIR-Netzwerke geschaffen, in denen Kalibrierungen von einem Gerät auf andere übertragen werden können [28]. In der chemischen und pharmazeutischen Industrie blieb die NIR-Spektroskopie lange unbeachtet. Wetzel [29] bezeichnete sie noch 1983 als „Schläfer unter den spektroskopischen Techniken" weil sie analytischen Chemikern und Spektroskopikern wenig bekannt ist, „unlogisch oder a priori als illegal" erscheint. Dies ist darin begründet, daß nur die Chemometrie eine effektive Anwendung der Nah-Infrarot-Reflexionsspektroskopie erlaubt. In der Tat unterscheidet sich die Methodenentwicklung in der NIRS grundlegend von den anderen in diesem Beitrag beschriebenen analytischen Methoden, denn sie ist nur möglich, wenn der Gehalt sogenannter Referenzproben bekannt ist. Die Methodenentwicklung einer quantitativen Analyse verläuft in einem aufwendigen 7-Punkte Prozeß [30]:

1. Zusammenstellung des Referenzprobensatzes
2. Entwicklung einer reproduzierbaren Probenpräparations- und Meßtechnik
3. Aufnahme der NIRS-Spektren
4. Analyse des Referenzprobensatzes mit einer unabhängigen Referenzmethode
5. Festlegung der Datenvorbehandlung (Linearisierung, Fehlerkorrektur) und Berechnung der Eichfunktion mittels chemometrischer Verfahren
6. Validierung der Eichfunktion mit einem unabhängigen Validierungsprobensatz
7. Pflegen und Verbessern der Kalibration

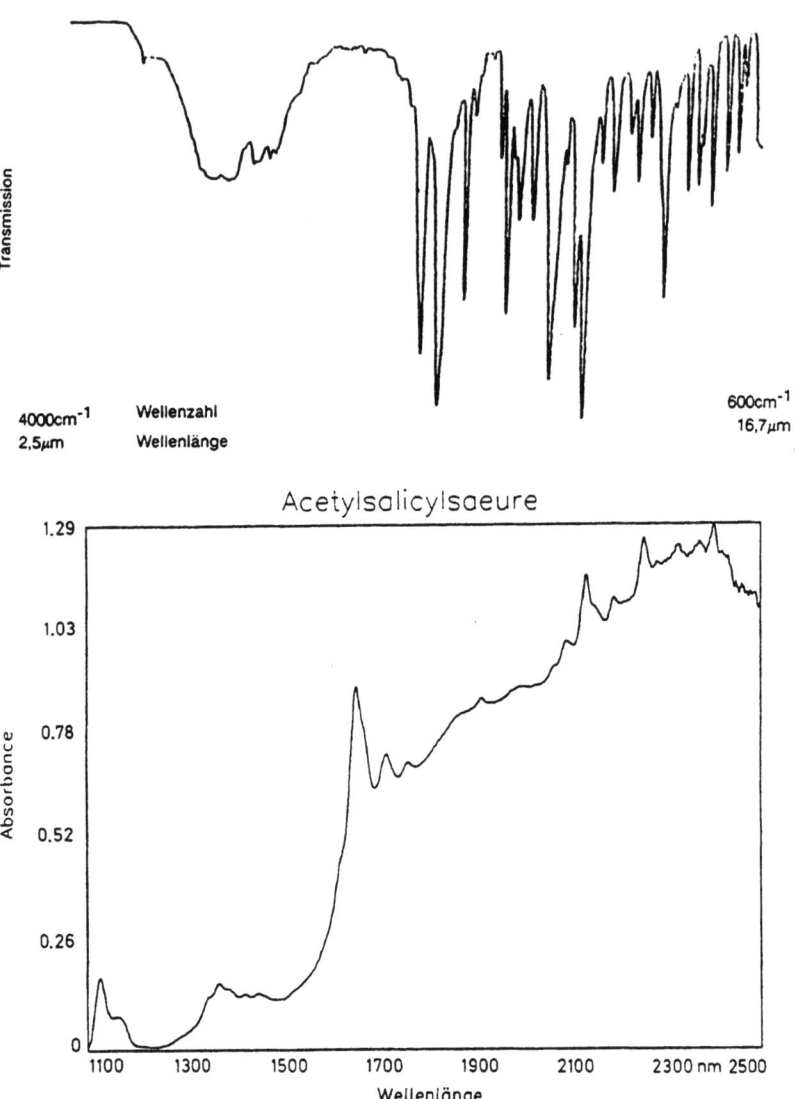

Abb. 13. Vergleich der MIR- (oben) und NIR-Spektren von Acetylsalicylsäure (MIR-Spektrum von 4000–600 cm^{-1} aufgenommen als KBr-Preßling dargestellt in Transmission, NIR-Spektrum von 1100–2500 nm aufgenommen in Reflexion an der Reinsubstanz dargestellt in Absorption)

Schon der erste Schritt, die Zusammenstellung des Referenzprobensatzes, hat dabei maßgeblichen Einfluß auf die Robustheit der NIRS-Methode. Nur wenn es gelingt die denkbaren Probekonzentrationen und möglichen Matrixzusammensetzungen möglichst vollständig und gleichmäßig durch den Referenzprobensatz zu repräsentieren, wird sich die Kalibration auf Dauer als stabil erweisen.

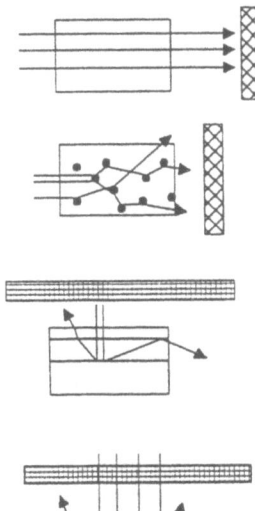

Abb. 14. Schematische Darstellung verschiedener MIR-Meßtechniken, Detektoren werden als längliche, ausgefüllte Rechtecke angedeutet. **a** (reguläre) Transmission (klare Flüssigkeiten und Filme), **b** diffuse Transmission (trübe Flüssigkeiten, Suspensionen, Emulsionen, trockene feste Proben), **c** diffuse Transflection (Filme, Flüssigkeiten), **d** diffuse Reflexion (Pulver)

Die Auswahl einer der zahlreichen Meßtechniken für die NIR-Spektroskopie, dargestellt in Abb. 14, bestimmt die Art der physikalischen Gesetzmäßigkeit zwischen Probenkonzentration und Meßgröße und somit auch die Wahl der Linearisierung. Das vertraute Lambert-Beer'sche Gesetz für Transmissionsmessungen – und damit der logarithmische Zusammenhang zwischen Konzentration und Absorption gilt streng genommen lediglich im Fall klarer verdünnter Lösungen exakt. Bei den Reflexionsmessungen tritt an die Stelle der Transmittance die Reflectance ($R = I/I_0$). Die Kubelka-Munk-Funktion beschreibt den Zusammenhang zwischen Reflexionsvermögen, Absorptionskoeffizienten, Konzentration und Streukoeffizient $(1-R_\infty)^2/2 \cdot R_\infty = a \cdot c/s$. Sie gilt jedoch streng nur für den Fall einer schwach absorbierenden Substanz in einer nicht absorbierenden Matrix bei unendlicher Schichtdicke. In der Praxis wird als Auswertegröße überwiegend $\log(1/R)$ verwendet.

Entgegen vertrautem spektroskopischem Brauch wird die Auswahl der Wellenlängen meist dem Rechner überlassen, da hierbei höhere Korrelationskoeffizienten für die Eichfunktion erzielt werden. Verschiedene Auswahlstrategien sind möglich. Idealerweise würden alle möglichen Wellenlängenkombinationen durchgerechnet, um dann die beste Eichfunktion auszuwählen. Aufgrund des hohen Rechenaufwandes ist dies jedoch nur bei einer begrenzten Anzahl von Datenpunkten, etwa bei Filtergeräten, praktikabel. In der Praxis bestimmt man oft zunächst die geeignetste Zweierkombination von Wellenlängen und fügt dann weitere Wellenlängen dieser Kombination zu. Mit zunehmender Zahl zugefügter Wellenlängen wird die Anpassung der Eichfunktion an die Referenzgröße immer besser, jedoch ist Vorsicht geboten, da die Robustheit der Methode schließlich abnimmt. Eine zu hohe Zahl von Wellenlängen wird nur noch das Rauschen der Meßwerte des Referenzprobendatensatzes in die Kalibrierung einrechen.

In jüngerer Zeit tritt neben die Verwendung von „lokalen" [31] (z.B. Reflectance bei einer bestimmten Wellenlänge) die Verwendung „globaler" aus dem Gesamtspektrum abgeleiteter Größen (Fourieranalyse, Hauptkomponentenanalyse (engl. principal components analysis), Analyse der partiellen kleinsten Quadrate (engl. partial least squares)).

Die Eichfunktion selbst wird durch multiple lineare Regression berechnet:

$$y = b_0 + b_1 x_1 + b_2 x_2 \cdots b_n x_n.$$

wobei y die Referenzgröße (z.B. Konzentration) darstellt, b_0 bis b_n die berechneten Regressionskoeffizienten und x_1 bis x_n die oben erwähnten lokalen oder globalen Auswertegrößen.

Letztlich kann nur die Validierung die Robustheit der Methode belegen. Dazu werden Proben bekannten Gehalts bestimmt und die NIR-Ergebnisse mit diesen Gehaltswerten verglichen.

Welche Einflüsse im Routinebetrieb die Kalibration dann dennoch zum scheitern bringen können, kann mit letzter Sicherheit nicht vorhergesagt werden. Auch eine Änderung des Herstellprozesses für ein Produkt kann ein solcher Einfluß sein. In besonderen Situationen kann ein solcher Einfluß sogar erwünscht sein, z.B. wenn die Weiterverarbeitbarkeit eines Zwischenproduktes vom Herstellprozeß abhängig ist. Ist ein solcher Einfluß unerwünscht, so wird man die Proben, die Anomalitäten hervorrufen, in eine neu zu erstellende Kalibrierung einbeziehen. Mit der Zeit wird diese dann immer robuster werden.

Diese Eigenschaft der NIR-Analyse, auf Einflüsse zu reagieren, die mit anderen Analysenmethoden nicht erfaßt werden, kann auch zu dem Versuch genutzt werden, Probeigenschaften aufzuzeigen. So kann beispielsweise die Verpreßbarkeit von Tablettengranulaten mittels chemometrischer Verfahren mit dem NIR-Spektrum korreliert werden. Verständlicherweise ist bei solchen Verfahren die Validierung besonders kritisch.

Für den Bereich der pharmazeutischen Industrie besonders interessant ist der Einsatz der NIR-Spektroskopie für die Identitätskontrolle. Durch den Einsatz von Lichtleitern aus Quarz und entsprechender Reflexionsmeßköpfe zeichnet sich eine Methode ab, welche die 100%-ige Identitätskontrolle aller angelieferten Gebinde einer Charge auch für Hilfsstoffe ermöglicht.

Als chemometrische Verfahren, die eine Unterscheidung der verschiedenen Substanzen gewährleisten sollen, werden Diskriminanzanalyse und Korrelationsfunktionen eingesetzt. Die Diskriminanzanalyse liefert als Rechenmaß für die Entscheidung zur Zuordnung einer Probe zu einer Substanz die Mahalanobisdistanz, ein statistisches Abstandsmaß im mehrdimensionalen Raum. Korrelationsfunktionen liefern den Wert 1 bei völliger Übereinstimmung zwischen Probespektrum und Bibliotheksspektrum.

Ähnlich wie bei der quantitativen Analyse kann auch die Identitätskontrolle nach unterschiedlicher mathematischer Aufbereitung der Meßdaten erfolgen.

Beschrieben werden Verfahren, die sich auf „lokale" Daten stützen [32, 33] und in neuerer Zeit auch „globale" Methoden, die sich der Faktoranalyse bedienen [34, 35]. Der Diskriminanzanalyse nachgelagert wird in Systemen, die speziell den GMP-Belangen der pharmazeutischen Industrie Rechung tragen, der vollständige Vergleich des Probenspektrums mit dem gefundenen Referenzspektrum der Spektrenbibliothek. Eine Identifizierung durch das System gilt dann als sicher, wenn:
- das Abstandsmaß einen mehr order weniger empirisch festgelegten Toleranzwert nicht überschreitet
- die Differenz von Proben- und Referenzspektrum eine Toleranzwert nicht überschreitet
- die Materialnummer der Probe der Materialnummer der Referenzsubstanz entspricht

Wei bei der quantitativen Analyse, so bleibt auch bei der qualitativen Analyse die Wahl von Wellenlängen und erst recht die Berechnung von Faktoren einem Rechner überlassen. Der Analytiker kann das Ergebnis lediglich mit der Zahl der einzubeziehenden Wellenlängen bzw. Faktoren beeinflussen. Die Kriterien bleiben daher in gewissem Sinn abstrakt. Letzlich liefert auch hier die Validierung mittels „unbekannter" Validierungsproben ein Maß für die Robustheit der Diskriminierungsfunktion. Dabei gewinnt man insbesondere ein Gefühl dafür, wie gut sich „unbekannte" Proben den Substanzgruppen zuordnen lassen. Nicht sicher vorhersehbar ist auch hier, ob ein anderes Herstellungsverfahren die Zuordnung zur richtigen chemischen Spezies verhindern wird. Wie schon bei der quantitativen Analyse vermerkt, kann es jedoch durchaus erwünscht sein, solche nicht chemisch begründeten Unterschiede zu erkennen. Das Risiko einer falschen Identifizierung, d.h. die Zuordung einer nicht im Referenzprobensatz enthaltenen Substanz zu einer Substanz aus dem Referenzprobensatz, läßt sich nich sicher vorhersagen. Obwohl praktische Erfahrungen mit der NIR-Spektroskopie gezeigt haben, daß diese für die Charakterisierung mancher Klassen von Ausgangsstoffen anscheinend besser geeignet ist als konventionelle Methoden [36], wird sicher noch eine gewisse Zeit vergehen, bis dem NIR hier dasselbe Vertrauen entgegengebracht wird wie dem MIR.

3.3 UV-Spektroskopie (UV-Vis)

Die UV-Spektroskopie [37] ist eine empfindliche, schnelle und gut automatisierbare Analysenmethode. Sie wird für Gehalts- und Reinheitsbestimmungen, sowie unterstützend zu anderen Methoden, als Identitätsnachweis eingesetzt [38]. Ihre Selektivität ist jedoch geringer als die der bereits beschriebenen chromatographischen Verfahren. Ihr Schwerpunkt liegt daher in der Bestimmung einzelner Verbindungen. Obwohl moderne mathematische Algorithmen der Multikomponenetenanalyse [39] der klassischen 2 Wellenlängenmessung überlegen sind, müssen Stoffgemische in der Regel vor der Messung getrennt

Tabelle 9. UV-Vis-Spektroskopie

typische Anwendungen	quantitative Bestimmungen des Gehalts von Wirkstoffen und wirksamen Bestandteilen, Reinheitsprüfung, unterstützend zur Identitätsprüfung
typische Analyte	organische und anorganische Substanzen mit entspr. Chromophoren
Detektion	Absorption elektromagnetischer Strahlung im Bereich von (190) 200 nm–800 nm
typische Analysenzeiten	Einzelanalyse einer Einzelkomponente ca. 15–30 Minuten, jede zusätzliche gleichartige Analyse einer Serie ca. 10 Minuten
Probenvorbereitung	Lösen oder Verdünnen der Proben in geeignetem Lösungsmittel
Eichung	gegen Vergleichssubstanz oder durch Vergleich mit den Literaturwerten
Messdauer	wenige Sekunden bei fixer Wellenlänge bis 2 Minuten bei Spektrenaufnahme mit Gittergeräten
Geräte	UV-Gerät aus Lichtquelle, Probenraum, optischem System mit Monochromator (Gittergerät), Detektor, evtl. Bildschirm, Schreiber oder Plotter: 18–80 TDM
Autosampler	ca. 10 TDM
typischer Konzentrationsbereich	(0,05-) 1–200 µg/ml

werden. Nur in seltenen Fällen sind die UV-Spektren in Arzneistoff- und Hilfsstoffgemischen so verschieden, daß eine direkte spezifische Bestimmung im Stoffgemisch ermöglicht wird. Benutzt man anstelle der UV-Spektren deren erste Ableitung, so verbessert sich die Selektivität auf Kosten der Reproduzierbarkeit. In die Spektren der ersten Ableitung gehen zudem Geräteparameter wie die spektrale Bandbreite stärker ein als in die der Orginalspektren. Die Übertragbarkeit von einem Gerät auf andere ist erschwert. Diese Derivativspektroskopie findet in der routinemäßigen pharmazeutischen Qualitätskontrolle nur selten Anwendung.

Häufig angewendet wird die UV-Vis-Spektroskopie im Bereich der Wareneingangskontrolle von Substanzen.

Ein Beispiel einer Reinheitbestimmung ist die Bestimmung von Benzol in aliphatischen Verbindungen, wie z.B. in Benzin nach DAB 10 oder in Polyacrylsäure. Während gesättigte aliphatische Kohlenwasserstoffe im UV-Bereich langwelliger als 200 nm kein Absorptionsmaximum zeigen, besitzt Benzol einen $\pi - \pi^*$-Übergang mit feinstrukturierter Bande geringer Intensität bei 254 nm. DAB 9 läßt die Absorption einer 5-prozentigen Benzin-Lösung in Cyclohexan gegen eine 0,025-prozentige Benzol-Lösung bei der Nebenbande bei 261 nm bestimmen. Durch den direkten Vergleich wird der Geräteeinfluß, der sich bei der scharfen Bande bemerkbar macht, reduziert. Verwendet man für die Bestimmung stets das gleiche Gerät mit identischer Geräteeinstellung, so kann man auf die Vergleichs-Lösung verzichten und stattdessen für die Absorption ein oberes Limit setzen. Erst in der Nähe des Toleranzwertes wird man zur Absicherung gegen eine frische Vergleichslösung messen.

Der bei der Benzolbestimmung in Polyacrylsäure entstehende lipophile Extrakt besitzt im Gegensatz zu Benzin eine deutliche Eigenabsorption mit einer

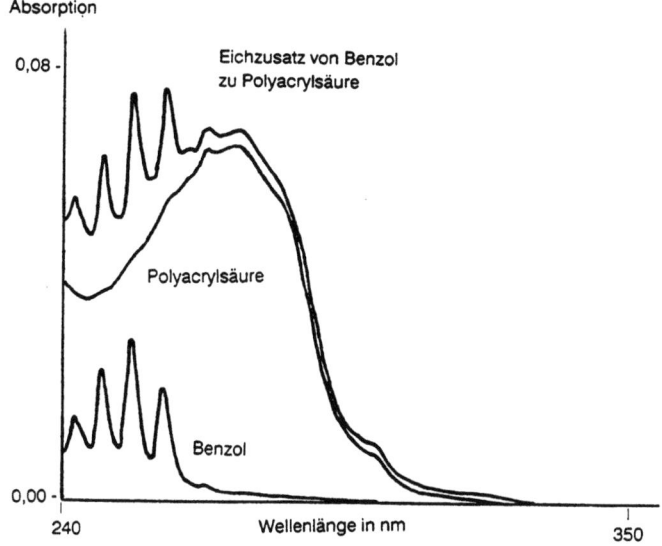

Abb. 15. Reinheitsbestimmung mittels UV-Vis-Spektroskopie: unteres Spektrum: 10 µg Benzol/ml 2,2,4-Trimethylpentan; mittleres Spektrum: Extrakt von 5 g Probe in 50 ml 2,2,4-Trimethylpentan; oberes Spektrum: Extrakt mit Zusatz von Benzol entsprechend 100 ppm bezogen auf die Probe; 1 cm Quarzküvette)

breiten Bande bei 270 nm, auf deren Flanke sich die Benzolabsorption mit der charakteristischen Feinstruktur aufaddiert. Bei Verwendung eines registrierenden UV-Spektralphotometers bestimmt man die Benzolverunreinigung besser, abweichend von der Arzneibuchmonographie, als Absorptionsdifferenz des Peakmaximum bei 254 nm und einer Basislinie, welche die lokalen Absorptionsminima bei 250 und 257 nm verbindet (Abb. 15). Die Nachweisgrenze dieser Methode liegt bei etwa 25 ppm; die DAB 9 Monographie ließ 0,2% zu

Auch als halbspezifische Reinheitsbestimmung wird die UV-Spektroskopie eingesetzt. So limitiert Ph.Eur.II den Gehalt an „Proteinen und Licht-absorbierenden Substanzen" in Lactose durch Setzen oberer Limite für die Absorptionen zwischen 210 und 220 nm (Amid-Bindung) und zwischen 270 und 330 nm (aromatische Aminosäuren).

Eine große Bedeutung besitzt die UV-Vis-Spektroskopie häufig für die Qualitätskontrolle fester Arzeiformen. Während Gehalt und Zersetzung an einem Mischmuster aus z.B. 20 Dragees mit HPLC bestimmt werden, wird zur Bestimmung der Gleichförmigkeit des Gehalts (content uniformity) der einzelnen Tabletten, Dragees oder Kapseln häufig die UV-Spektroskopie eingesetzt.

Auch für die Bestimmung der Auflösegeschwindigkeit schwerlöslicher Arzneistoffe, als in vitro Maß der Bioverfügbarkeit und des Freisetzungsprofils retardierter Arzneiformen wird die UV-Spektroskopie häufig eingesetzt. In beiden Fällen kann die Messung diskontinuierlich oder kontinuierlich erfolgen. Bei der diskontinuierlichen Messung werden zu definierten Zeiten manuell oder automatisch Proben gezogen und anschließend in einem getrennt stehenden, meist mit Autosampler ausgerüsteten Spektrophotometer gemessen. Zur kontinuierlichen Messung bedient man sich, wie bei der HPLC, einer Durchflußzelle.

Gewissermaßen eine Kombination beider Methoden stellt die Technik der „flow injection"-Analyse dar.

3.4 Atomabsorptionsspektroskopie (AAS)

Die Atomabsorptionsspektroskopie [40, 41] erlaubt die spezifische quantitative Bestimmung von Elementen im Spurenbereich. Die Messung beruht auf der Absorption von Strahlungsenergie durch Atome auf den spezifischen Wellenlängen ihrer Resonanzlinien. Bestimmbar sind alle Elemente, deren Atome im Wellenlängenbereich von 190 bis 800 nm absorbieren und für die geeignete, genügend intensive Strahlungsquellen vorhanden sind. Dies sind alle Metalle, Halbmetalle wie Arsen, Antimon, Bor, Silicium sowie Selen und Phosphor. Als Strahlungsquelle dienen entweder Hohlkathodenlampen (HKL) oder elektrodenlose Entladungslampen (EDL). Mit Ausnahme weniger Multielement-Hohlkathodenlampen ist für jedes Element eine eigene Strahlungsquelle nötig. Aus dem Linienspektrum der Strahlungsquellen wird mittels eines Monochromators eine für die Messung geeignete Wellenlänge ausgeblendet. Die Anforderungen an den Monochromator sind geringer als bei den für gleiche Analysenzwecke verwendeten konkurrierenden atomspektroskopischen Emissionsmessungen wie der Flammenphotometrie (FES, Flammenemission) oder der Plasmaemission (ICP, inductively-coupled plasma; MIP, microwave-induced plasma). Die Wahl der Wellenlänge gestattet eine Anpassung an die analytische Aufgabe in Hinblick

Tabelle 10. Atomabsorptionsspektroskopie

typische Anwendungen	„Metall"-Rückstandsanalytik in Ausgangsstoffen und Arzneiformen Kationengehalt von Infusionslösungen
typische Analyte	Alkali-, Erdalkali- und Schwermetallionen
Detektion	UV-Vis
typische Analysenzeiten	Quantitative Einzelanalyse inkl. Eichung: 30 Minuten bis 4 Stunden quantitative Serienanalyse: 5 Minuten bis 3 Stunden
Probenvorbereitung	Lösen oder Extrahieren der Probe, Verdünnen, evtl. Aufschließen bzw. Veraschen der Probe
Eichung	gegen Referenzsubstanz
Messdauer	Einzelmessung zwischen 2 Sekunden (Flammenaas) und 5 Minuten (Graphitrohr)
Geräte	AAS-Gerät aus Brenner bzw. Graphitrohr und Spektrophotometer: 60–150 TDM Autosampler ca. 10 TDM Gasversorgung 3–10 TDM
typischer Konzentrationsbereich	1–100 ng/ml (Flammen-AAS) 0,01–10 ng/ml (Graphitrohr-AAS) 0,01–10 ng/ml (Quecksilber/Hydrid-System)

auf die gewünschte Empfindlichkeit der Messung (Steigung der Eichgeraden, Nachweisgrenze).

Je nach Element und/oder Konzentrationsbereich kommen verschiedene Atomisierungsverfahren zur Anwendung:
- Flammen-AAS
- Elektrothermische, flammenlose Verfahren (Graphitrohrofen)
- Quecksilberdampf-Technik

Bei der *Flammen-AAS* wird die zu einem Aerosol zerstäubte zu analysierende Lösung in einer Mischkammer mit den Brenngasen gemischt und dann in einen metallischen Schlitzbrenner eingebracht. Gebräuchlich sind Brenner mit 5 oder 10 cm Breite. Liegen die zu bestimmenden Elemente in hoher Konzentration vor, so kann der Brennerkopf auch quer in den Strahlengang eingebracht werden. Die Absorption wird entsprechend geringer und der Analytiker erspart sich Verdünnungsschritte, der Einfluß eines potentiellen Blindwertes wird herabgesenkt. Art und Mischung von Brenngas und Oxidans bestimmen die Flammentemperatur. Für Elemente, deren Verbindungen leicht in die Atome zerlegbar sind, genügen „kühlere" Flammen, z.B. Acetylen/Luft, für schwer zerlegbare Verbindungen benutzt man heißere Flammen (Acetylen/Lachgas). Die Flammen-AAS ist die schnellste Atomabsorptionstechnik; die Messung erfordert lediglich 3 bis 10 Sekunden. Da während der Probenmessung konstante Lösungsvolumina angesaugt werden, sind die Absorptionen in der Flammen-AAS über die Meßzeit, bis auf statistische Schwankungen, konstant. Da nur ein kleiner Bruchteil der angesaugten Lösung in die Flamme gelangt und die dort entstehenden Atome durch die Flammenströmung rasch durch den Lichtweg transportiert werden, sind die Nachweisgrenzen in der Flammen-AAS höher als bei den anderen AAS-Techniken.

Tabelle 11. Nachweisgrenze in µg/l ausgewählter Elemente in der Atomabsorptionsspektroskopie

Element	Flammen-AAS	Graphitrohr-AAS	Hg/Hydrid-AAS
Antimon	30	0,1	0,2
Arsen	100	0,2	0,02
Barium	8	0,1	
Blei	10	0,05	
Bor	700	20	
Cadmium	0,5	0,003	
Calcium	1	0,05	
Eisen	3	0,02	
Kalium	2	0,02	
Kupfer	1	0,02	
Magnesium	0,1	0,004	
Natrium	0,2	0,05	
Phosphor	50000	30	
Quecksilber	200	1	0,008 (Amalgamtechnik)
Zink	300	0,8	

Auszug aus: The guide to techniques and applications of atomic spectroscopy, Perkin Elmer Corp., Norwalk, USA, 1988

Durch Anwendung des Prinzips der Fließinjektionsanalyse (engl flow injection analysis, FIA) läßt sich die Probenzufuhr auch in der Flammenatomabsorptionsspektroskopie automatisieren und der Probendurchsatz entsprechend erhöhen. Gleichzeitig wird der Verbrauch an Probelösung bis hinab zu 400 µl verringert. Zudem soll die Flamme stabiler sein, weil nach der Probelösung stets automatisch mit der FI-Trägerlösung gespült wird. Ein Ansaugen von Luft, wie bei manuellem Wechsel der angesaugten Lösungen entfällt.

Die *Graphitrohrofen-AAS*, auch elektrothermische AAS genannt, ist je nach Element µm 20–1000 mal empfindlicher als die Flammen-AAS. Dabei werden einige Mikroliter, meist 10–100 µl, der zu bestimmenden Lösung in ein Graphitrohr von etwa 5 cm Länge und 1 cm Durchmesser dosiert. Anschließend wird das Rohr einem meist mehrstufigen vordefinierten Temperaturprogramm unterworfen, indem man Strom durch das Graphitrohr hindurchleitet. In einer ersten Stufe wird die Lösung so vorsichtig eingedampft, daß sie nicht verspritzt. In einer zweiten Stufe werden organische Verbindungen zersetzt. Im günstigen Fall können in einer dritten Stufe bei weiter erhöhter Temperatur störende, aber flüchtigere anorganische Bestandteile der Probe verdampft werden. Schließlich bildet sich bei noch weiter erhöhter Temperatur die atomare Dampfwolke des zu bestimmenden Elements. Eventuell schließt sich ein letzter Temperaturschritt an, um Rückstände der Probe aus dem Graphitrohr zu entfernen (siehe auch Abb. 16, Einblendung oben rechts).

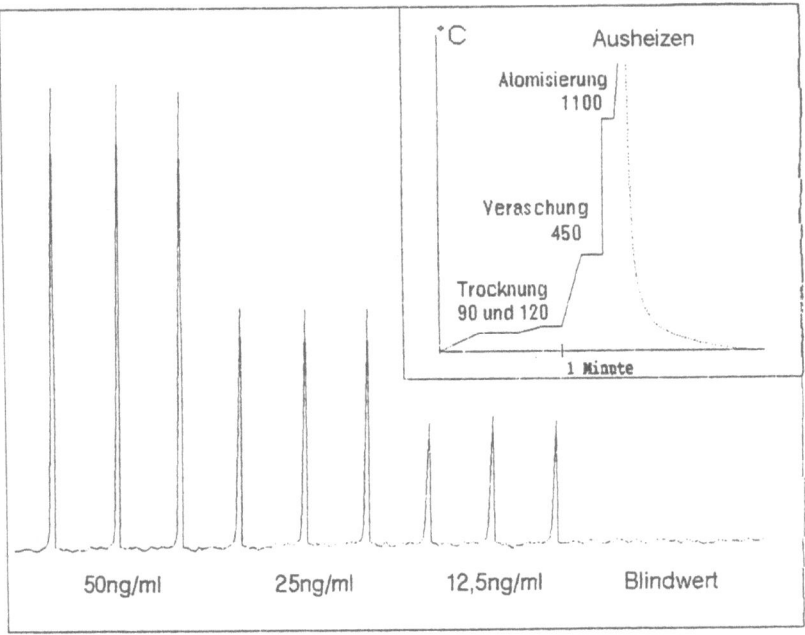

Abb. 16. Aufzeichnung des untergrundkompensierten Graphitrohr-AAS-signals bei der Bestimmung von Blei in Glucose. Oben rechts ist das zugehörige Temperaturprogramm eingeblendet (Probendosierung 10 µl einer 8%igen-Glucoselösung)

Das Graphitrohr wird meist während des gesamten Temperaturprogramms mit Edelgas gespült, um einerseits das Graphitrohr vor dem Verbrennen zu schützen und andererseits die verdampften Probenbestandteile zu entfernen. Soll die Bestimmung dagegen mit der höchstmöglichen Empfindlichkeit erfolgen, so kann der Spülgasfluß während der Atomisierung des zu analysierenden Elements verringert oder vorübergehend ganz abgestellt werden, um eine möglichst konzentrierte Atomwolke zu erhalten. Dem gleichen Zweck dient ein möglichst rasches Aufheizen des Graphitrohres während des Atomisierungsschrittes. Ein typischer Meßzyklus von der Probendosierung über die Atomisierung mit hellrotglühendem Graphitrohr und nachfolgender Abkühlung dauert etwa 2–3 Minuten. Bestimmungen mit dem Graphitrohrofen dauern also deutlich länger als Messungen mit der Flamme. Die Meßsignale in der flammenlosen AAS sind peakförmig und werden über Peakhöhe oder Peakfläche ausgewertet (s. Abb. 16).

Der Austausch der Graphitrohre gegen solche aus pyrolytischem Kohlenstoff, der Einsatz sogenannter L'vov Plattformen in die Graphitrohre und verschiedene Matrixmodifier, die der Analysenlösung zugesetzt werden, erlauben, in Verbindung mit der Wahl des Temperaturprogramms, die Bestimmung in vielfältiger Weise der Probe anzupassen.

Die Eindosierung der Probe in das Graphitrohr erfolgt meist über einen Probengeber, sodaß die AAS mit Graphitrohr seit langem das automatische Abarbeiten von Probensequenzen erlaubt.

Quecksilberverbindungen werden nach Reduktion mit Natriumborhydrid oder Zinn-II-chlorid zu metallischem Quecksilber gemessen. Je nach Reagenz und Arbeitstechnik spült der während der Reaktion entstehende Wasserstoff und/oder ein Trägergas (Argon) den Quecksilberdampf aus dem Reaktionsgefäß in eine Quarzküvette, die sich im Strahlengang des Photometers befindet. Auch hier sind die Signale peakförmig.

Beim *Hydridverfahren* benutzt man die Reaktion von Arsen mit Natriumborhydrid, um Arsenwasserstoff zu erzeugen. Dieser wird in der in diesem Fall auf 900° erhitzten Quarzküvette atomisiert. Analog werden Antimon, Selen und Zinn bestimmt.

Obwohl das Lambert-Beer'sche Gesetz im Prinzip auch für die Atomabsorptionsspektroskopie gilt, werden alle atomabsorptionsspektroskopischen Bestimmungen als relative Messungen durchgeführt. Als Eichmethode beschreibt DAB 10 eine Eichung gegen Eichgerade und die Standardzumischmethode. Letztere wird eingesetzt, wenn Matrixeinflüsse zu einer gegenüber der Eichgerade veränderten Empfindlichkeit führen. Abbildung 17 gibt den Verlauf der Eichgeraden von Blei in Wasser (obere Gerade) und in einer 8%-igen Glucoselösung wieder. In beiden Fällen werden 10 µl Probelösung in den Graphitrohrofen dosiert.

Die Matrixeffekte können dabei sowohl chemischer wie physikalischer Natur sein. In der Flammen-AAS führt bereits die Änderung der Lösungsviskosität oder Oberflächenspannung zu unterschiedlichen Ansaugraten und unterschiedlicher Aerosolbildung und somit zu signifikanten Signalunterschieden. In der Graphitrohr-AAS kann die Atomisierung des zu bestimmenden Elements durch

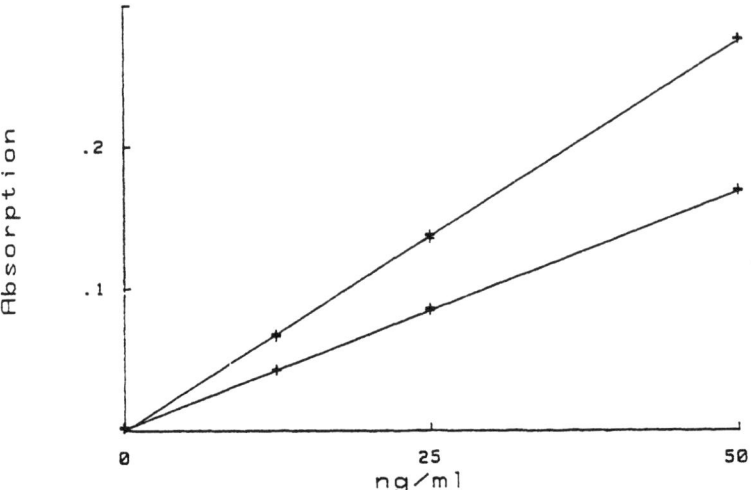

Abb. 17. Signalunterdrückung in der Graphitrohr-AAS durch die Probenmatrix. Obere Kurve: Eichgerade von Blei in Wasser; untere Kurve: Eichgerade von Blei in 8%-iger Glucoselösung)

Einschluß in eine Matrix physikalisch beeinträchtigt werden. Auch chemische Interferenzen können das Meßsignal vergrößern oder verkleinern. In der Flammen-AAS kennt man die Bildung schwerschmelz- oder -verdampfbarer Salze und nicht vollständig dissoziierender Moleküle, die zu einem verminderten Meßsignal führen. Dieser Interferenz kann man chemisch, z.B. durch Zusatz von Komplexbildnern oder überschüssigen Kationen, die mit dem störenden Anion noch schwerer lösliche Salze bilden, oder thermisch, durch Erhöhung der Flammentemperatur, begegnen. Allerdings wird die Erhöhung der Flammentemperatur, z.B. durch Wechsel von Luft/Acetylen auf Lachgas/Acetylen, vielfach zu einer verstärkten Ionisations-Interferenz führen. So erhöht sich beispielsweise die Ionisation von Calcium von 3 auf 43%. Die ionisierten Atome haben eine veränderte Elektronenhülle und damit ein völlig unterschiedliches Absorptionsspektrum, sie sind der Messung entzogen. Die Ionisation kann man durch Bildung eines großen Elektronenüberschusses, der bei Zusatz besonders leicht ionisierbarer Elemente wie Kalium oder Caesium zur Probelösung in der Flamme entsteht, zurückdrängen. Je geringer das Ionisierungspotential des zu bestimmenden Elementes ist, desto mehr Ionisierungsmodifier muß zugesetzt werden (0,2 bis 10g/l). Dieser Modifier erhöht nicht nur das Meßsignal, sondern verbessert auch die Signalstabilität, denn in den unterschiedlichen Flammenzonen herrschen verschiedene Temperaturen, und somit liegen auch unterschiedliche Ionisierungsgrade vor. Ohne Modifier muß das unvermeidliche geringe Flackern der Flamme also eine größere Meßwertstreuung hervorrufen. Bei den Alkalimetallen ist die Ionisation bereits in der Luft/Acetylenflamme beachtlich (Na 22%, K 30%, Cs 85%). In der Graphitrohrküvette scheinen Ionisierungsinterferenzen nicht aufzutreten. In der Graphitrohrofen-AAS benutzt man Matrixmodifier, die ein vorzeitiges Verdampfen des zu bestimmenden Elementes verhindern oder die Entfernung unerwünschter Matrix möglichst fördern sollen, z.B. den Zusatz von Ammoniumphosphat, um bei Bleibestimmungen das schwererflüchtige Bleiphosphat zu bilden. Damit läßt sich die thermische Vorbehandlung der Probe vor der Atomisierung intensivieren und somit die unspezifische Absorption während der Atomisierung vermindern.

Neben den zu bestimmenden Atomen absorbieren auch die Matrixbestandteile das von der Strahlenquelle emitierte Licht. Diese unspezifische Untergrundabsorption wird durch Lichtstreuung an festen und flüssigen Teilchen und durch Absorption durch Moleküle hervorgerufen. Wird sie nicht kompensiert, so werden zu hohe Meßwerte gefunden. Zur Kompensation stehen 2 Gerätetechniken zur Verfügung:
- Kompensation durch Kontinuumstrahler
- Kompensation durch den Zeeman Effekt.

Bei der Untergrundkorrektur mit einem Kontinuumstrahler wird abwechselnd das Licht der elementspezifischen Hohlkathodenlampe und einer strahlungsleistungsmäßig darauf abgestimmten Deuteriumlampe (UV-Bereich) oder Halogenlampe (Vis-Bereich) in den Strahlengang eingeblendet und gemessen. Die Differenz aus Hohlkathodenlampensignal minus Kontinuummeßsignal ergibt die spezifische Elementabsorption. Mit dieser Technik können Untergrundabsorptionen bis etwa 0,8 kompensiert werden, wenn die Signale nicht zu schnell sind. Abbildung 18 zeigt, wie bei der Bleibestimmung in Glucose aus der Kurve der Gesamtabsorption (AA + BG für Atomic Absorption + Background) nach Untergrundkompensation und Verstärkung das elementspezifische Signal isoliert werden kann.

Die Zeeman-Untergrundkompensation beruht auf der Aufspaltung der spezifischen Resonanzlinien in Strahlungsquelle oder Probe in unter Einfluß eines Magnetfeldes 2 verschieden polarisierte Anteile. Die Mehrzahl der Elemente zeigt einen anomalen, die Minderheit den einfacheren, normalen Zeeman-Effekt. Beim normalen Zeeman-Effekt verbleibt ein polarisierter Anteil auf der Wellenlänge der ursprünglichen Spektral-Linie, während links und rechts davon zwei senkrecht dazu polarisierte Linien auftreten.

Für die Implementierung des Zeeman-Effektes in die Geräte bestehen verschiedene Möglichkeiten. Der derzeit günstigste scheint die Applikation eines magnetischen Wechselfeldes an der Probenküvette zu sein. Während das Feld anliegt, wird nur die unspezifische Absorption gemessen, da die spezifische polarisierte Komponente auf der Spektrallinie mit dem Analysator ausgeblendet wird. Im magnetfeldfreien Zustand wird die Summe aus spezifischer und Untergrundabsorption gemessen. Die Differenz ergibt das gewünschte Signal. Die Zeeman-Kompensation arbeitet bis ca. 2 Absorptionseinheiten und kann auch strukturierte Untergrundabsorptionen ausgleichen. Diese strukturierten Untergrundabsorptionen sind jedoch selten. Mittels Zeeman-kompensierter AAS können Proben mit hohem Untergrund gemessen werden, die mit Kontinuumstrahler nicht mehr meßbar wären (biologische Proben, leicht verdampfbare Elemente in Gegenwart hoher Alkalisalzkonzentrationen). Zeeman-kompen-

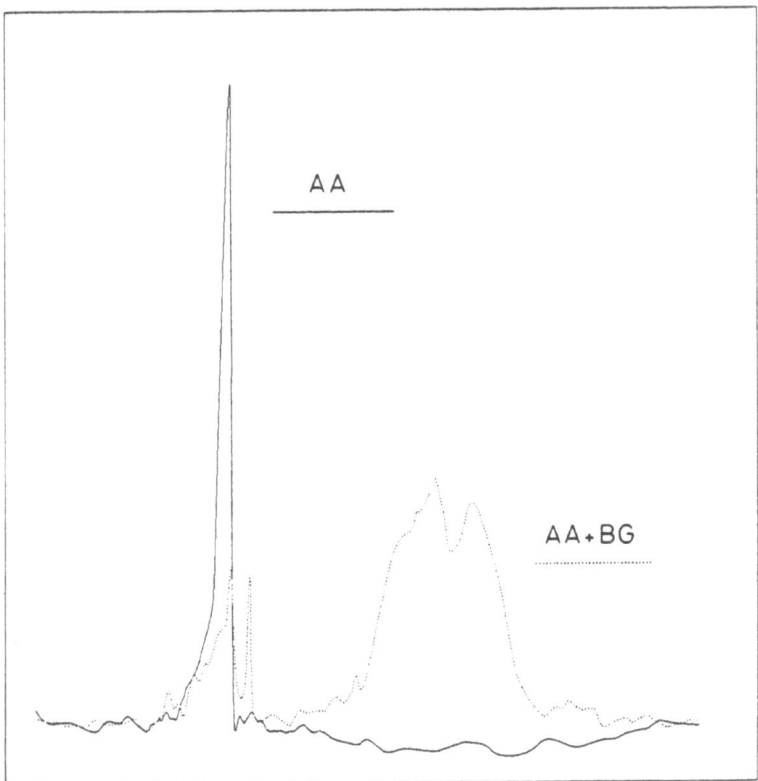

Abb. 18. Zeitaufgelöste Darstellung der Gesamtabsorption (AA + BG, gepunktete Kurve) und der mittels Untergrundkompensation (Kontinuumstrahler) daraus extrahierten spezifischen Atomabsorption (AA, durchgezogene Kurve, gespreizt)

sierte AAS-Geräte sind, je nach Bauprinzip in unterschiedlichem Ausmaß, weniger empfindlich als Kontinuum-kompensierte. Zu beachten ist auch die Möglichkeit eines Überrollens der Eichkurve, d.h., bei weiter steigender Konzentration nimmt die Absorption wieder ab. Die Eichkurve wird in solchen Fällen zweideutig, denn einer Absorption sind eine niedrige und eine sehr hohe Konzentration zugeordnet. Dieses Überollen tritt jedoch meist erst bei Konzentrationen auf, die ohnehin ein Verdünnen ratsam erscheinen lassen.

Im Rahmen der pharmazeutischen Qualitätskontrolle wird die Atomabsorption zur Gehaltsbestimmung von Infusionslösungen und zur Reinheitsbestimmung in Ausgangsstoffen inklusive Packmitteln eingesetzt. Verglichen mit den in den Arzneibüchern beschriebenen naßchemischen Grenztests, wie etwa der Schwermetallfällung als Sulfid, der Bariumfällung als Sulfat oder verschiedenen Farbreaktionen, ist der Aufwand recht hoch. Die Atomabsorption wird daher dann eingesetzt, wenn diese Methoden zu unspezifisch, zu unempfindlich oder zu ungenau sind, oder wenn sie gestört werden.

Anwendungsbeispiele finden sich im DAB 10 bei der Reinheitsbestimmung von Material für Behältnisse und der Zinkbestimmung in Insulin (s. Tabelle 12).

Tabelle 12

Monographie/Material	bestimmtes Element	Methode	zulässiger Grenzwert
PVC für Behältnisse	Cadmium	Luft-Acetylen-Flamme	0,6 ppm
	Calcium	Luft-Acetylen-Flamme	0,07%
(Barium, Zinn, Schwermetalle und Zink werden naßchemisch bestimmt)			
HDPE für Behältnisse Parenteralia	Chrom	Luft-Acetylen-Flamme	0,05 ppm
	Vanadium	Acetylen-Distickstoffmonoxid	10 ppm
	Zirkonium	Acetylen-Distickstoffmonoxid	100 ppm
Insulin	Zink	Luft-Acetylen-Flamme	0,6%

3.5 Massenspektrometrie (MS)

Unter Massenspektrometrie versteht man die Auftrennung von Ionen nach ihrem Quotienten von Masse zu Ladung und Registrierung der relativen Intensitäten dieser Teilchen. Je nach Ionisationsmethode variieren die enstehenden geladenen Teilchen und somit das Erscheinungsbild des Massenspektrums. Der Anwendungsschwerpunkt für die Massenspektrometrie in einem pharmazeutischen Industriebetrieb liegt in der Strukturbestätigung/-aufklärung neu synthetisierter Substanzen, von Neben- und Zersetzungsprodukten sowie in der Metabolitenaufklärung. Gegenüber der NMR-Spektroskopie zeichnet die Massenspektrometrie dabei besonders der geringe Substanzbedarf im Mikrogrammbereich aus. In der Routineanalytik der Qualitätskontrollabteilungen pharmazeutischer Firmen wird sie als eigenständige Methode kaum Anwendung finden. Sie ist auch weder in der europäischen (Ph. Eur. II) noch in der japanischen Pharmakopoe aufgeführt. Beschrieben wird sie lediglich im amerikanischen Arzneibuch (USP XXII). In der Qualitätskontrolle wird man nur kleinere Quadrupolgeräte oder Ion-Trap-Massenspektrometer finden, die in der Regel als Detektoren für die Gaschromatographie, künftig vielleicht auch für die HPLC, eingesetzt werden. Als Ionisationsmethode benutzen diese Geräte die Elektronenstoß-Ionisation manche können auch mit chemischer Ionisation arbeiten.

In der Qualitätskontrolle wird man selten mit diesen Geräten echte Strukturaufklärung betreiben. Dagegen sind folgende Aufgaben gängige Verfahren:
- Nachweis der Selektivität eines chromatographischen Verfahrens durch Aufnahme von Massenspektren an Peakanfang, -mitte und -ende
- Identifizierung von bislang nicht im Produkt aufgetretener Verunreinigungen, die sich als unbekannte Begleitpeaks in Chromatogrammen zeigen
- Selektive Messung bei chromatographisch nicht vollständig auftrennbaren Verbindungen
- Vorarbeiten für die Strukturaufklärung.

Bei den bislang unbekannten Verbindungen, erbringt der Einsatz eines Massenspektrometers als Detektor in erster Linie eine bedeutende Zeitersparnis.

Handelt es sich z.B. um unbekannte flüchtige Bestandteile, die üblicherweise im Head-space Gaschromatogramm nicht auftreten, so erspart das Massenspektrometer eine Suche anhand von Retentionsindices und Trennung auf einer zweiten, genügend unterschiedlichen Trennsäule. Die heute gebräuchlichen GC-MS-Kopplungen beinhalten in aller Regel die Möglichkeit, die registrierten eigenen Spektren automatisch gegen mitgelieferte Spektrenbibliotheken auszuwerten. Gerade die Identifizierung von Lösungsmitteln gelingt damit einfach (s. Abb. 19). Eine Interpretation der Massenspektren ist in diesen Fällen unnötig. Für die Quantifizierung der Verunreinigung oder um letzte Sicherheit zu gewinnen, wird man die so identifizierte Verunreinigung der Probe zumischen.

Bei Wirkstoffen aus eigener Forschung sind mögliche Neben- und Zersetzungsprodukte meist aus der Präparateentwicklung bekannt und auch Massenspektren aus der Forschungsanalytik vorrätig. Bei altbekannten Wirkstoffen sind sie teilweise aus der Literatur zugänglich. Die Neben- und Zersetzungsprodukte selbst sind teilweise instabil oder schlecht synthetisierbar, so daß sie nicht in allen Fällen als Vergleichssubstanz vorrätig sind. In diesen Fällen erlaubt die Massenspektrometrie ihre Identifizierung durch Spektrenvergleich, wobei auch hier keine Spektreninterpretation nötig ist, wohl aber Unterschiede in der massenspektroskopischen Aufnahmetechnik bedacht werden müssen. Auch die Absicherung des Syntheseweges über die Identifizierung der Nebenprodukte oder Reste der Ausgangsmaterialien wird mittels gekoppelter chromatographisch-massen-

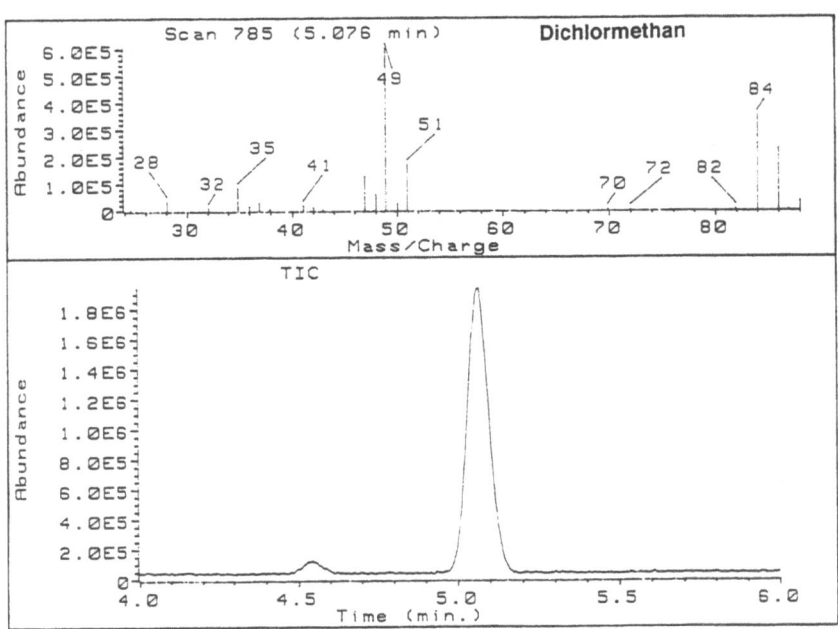

Abb. 19. Rasche Identifizierung eines Restlösemittels mittels Gaschromatographie-Massenspektroskopie. Oben: Massenspektrum des Peaks bei 5,1 min (Dichlormethan); unten: Gesamtionenstromchromatogramm)

spektrometrischer Methoden wesentlich erleichtert. Dies gewinnt angesichts der sich entwickelnden behördlichen Forderung nach Festlegung des Syntheseweges auch bei zugekauften Wirkstoffen im Rahmen der Arzneimittelzulassung an Bedeutung. Da pharmazeutische Wirkstoffe in der Regel mittels HPLC untersucht werden, entwickelt sich hier ein Bedarf an HPLC-MS-Kopplungen.

Die Möglichkeit, mittels Massenfragmentographie, auch als Selected Ion Monitoring bezeichnet, selektiv auch dann zu messen, wenn die chromatographische Trennung nicht gelingt, hat Bedeutung für komplizierte Proben mit vielen chemischen Komponenten, wie z.B. Pflanzenextrakte, Erdöldestillate oder Steinkohlenteer. In Kenntnis des Massenspektrums der zu bestimmenden Komponente kann man ein oder mehrere geeignete Fragmente auswählen, die in den nicht aufgelösten Begleitpeaks nicht enthalten sind. Aus einem Chromatogramm mit vielen überlappenden Peaks kann so ein einfaches Chromatogramm werden, des nur Basislinientrennungen zeigt.

Durch die lange Registrierung ausgewähler Massen ist die Massenfragmentographie wesentlich empfindlicher als die Massenchromatographie, bei der aus der Gesamtheit der registrierten Spektren nachträglich die gewünschten Massen ausgewählt werden. Die Massenfragmentographie reicht in günstigen Fällen, bei denen intensive, selektive Fragmente ausgewählt werden können, bis in den Picogrammbereich hinein und hat daher hohe Bedeutung in der Spurenanalyse. Diese Eigenschaft wird in der Arzeimittelentwicklung bei der Messung von Blutspiegelkurven ausgenutzt, kann jedoch auch bei der Bestimmung der Wirkstoff-Freisetzung niedrigstdosierter Arzneimittel aus Depotarzneimitteln oder der Rückstandsanalytik bei pflanzlichen Arzneimitteln interessant sein.

Sinnvoll ist auch, eine Strukturaufklärung auf einem System mit kleinerem Massenspektrometer vorzubereiten, indem die Methode der Probenvorbereitung und die chromatographische Trennung auf diesem System entwickelt werden. Ist diese Entwicklung abgeschlossen, so kann dann auf ein leistungsfähigeres Massenspektrometer mit höherer Auflösung oder zusätzlichen Ionisierungsmethoden gewechselt werden.

4. Titrationen [Elektrometrische Methoden]

Trotz moderner spektroskopischer und chromatographischer Analysenmethoden sind Titrationen in der pharmazeutischen Analytik unverzichtbar. Der Schwerpunkt der Anwendung liegt im Bereich der Analytik der Ausgangsmaterialien. Nach wie vor sind Titrationen in diesem Bereich die meistgebrauchten Gehaltsbestimmungsmethoden der Arzneibübücher (Beispiele s. weiter unten), damit sind sie auch für die Industrie der offizinelle Standard. Die vergleichsweise geringe Spezifität von Titrationen fällt bei den für pharmazeutische Anwendungen hochreinen Ausgangsmaterialien weniger ins Gewicht, wenn man bedenkt, daß die Ergebnisse der Titration nur im Zusammenhang mit Identitäts- und Reinheitsprüfung Bedeutung erlangen. Im Mosaik der Einzelprüfpunkte einer Substanzprüfung liefert die Bestimmung des Substanzgehalts mittels Titration den Schlußstein. Von entscheidender Bedeutung ist, daß Titrationen, im Gegensatz zu allen chromatographischen Verfahren, in der Regel keiner Referenzsubstanz bedürfen, die mit der zu bestimmenden Substanz chemisch identisch sein muß. Die Maßlösung wird gegen unabhängige, leicht zugängliche, preiswerte, meist anorganische Urtitersubstanzen eingestellt. Aus dem so ermittelten Gehalt und der Stöchiometrie der Reaktion zwischen Titrand und Titrator wird ein Faktor berechnet. Dieser Faktor ist meist unabhängig von den benutzten Analysengeräten, evtl. sogar von der benutzten Indikationsmethode. Zudem lassen sich Titrationen meist mit der Angabe weniger Parameter beschreiben. Die einfache Faktoreinstellung, die relative Unempfindlichkeit gegen Gerätewechsel und die leichte Beschreibbarkeit führen dazu, daß titrimetrische Analysenmethoden meist einfacher zwischen Laboratorien zu transferieren sind als chromatographische Methoden. Problematisch kann die Transferierung dann werden, wenn es sich um Titrationen oder Reaktionen mit nicht exakt bekannter Stöchiometrie handelt, z.B. der Karl-Fischer-Titration.

Noch sind, auch in der pharmazeutischen Industrie, Titrationen mit visueller Endpunktserkennung gebräuchlich. Für die automatische Auswertung sind jedoch elektrometrisch induzierte [42] Titrationen prädestiniert. Grundsätzlich unterscheidet man elektrometrische Verfahren mit Stromfluß durch die Titrationslösung (Amperometrie, Voltametrie) von solchen mit vernachlässigbarem Stromfluß (Potentiometrie). Bei der exakten Aufgliederung wird neben der gemessenen elektrischen Größe noch die Anzahl der polarisierten Elektroden berücksichtigt (s. Abb. 20).

Die coulometrische Titration [43] stellt eine Sonderform dar. Hierbei wird der Titrator nicht wie sonst üblich in Form einer volumetrischen Lösung zudosiert, sondern durch Elektrolyse erzeugt. Der zu bestimmenden Lösung wird ein Zwischenreagenz im Überschuß zugesetzt, aus dem in der elektrochemischen Primärreaktion ein mit dem Titrand quantitativ abreagierendes Reaktionsprodukt entsteht. Durch den Überschuß an Zwischenreagenz wird die Konstanz des Elektrodenpotentials gewährleistet, weil das Zwischenreagenz stets in aus-

Tabelle 13. Titrationen

typische Anwendungen	Gehaltsbestimmungen von Reinsubstanzen
typische Analyte	anorganische und organische Substanzen
Detektion	elektrometrisch (potentiometrisch, amperometrisch...)
typische Analysenzeiten	15–30 Minuten
Probenvorbereitung	Einwiegen und Lösen der Probe
Eichung	Faktoreinstellung der Titrationslösung gegen Urtiter
Messdauer	5 Minuten bis 30 Minuten
Geräte	Motorbürette, Indikationssystem, Steuer- und Auswerteeinheit: 5–20 TDM
typischer Konzentrationsbereich	100 mg bis 5 g für potentiometrische Bestimmungen Karl-Fischer Titration: 1–50 mg Wasser Karl-Fischer Coulometrie: 1 µg–10 mg Wasser

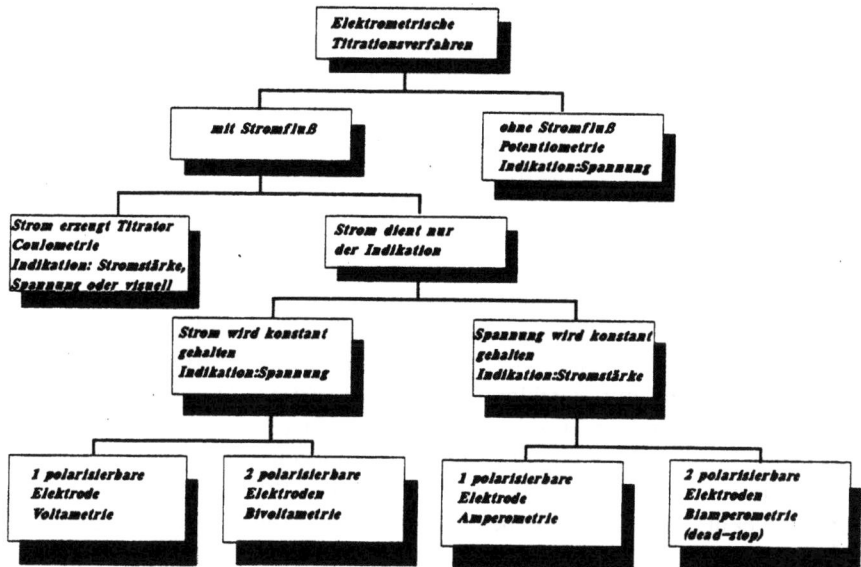

Abb. 20. Aufgliederung elektrometrisch indizierter Titrationsmethoden

reichender Menge durch Diffusion nachgeliefert wird. Damit wird eine 100%-ige Stromausbeute garantiert, und Nebenreaktionen werden vermieden. Der Gehalt des zu bestimmenden Stoffes wird anhand des Produktes aus konstanter Stromstärke und Elektrolysedauer berechnet. Da beide Größen sehr genau bestimmt werden können, eignet sich die coulometrische Titration hervorragend für die Bestimmung geringer Gehalte wie die Bestimmung von μg Mengen Wasser in Aeorosoltreibgasen durch coulometrische Karl-Fischer-Titration. Eine Titereinstellung ist bei coulometrischen Titrationen überflüssig. Für die Endpunktsbestimmung coulometrischer Titrationen werden die gleichen Methoden wie bei der volumetrischen Titration benutzt.

Zur Erklärung des Verlaufs der Meßgröße elektrometrisch indizierter Titrationskurven wird man immer wieder auf die Nernst'sche Gleichung zurückgreifen, die den Zusammenhang zwischen dem Potential einer Elektrode und den Konzentrationen der potentialbestimmenden Ionen wiedergibt. Durch Berechnung der elektromotorischen Kraft einer Elektrodenkombination anhand der Differenz der Redoxpotentiale der sich bildenden Halbzellen läßt sich erkennen, welche Reaktionen an den Elektroden ablaufen. Auch die Auswirkung von außen an die Zelle gelegter Spannungen oder aufgepägter Ströme läßt sich anhand der Formulierung der möglichen elektrochemischen Gleichgewichte und der Berechnung der zugehörigen Elektrodenpotentiale ermitteln. Zusätzlich zum berechneten Gleichgewichtspotential ist oft eine sogenannte Überspannung erforderlich, um einer Zelle eine Elektrolyse aufzuzwingen. Als solche kennt man Diffusionsüberspannung, Reaktionsüberspannung und, bei der Beteiligung von Gasen,

Durchtrittsüberspannungen. Inwieweit solche Uberspannungen eine Rolle spielen, wird von der Art des Elektrodenmaterials, der Größe seiner Oberfläche und seiner Umgebung bestimmt. Umgibt man das Elektrodenmetall mit einer Schicht eines seiner schwerlöslichen Salze, so bildet sich eine Elektrode 2. Art. Diese zeigt im für analytische Zwecke benutzten Strombereich keine Überspannungen und eignet sich daher als Bezugselektrode für potentiometrische und amperometrische Titrationen mit einer polarisierten Elektrode. Beispiele solcher Elektroden sind die vielbenutzte Silber/Silberchlorid-Elektrode und die Kalomelelektrode.

Bei den im Arzneibuch beschriebenen potentiometrischen Titrationen handelt es sich meist um einfache Säure/Basentitrationen. Häufig wird dabei nicht das pharmakologisch wirksame, organische Molekül erfaßt, sondern das Anion des im Arzneibuch beschriebenen Salzes. In die Gruppe dieser Titrationen fallen die meisten Titrationen mit Perchlorsäure in wasserfreiem Medium, z.B. die Bestimmung des Bromids in Butylscopolaminbromid nach DAB9 oder des Sulfates in Amfetaminsulfat (Protonierung zum Hydrogensulfat). In Sonderfällen wird zusätzlich zum Anion auch ein weniger basischer Stickstoff des organischen Arzneimoleküls protoniert, so bei der Gehaltsbestimmung der Chinin- und Chinidinsalze. Chlorid wird im Arzneibuch sowohl argentometrisch (z.B. nach Mohr bei Cholinchlorid) sowie in wasserfreier Essigsäure nach Zusatz von Quecksilber(II)-acetat durch Titration der freigesetzten Acetationen bestimmt (z.B. Chlordiazepoxidhydrochlorid).

Schwache Säuren wie die Diuretika Hydrochlorothiazid und Bendroflumethiazid läßt das Arzneibuch mit Tetrabutylammoniumhydrodixd in Pyridin als zweibasige Säure titrieren. Das strukturverwandte Chlorothiazid wird in Dimethylformamid als einbasige Säure titriert.

Penicilline werden nach DAB10 mittels einer interessanten, mercurimetrischen Titration potentiometrisch bestimmt. Dabei wird zunächst der β-Lactamring durch alkalische Hydrolyse zu Penicillosäure gespalten, deren offenkettige Form mit Hg(II)-Ionen unter Bildung eines Hg-Mercaptids reagiert [44]. Da Penicillinabbauprodukte mit geöffnetem Lactamring miterfaßt werden, müssen diese vorab in einer Titration ohne vorgeschaltete Hydrolyse titrimetrisch bestimmt und bei der Gehaltsberechnung berücksichtigt werden. Als Indikatorelektrode wird eine Platin- oder Hg-Elektrode verwendet. Obwohl die Titration der Penicilline den Vorteil hat, ohne Vergleichssubstanzen auszukommen, gilt die im Arzneibuch für diesen Zweck nicht beschriebene HPLC-Bestimmung heute als die bessere Alternative [45], denn mittels HPLC lassen sich Identität, Reinheit und Gehalt sicher simultan kontrollieren [46].

Die Titration primärer, aromatischer Amine (z.B. Lokalanaesthetika von p-Aminobenzoesäureester Typ wie Benzocain oder Sulfonamide) läßt sich ebenso biamperometrisch indizieren wie die Wasserbestimmung nach Karl Fischèr.

Weil der Wassergehalt einer Rezeptur entscheidenden Einfluß auf die Stabilität eines Arneimittels haben kann, z.B. bei hydrolyseempfindlichen Arzneistoffen oder bei Brausetabletten, hat die Karl-Fischer-Titration [47] in der pharmazeutischen Analytik weite Verwendung gefunden. Trotz dieser großen Verbreitung ist sie keine unkritische Titration, denn die Ergebnisse können von einer Vielzahl von Faktoren beinflußt werden. Der großen Bedeutung wegen soll sie hier genauer dargestellt werden.

Grundlage der Karl-Fischer-Titration ist die Bunsenreaktion, d.h. die Oxidation von Schwefeldioxid durch Iod in Gegenwart von Wasser. Schwefeldioxid muß bei der Wasserbestimmung im Überschuß vorliegen und die entstehende Schwefelsäure muß gebunden werden. Das klassische Karl-Fischer Reagenz ist eine Lösung von Iod und Schwefeldioxid in einer Pyridin-Methanol-Mischung. Mit diesem und anderen alkoholhaltigen Reagenzien erhält man Reaktionen im stöchimetrischen Verhältnis $H_2O:I_2 = 1:1$, in einigen nicht alkoholischen Lösungen wird die Stöchiometrie verändert [48]. Die Lagerstabilität dieser Lösung ist begrenzt, der Titer fällt am ersten Tag der Herstellung zunächst relativ rasch, dann mit etwa 1% pro Tag. Käufliche Karl-Fischer-Reagenzien auf dieser Basis werden daher als zwei getrennte Lösungen, Schwefeldioxid und Pyridin in Methanol und Iod in Methanol, angeliefert. Bei einer 5-Tage-Woche hat es sich in der täglichen Routine als vorteilhaft erwiesen, diese Lösungen freitags nachmittag zu mischen und den Titer am Wochenbeginn zu bestimmen. Die Titereinstellung wird meist gegen Natriumtartrat-2-hydrat mit einem definierten Wasseranteil von 15,66% vorgenommen. Je nach Genauigkeitsanforderung muß sie mehrmals wöchentlich kontrolliert werden.

Neben dem unangenehmen Geruch ist der schleppende Reaktionsverlauf kennzeichnend für das beschriebene pyridinhaltige Einkomponentenreagenz. Schon vor dem Äquivalenzpunkt treten vorübergehend Iodüberschüsse auf. Die Titrationsweise muß der Kinetik der Reaktion angepaßt werden. Für die Endpunktsbestimmung, die visuell, bipotentiometrisch oder biamperometrisch erfolgen kann, muß eine definierte Abschaltverzögerung, z.B. 20 s, eingehalten werden. Erst wenn über diesen Zeitpunkt hinweg bei der biamperometrischen Indikation die vordefinierte Stromstärke nicht unter bzw. bei der bivoltame

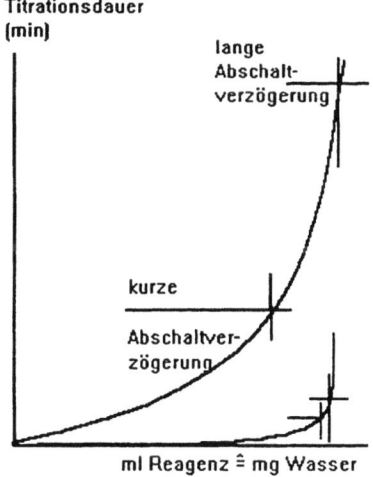

Abb. 21. Schematische Darstellung des Einflußes der Abschaltverzögerung auf den Titrationsendpunkt bei der Karl-Fischer Titration bei träge (obere Kurve) und rasch (untere Kurve) verlaufenden Titrationen

trischen Indikation die Spannung nicht überschritten wird, kann die Titration beendet werden. Die Wahl dieses Parameter kann bedeutenden Einfluß auf das Ergebnis haben. Dies läßt sich verdeutlichen, wenn man Reagenzverbrauchs/Zeit-Diagramme während der Karl-Fischer-Titration aufzeichnet. Abbildung 21 zeigt, wie bei kurzer Endpunktsverzögerung der Titrationsendpunkt, gekennzeichnet durch ein Kreuz, zu niedrigeren Verbrauchswerten verschoben wird. Diese Verschiebung ist bei schleppendem Reaktionsverlauf (obere Titrationskurve der Abbildung) besonders ausgeprägt.

Wird Pyridin im Einkomponentenreagenz durch basischere Substanzen (z.B. Imidazol, Natriumacetat, Natriumsalicylat) ersetzt, so läßt sich die Reaktion beschleunigen.

Noch rascher verläuft die Karl-Fischer-Titration, wenn nach der Zweikomponententechnik analysiert wird. Hierbei wird die Probe in der sogenanten Solvent-Komponente, die Schwefeldioxid und ein Amin enthält, gelöst und mit der Titrantkomponente, Iod in alkoholischer Lösung, titriert. Der hohe Schwefeldioxid- und Aminüberschuß beschleunigt die Reaktion, zudem sind die Endpunkte wesentlich stabiler.

Bei der Karl-Fischer-Wasserbestimmung muß die Verfügbarkeit des Wassers für die Titration beachtet werden. Kristallwasser ist einer Titration u.U. nur

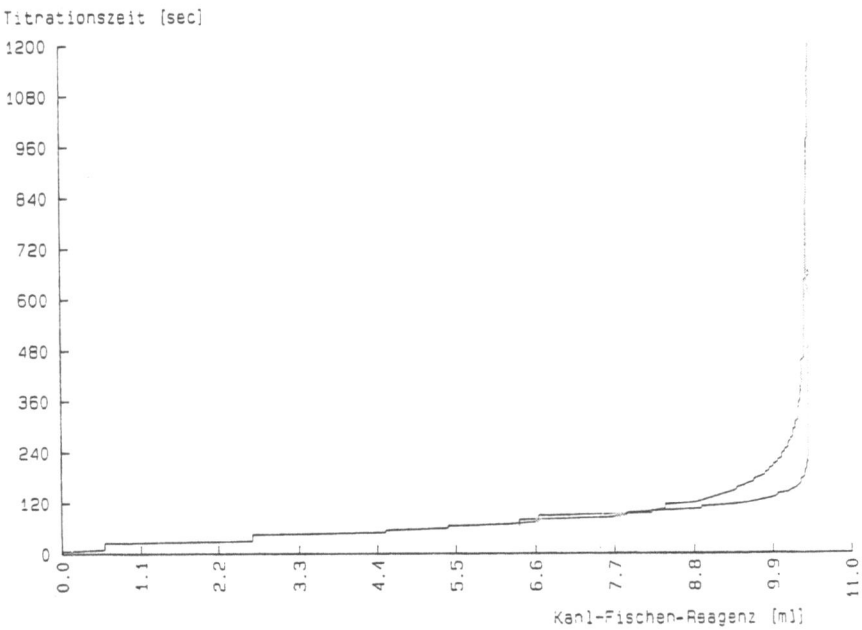

Abb. 22. Verlauf der Karl-Fischer-Titration bei Maisstärke: die obere Kurve (Soforttitration) zeigt am Endpunkt einen schleppenden Verlauf, weil die suspendierte Maisstärke noch Wasser freisetzt, die untere Kurve (Maisstärke wurde vor Titrationsbeginn 30 Minuten in Methanol ausgerührt) zeigt einen scharfen Endpunkt.

zugänglich, wenn sich die Substanz vollständig vor oder während der Titration löst. Aus manchen unlöslichen Stoffen, wie z.B. Stärke, muß das Wasser vor der Titration extrahiert werden, etwa durch 30-minütiges Ausrühren (s. Abb. 22). In solchen Fällen ist auf die Dichtigkeit der Titrationszelle besonders zu achten, damit die Luftfeuchtigkeit das Ergebnis nicht verfälscht. Es empfiehlt sich, einen Blindwert zu bestimmen.

Verschiedene Substanzgruppen zeigen bei der Karl-Fischer-Titration Nebenreaktionen, die Wasser vortäuschen. So reagieren Aldehyde und Ketone mit dem Methanol aus dem Karl-Fischer-Reagenz unter Wasserbildung zu Acetalen bzw. Ketalen; Ascorbinsäure wird vom Jod des Karl-Fischer-Reagenzes zur Dehydroascorbinsäure oxidiert. Die Geschwindigkeit der Nebebreaktionen ist häufig abhängig vom Karl-Fischer-Reagenz – meist sind Zweikomponentenreagenzien reaktiver – und vom Lösungsmittel. Durch (teilweisen) Austausch von Methanol gegen z.B. 2-Methoxyethanol kann versucht werden, die Nebenreaktion zu unterdrücken. In vielen dieser Fälle lohnt sich die Aufzeichnung von Reagenz/Zeit-Diagrammen, um einen Einblick in das Titrationsverhalten zu bekommen. Aus dem gesagten ergibt sich, daß ein Wechsel der Karl-Fischer-Reagenzien nicht unkritisch vorgenommen werden darf. Das gleiche gilt für einen Gerätewechsel der Titratoren, der mit einer Änderung der Endpunktserkennung und der Kinetik der Reagenzzugabe verbunden sein kann.

Einige der käuflichen Karl-Fischer-Titratoren sind mit Mikroprozessoren ausgerüstet, die den Wassergehalt der Probe selbständig berechnen, wobei über eine angeschlossene Waage das Probengewicht eingelesen werden kann. Auch automatische Probenwechsler sind kommerziell erhältlich, wobei die Probengefäße bis zur Titration mit Folie dicht verschlossen werden. Verbindet man den Karl-Fischer-Titrator mit einem Rechner, schließt mehrere Meßzellen an den Titrator an und schaltet sowohl die Indikatorelektroden wie die Motorbüretten programmgesteuert, so läßt sich die Titrationssequenz noch weitgehender automatisieren, weil auch definierte, unterschiedliche Extraktionszeiten vorgewählt werden können. Auf diese Weise lassen sich automatisch die schon mehrfach genannten Reagenz/Zeit-Diagramme aufzeichnen, auf Festplatte oder Diskette speichern und auf Drucker oder Plotter ausgeben. Ergebnisse mehrerer Proben lassen sich auf einem Attest GMP-gerecht zusammenfassen und Tagesprotokolle übersichtlich erstellen.

5 Sonstige Methoden

5.1 Thermoanalyse

Unter Thermoanalyse [49] versteht man die Messung physikalisch-chemischer Eigenschaften als Funktion der Temperatur oder Zeit. Die Probe wird dabei einem kontrollierten Temperaturprogramm unterworfen. Anhand der Thermogramme lassen sich Aussagen zu einer Reihe wichtiger Substanzeigenschaften

Tabelle 14. Differenzthermoanalyse (DTA), Dynamische Differenzkalorimetrie (DDK; engl. DSC)

typische Anwendungen	Reinheitsprüfung von Wirkstoffen, Identifizierung polymorpher Formen, Oxidationsstabilität, Kompatibilitätsprüfung von Substanzen; Primärpackmittelidentifizierung
typische Analyte	organische Wirkstoffe, Polymere
Detektion	Wärmeaufnahme oder -abgabe beim Aufheizen einer Probe gemessen als Temperaturdifferenz oder Kompensationsheizstrom
typische Analysenzeiten	10 Minuten bis 2 Stunden
Probenvorbereitung	Einwaage der Probe
Eichung	nicht erforderlich, routinemäßige Gerätekontrolle mit Referenzmaterialien (z.B. Indium, Blei, Zink)
Messdauer	5 Minuten bis 2 Stunden
Geräte	Thermoofen mit Meßkopf, Auswerterechner: 50–130 TDM
typische Probenmenge	2–20 mg

Tabelle 15. Thermogravimetrie (TG)

Typische Anwendungen:	Reinheitsprüfung von Wirkstoffen (flüchtige Bestandteile); Identitätsprüfung von Gummimaterialien
typische Analyte	organische und anorganische Substanzen
Detektion	Gewichtsverlust als Funktion der Temperatur
typische Analysenzeiten	20 Minuten bis 2 Stunden
Probenvorbereitung	Einwaage der Probe
Eichung	nicht erforderlich, Gerätekalibrierung
Messdauer	10 Minuten bis 2 Stunden
Geräte	Thermoofen mit Waage und Auswerteeinheit: 50–140 TDM
typische Probenmenge	ca. 1 mg Gummimaterialien 10–100 mg zur Bestimmung flüchtiger Bestandteile

wie Schmelzbereich, Reinheit, Polymorphie, Dehydratation, Sublimation, Kristallreinheit, Glasumwandlung und thermochemischer Beständigkeit treffen. Die im Rahmen der pharmazeutischen Analytik bedeutendsten instrumentellen Techniken sind:

– Differenz-Thermoanalyse (DTA) und dynamische Differenzkalorimetrie (DDK, englisch DSC, differential scanning calorimetry) einerseits und
– Thermogravimetrie (TG) andererseits.

Thermomechanische Analysen (TMA), wie die Bestimmung der Längen- oder Volumenänderung einer Probe als Funktion der Temperatur, werden seltener, z.B. bei der Analyse von Polymeren in pharmazeutischen Packmitteln, eingesetzt. Die Thermooptische Analyse (TOA, Thermomikroskopie) liefert wertvolle Hilfe bei der Interpretation von DSC- und DTA-Kurven. Benutzt man polarisiertes Licht, so kann man thermische Umwandlungen mittels eines Mikroskops mit heizbarem Probentisch farbenprächtig beobachten.

Alle thermischen Prozesse, die mit Gewichtsänderungen einhergehen, lassen sich mit der Thermogravimetrie untersuchen und quantifizieren. Sie kann als dynamische (Gewichtsänderungen als Funktion der Temperatur) oder statische Methode (Gewichtsänderungen als Funktion der Zeit bei konstanter Temperatur) angewendet werden. Bei Einwaagen bis max. 1g lösen die Geräte noch Gewichtsänderungen im µg-Bereich auf. Von modernen Geräten kann neben der eigentlichen TG-Kurve (Masseänderung als Funktion der Temperatur) meist noch die besser zu interpretierende differenzierte Kurve (DTG) augegeben werden.

Die Thermogravimetrie kann die Bestimmung eines Trocknungsverlustes ersetzen oder zu dessen Validierung, insbesondere der Wahl der Trocknungstemperatur, herangezogen werden. Zusätzlich zur quantitativen Bestimmung des Gewichtsverlustes gibt die Temperatur, bei der dieser einsetzt, qualitative Hinweise auf den verdampfenden Probenbestandteil (anhaftende Feuchte, im Kristall gebundenes Lösungsmittel, Art des Lösungsmittels). Enthält die Probe mehrere flüchtige Bestandteile, so können diese z.T. getrennt bestimmt werden. Die Identifizierung dieser Bestandteile bzw. von Pyrolyseprodukten gelingt am raschesten und elegantesten bei einer TG-FTIR-Kopplung.

Die Applikation hoher Temperaturen und unterschiedlicher Spülgase, z.B. inerte Atmosphäre oder Luft, gestattet sowohl die Bestimmung der thermischen Stabilität der Proben wie auch quantitative Analysen. So erlaubt die Thermogravimetrie die Bestimmung der Komponenten von Gummistopfen und so die Unterscheidung unterschiedlicher Typen im Rahmen der pharmazeutischen Qualitätskontrolle. In einer ersten Pyrolysestufe unter Stickstoff bis 550° werden zunächst die Anteile an natürlichem Kautschuk und synthetischem Gummi (EPDM, SBR, Polybutadien) bestimmt. Nachfolgend wird der im Stopfen enthaltene Kohlenstoff (Carbon black) in einer Luftatmosphäre bis 750° oxydiert. Der dann noch verbleibende Rückstand entspricht anorganischen Füllstoffen [50].

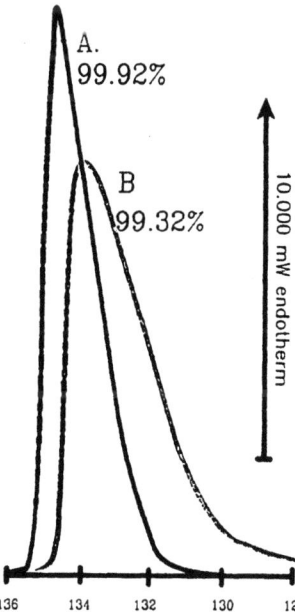

Abb. 23. Einfluß der Probenreinheit auf das Schmelzverhalten eines Wirkstoffes (Phenacetin) A NBS-Referenz Standard, B Standard + 0,7% p-Aminobenzoesäure

Differenz-Thermoanalyse und Differenzkalorimetrie beruhen auf unterschiedlichen Meßprinzipien desselben Phänomens, der Aufnahme oder Abgabe von Wärme während des Erhitzens oder Abkühlens einer Probe. In beiden Fällen werden Probe und ein inertes Referenzmaterial in zwei Tiegeln identischen Materials und identischer Form in einem Thermoofen einem Temperaturprogramm ausgesetzt. Während in der Differenz-Thermoanalyse der Temperaturunterschied zwischen Probe und inertem Referenzmaterial die Meßgröße darstellt, wird in der registrierenden Diffentialkalorimetrie der Kompensationsheizstrom gemessen, der nötig ist, um beide Tiegel auf der gleichen Temperatur zu halten. Letzlich spiegeln sich in den Thermogrammen beider Techniken die Temperaturen wieder, an denen Umwandlungen der Aggregatzustände (Schmelzen, Kristallisation, Sieden, Sublimation), Glasumwandlungen (Übergang vom festen, glasigen Zustand in den Flüssigzustand ohne Enthalpieaustausch, aber mit Änderung der spezifischen Wärme) oder chemische Reaktionen auftreten.

Die *Reinheit* von Substanzen läßt sich schon durch visuellen Vergleich der Thermogramme reiner und verunreinigter Substanzen erkennen. Reine Substanzen zeigen einen scharfen Schmelzpeak, während schon Verunreinigungen von wenigen Zehntelprozent eine deutliche Verflachung, verbunden mit einem früheren Einsetzen der Schmelze, erkennen lassen (s. Abb. 23). Eine 99% reine Substanz ist bereits 3° unterhalb des Schmelzpunktes zu 20% geschmolzen [51]. Die exakte Quantifizierung der Verunreinigungen anhand des Schmelzbereiches basiert auf der von van't Hoff beschriebenen Gefrierpunktserniedrigung verdünnter Lösungen durch Moleküle ähnlicher Größe.

Erfaßt werden Verunreinigung, die in der Schmelze der Hauptkomponente löslich, in ihrer festen Phase aber unlöslich sind. Für die Löslichkeit in der Schmelze ist eine chemische Verwandschaft von Verunreinigung und Hauptkomponente nötig. Diese ist für Synthesevorstufen und Nebenprodukte meist gegeben, sodaß hier keine Probleme zu erwarten sind. Die Thermoanalyse eignet sich in diesen Fällen hervorragend als unabhängige Methode zur Charakterisierung besonders reiner Substanzen (98–100 Mol%), z.B. für Referenzsubstanzen für die Chromatographie. Die Bestimmungen sind in diesen Fällen auf 0,1% reproduzierbar und verläßlich [51]. Im Bereich von 90–98% läßt sie sich mit verminderter Genauigkeit einsetzen [52].

Polymorphe Substanzen sind für die Reinheitsbestimmung nur geeignet, wenn sie vorab komplett in eine Form überführt worden sind. Besitzen die Moleküle einer Verunreinigung gleiche Gestalt, Größe und Eigenschaften wie die Hauptkomponente, so können sie sich ohne Störung in das Kristallgitter einfügen und feste Lösungen bilden. In solchen Fällen, läßt sich die Verunreinigung nicht quantifizieren.

Verschiedene Kristallmodifikationen von Wirkstoffen können therapierelevante Unterschiede in der Bioverfügbarkeit verursachen. Deshalb ist die Information, ob eine Substanz Polymorphie zeigt oder nicht, von entscheidender Bedeutung für den Galeniker und die Qualitätskontrolle. Je nach Art der Umwandlung einer kristallinen Modifikation in die andere entstehen verschiedene Meßkurven. Bei einer fest-fest-Umwandlung geht dem Schmelzpeak der endotherme Umwandlungspeak voran; dessen Erkennung bei nur geringen Wärmeänderungen Schwierigkeiten bereiten kann. Bei fest-flüssig-fest-Umwandlungen schmilzt zunächst die instabile Modifikation (endothermer Peak) und kristallisiert dann als stabile Kristallmodifikation aus (exothermer Peak), die ihrerseits bei höherer Temperatur schmilzt. Teilweise zeigen die Thermogramme auch schlicht unterschiedliche Schmelzpunkte der Kristallmodifikationen, ohne daß Umwandlungen zu erkennen sind. Im Rahmen der Entwicklung einer neuen Wirksubstanz wird man diese daher bis zur vollständigen Schmelze erhitzen und dann rasch abgekühlen. Zeigt eine nachfolgende Messung zusätzliche oder andere Schmelz- oder Umwandlungspunkte, so ist die Substanz sehr wahrscheinlich polymorph.

Die Kombination von DSC bzw. DTA mit der Thermogravimetrie (s. Abb. 24) erleichtert die Interpretation der Meßkurven. Während der endotherme Peak einer Kristallmodifikationsumwandlung keinerlei Effekt in der Thermogravimetrie zeigt, sind gleichfalls endotherme Prozesse wie das Verdampfen von anhaftender Feuchtigkeit oder Kristallwasser sowie die Sublimation der Probe anhand der Gewichtsabnahme in der Thermogravimetrie zu erkennen. Dies soll am komplexen Beispiel der Abb. 24 erläutert werden [53]. Der endotherme Peak bei 123° läßt sich angesichts des in der TG-Kurve aufgezeigten Gewichtsverlustes als Abgabe eines Lösungsmittels unter gleichzeitigem Schmelzen deuten. Im konkreten Fall ließ sich dies durch die Wasserbestimmung nach Karl

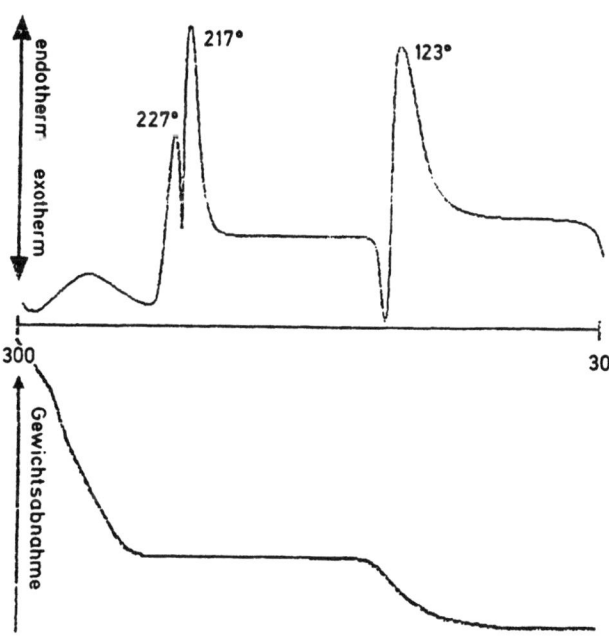

Abb. 24. Kombination von Differenzkalorimetrie (oben) und Thermogravimetrie (unten). Abgabe von Kristallwasser bei 123°, Polymorphie bei 217 und 227°

Fischer bestätigen und gleichzeitig als Kristallwasser identifizieren. Die nachfolgende exotherme Auslenkung der Meßkurve entspricht der Kristallisation der wasserfreien Form der Substanz. Die endothermen Peaks bei 217 und 227° zeigen die Polymorphie der Substanz an. Wird die Temperatur noch weiter erhöht, so zeigt die TG-Kurve thermische Zersetzung an.

Thermoplaste gleichen chemischen Typs unterscheiden sich im Anteil kristalliner Bereiche. Mit steigender Kristallinität einer Probe erhöhen sich Dichte, Härte und Kristallitschmelzpunkt, während die Durchlässigkeit für Sauerstoff und Wasserdampf sinkt. Deshalb benutzt man die Kristallinität, um pharmazeutische Packmittel zu charakterisieren. Dazu wird anhand der Fläche des Schmelzpeaks der Kristallite in der DSC-Kurve die Schmelzwärme bestimmt und durch die Schmelzwärme des 100% kristallinen Thermoplasten geteilt. So lassen sich Polyethylen niedriger Dichte (LDPE) mit einer Kristallinität von 35–55% und einem Kristallitschmelzpunkt von 110 bis 125° und Polyethylen hoher Dichte (HDPE) mit 55 bis 80% Kristallinität und Kristallitschmelzpunkt von 125 bis 136° unterscheiden.

5.2 Wirkstoff-Freisetzung

Arzneiformen sollen den enthaltenen Wirkstoff meist möglichst rasch freisetzen. Der Stand der galenischen Möglichkeiten gestattet jedoch auch, Arzneiformen zu entwickeln, die spezifischen Substanzeigenschaften oder Therapieschemata entsprechen. So können perorale Arzneiformen mit magenreizenden Wirkstoffen mit einer magensaftresistenten aber dünndarmlöslichen Lackschicht umhüllt werden. Für Wirkstoffe, die einen möglichst konstanten Plasmaspiegel beim Patienten gewährleisten sollen, werden Retard-Arzneiformen eingesetzt, die den Wirkstoff mit einer definierten Kinetik über Stunden hinweg abgeben. Für schwerlösliche Wirkstoffe können dagegen galenische Kunstgriffe erforderlich werden, um den Wirkstoff möglichst rasch im Magen in Lösung zu bringen, um therapeutische Wirkstoffspiegel zu erreichen. Ziel der Qualitätskontrolle ist es in allen diesen Fällen, anhand von in-vitro Prüfmethoden zu gewährleisten, daß die Arzneiformen kontinuierlich die kinetischen Eigenschaften aufweisen, die in der Entwicklung festgelegt wurden. Dabei sollen sich sowohl die einzelnen Tabletten, Kapseln oder Dragees einer Charge als auch verschiedene Chargen untereinander möglichst einheitlich verhalten. Analytisch erfordert dies die Bestimmung meist geringer Wirkstoffkonzentrationen zu definierten Zeitpunkten nach Einbringen der Arzneiform in das Prüfmedium. Mindestens 6 Prüflinge einer Charge müssen untersucht werden.

Die Pharmakopoen beschreiben die zu benutzenden Prüfapparaturen (z.B. Blattrührer- und Drehkörbchen-Apparatur nach DAB10). Für die industrielle Analytik wurden, aufbauend auf diesen Apparaturen, automatische Meßsysteme entwickelt. Diese besitzen unterschiedlichen Automationsgrad. Einfachere Systeme entnehmen zu definierten Zeiten Lösungen aus den meist 6 simultan arbeitenden Freisetzungsgefäßen und füllen diese in bereitstehende Probengefäße ab. Die

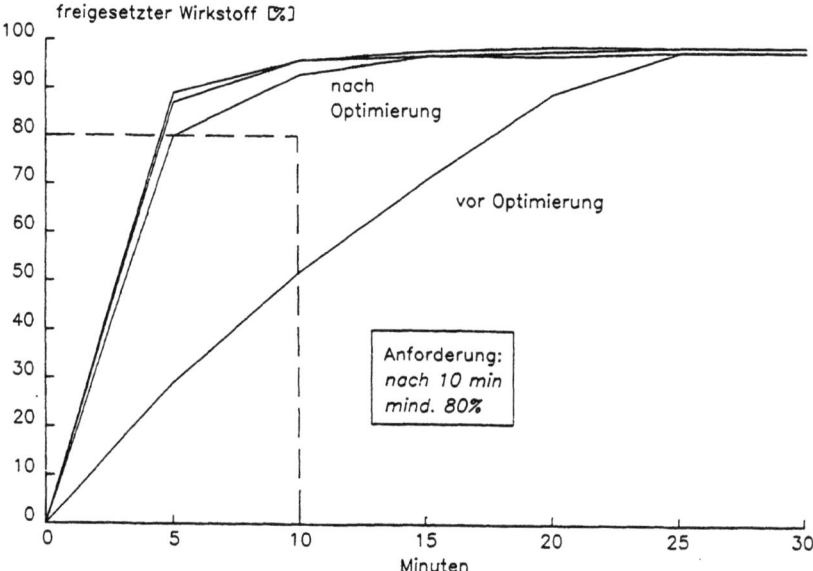

Abb. 25. Freisetzungsprofil einer festen peroralen Arzneiform. Dargestellt sind charakteristische Profile vor und nach Optimierung der Rezeptur

eigentliche Bestimmung erfolgt dann meist mittels UV-Spektroskopie, z.B. automatisiert mittels Fließinjektionsanalyse (FIA) [54] oder durch HPLC nach manuellem Überführen der Probengefäße in einen Autosampler des jeweiligen Analysengerätes. Die Auswertung der Meßwerte und Darstellung in Form von Freisetzungsprofilen (freigesetzter Wirkstoff in Prozent des deklarierten Wirkstoffgehalts der Arzneiform gegen die Zeit (s. Abb. 25) übernimmt in der Regel dann wieder ein Auswerteprogramm.

Modernere Systeme umgehen den manuellen Schritt und lassen der Probenahme unmittelbar die Bestimmung folgen. Cristina et al. [55] beschreiben ein System, das mittels durch den Autosampler gesteuerter Schlauchpumpen zu definierten Zeitpunkten Lösung durch eine 0.45 µm Fritte in ein kleines Überlaufgefäß saugen. Der Überlauf wird in das Freisetzungsgefäß rückgeführt. Nach Entnahme der für die HPLC-Bestimmung notwendigen Lösungsmenge mittels der an einem in X- und Y-Richtung steuerbaren Arm fixierten Nadel eines Autosamplers/Diluters aus dem Überlaufgefäß und Injektion in ein mit Septum verschlossenes Probenfläschen wird das Schlauchsystem und das Überlaufgefäß durch Umkehrung der Drehrichtung der Schlauchpumpe entleert. Dabei wird auch die Fritte gespült und ein Verstopfen so verhindert. In den Pausen zwischen der Probenentnahme wird aus den gefüllten Probenfläschen heraus automatisch in das HPLC-Gerät injiziert. Eine HPLC-Bestimmung wird von den Autoren gegenüber der UV-Bestimmung bevorzugt, um generell Mehrkomponenten-Analysen durchführen zu können.

5.3 Weitere Methoden

Eine Vielzahl weiterer analytischer Methoden werden in der pharmazeutischen Qualitätskontrolle angewendet.

Die Polarographie ist ein typischer Vertreter einer Methode, die dann zur Anwendung gelangt, wenn andere Methoden nicht oder nur schwer einsetzbar sind, weil sie z.B. die nötige Nachweisgrenze nicht erreichen. Ihre Vorteile liegen in der geringen Probenvorbereitung und hohen Empfindlichkeit. Trübungen der Meßlösung stören vielfach die Bestimmung nicht, so daß Suspensionen vielfach direkt gemessen werden können. Beispiele für polarographische Bestimmungen sind die quantitative Bestimmung von Cystein in Infusionslösungen, die Bestimmung von Sulfit (Antoxidans), Ascorbinsäure und Schwermetallen.

Während die Kernresonanzspektroskopie (NMR) in der Strukturaufklärung routinemäßig durchgeführt wird, scheitert die breite Anwendung in der Qualitätskontrolle derzeit am hohen Preis der Analysengeräte. Dennoch wurde im DAB9 für die Identitätsprüfung und Reinheitsprüfung von Gentamycinsulfat ein Kernresonanzspektrum vorgeschrieben. Die Infrarotspektroskopie allein sichert für die Aminoglykosidantibiotika keine hinreichende Differenzierung. Allerdings stellte DAB9 dem Analysierenden frei, anstelle der Identifizierung mittels Kernresonanzspektroskopie eine chemische und eine dünnschichtchromatographische Analyse durchzuführen. DAB10 hat die NMR-Bestimmung durch eine HPLC-Bestimmung mit vorgelagerter Derivatisierung ersetzt. Auch USP XXII stützt die Identitätsaussage des dort vorgeschriebenen IR-Spektrums durch eine HPLC-Gehaltsbestimmung.

Die Elektrophorese wird primär zur Analyse von Proteinen eingesetzt. Mit der zu erwartenden zunehmenden Verbreitung gentechnologisch hergestellter Arzneimittel wird sie sich einen Stammplatz unter den Routineanalysenmethoden der pharmazeutischen Qualitätskontrolle erobern. Für die Kapillarelektrophorese wurden inzwischen auch Anwendungen im Bereich herkömmlicher pharmazeutischer Wirk- und Hilfsstoffe beschrieben. Die Laufzeiten entsprechen in etwa den in der HPLC üblichen Chromatogrammlaufzeiten. Die Standardabweichung der Peakflächen erscheint derzeit aufgrund der schwierigeren Aufdosierung der Probe noch schlechter zu sein.

Teilchengrößenbestimmungen (s. Abb. 26), z.B. durch Laserstrahlbeugung, sind heute unverzichtbare Messungen an Wirkstoffen, deren Bioverfügbarkeit stark teilchengrößenabhängig ist. Zunehmend wird erkannt, daß auch die Teilchengrößenverteilung von Hilfsstoffen Einfluß auf die technologischen Eigenschaften von Arzneiformen und die Verarbeitbarkeit von Rezepturen ausüben.

Die rasche Verbreitung der HPLC führte in vielen Bereichen zu einer Verdrängung der Dünnschichtchromatographie. Als Argument wird häufig die geringere Automatisierbarkeit angeführt. Mit der Verfügbarkeit moderner Auftragegeräte, die in der Lage sind, in einer Sequenz automatisch verschiedene Probenchargen und unterschiedlich konzentrierte Standardlösungen auf die Dünnschichtplatte aufzusprühen, verliert das erste Argument an Bedeutung. Die Aufnahme von Remissionsgrad-Ortskurven mit Dünnschichtscannern liefert

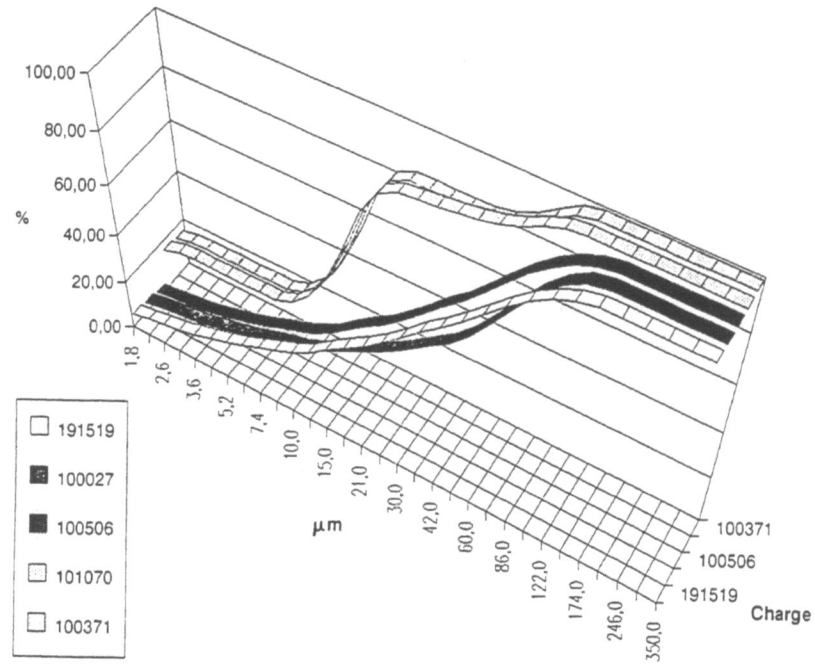

Abb. 26. Teilchengrößenspektrum 5 verschiedener Chargen von Lactose, bestimmt durch Laserstrahlbeugung

Chromatogramme, die jenen der HPLC gleichen und gleichermaßen für quantitative und qualitative Aussagen genutzt werden können. Entsprechend sind Auswerteprogramme gleicher Leistungsfähigkeit und Automatisierungsgrades erhältlich und üblich. Vorteile der Dünnschichtchromatographie sind die parallele Entwicklung zahlreicher Proben auf einer Dünnschichtplatte, der geringe Kostenaufwand für das eigentliche chromatographische System, das im einfachsten Fall nur aus Entwicklungskammer und Dünnschichtplatte besteht, und die Eignung der Methode für matrixhaltige Proben. Eine Filtration der Proben über Mikrofilter, wie sie vielfach für die HPLC empfohlen wird, erübrigt sich. Dies erklärt auch den hohen Stellenwert, den die Dünnschichtchromatographie in der Analytik von Arzneipflanzen und deren Zubereitungen einnimmt. Im DAB 10 findet sich (nahezu) zu jeder Drogenmonographie eine dünnschichtchromatographische Bestimmung der Identität oder Reinheit.

6 Validierung

Für die in der pharmazeutischen Qualitätskontrolle eingesetzten analytischen Methoden ist durch Validierung sicherzustellen, daß diese für den vorgesehenen Prüfzweck geeignet sind.

Nach einer Definition von Bosshardt und Schorderet [56] erstreckt sich die Validierung über die Gesamtheit aller Maßnahmen bei der Planung, Ausführung und Dokumentation, die die Gültigkeit einer analytischen Methode beweisen.
  Hierzu zählen:
- die Linearität und der lineare Bereich
- die Bestimmungsgrenze
- die Nachweisgrenze
- die Selektivität
- die Richtigkeit
- die Präzision der Wiederholbarkeit und
- die Präzision der Vergleichbarkeit und Belastbarkeit.

Linearität und linearer Bereich (linearity and range)

Hierbei wird für die geplante Anwendung die Proportionalität der Meßwerte mit den Konzentrationen des Analyten geprüft.
  Im Arbeitsbereich sollten mindestens drei, besser fünf verschiedene Konzentrationen vermessen werden. Durch Erstellen einer Graphik für die Eichgerade oder durch Regressionsrechnung wird die Linearität und der lineare Bereich dargestellt.
  Angaben zur Linearität werden für die quantitative Bestimmung von wirksamen Bestandteilen (Wirkstoffe, Konservierungsmittel) gefordert.

Bestimmungsgrenze (limit of quantitation)

Als Bestimmungsgrenze wird die untere Grenzkonzentration definiert, die sich noch signifikant von der Konzentration „Null" bzw. vom Rauschen des Meßsignals unterscheidet.
  Die Bestimmungsgrenze soll mindestens um den Faktor 1,5 über der Nachweisgrenze liegen. Die Bestimmungsgrenze ist bei Reinheitsbestimmungen anzugeben.

Nachweisgrenze (limit of detection)

Als Nachweisgrenze wird die kleinste noch zuverlässig nachweisbare Menge eines Analyten bezeichnet.
  Die Nachweisgrenze ist bei Reinheitsbestimmungen anzugeben.

Selektivität (Selectivity)

Hierbei ist nachzuweisen, daß die Bestimmung des Analyten nicht durch andere Bestandteile der Rezeptur, z.B. Hilfsstoffe, Zersetzungsprodukte oder weitere Wirkstoffe gestört wird.

Richtigkeit (accuracy)

Dieser Parameter beschreibt den Grad der Übereinstimmung des ermittelten mit dem „wahren" Analysenwert bzw. mit dem Wert eines anerkannten Standards. Die Überprüfung erfaßt die Probenvorbereitung und das Analysenverfahren.

Zur Bestimmung der Richtigkeit wird der Analyt in Vergleichslösungen mit 80%, 100% und 120% bestimmt. Liegen die in Mehrfachbestimmungen erhaltenen Werte im Bereich 98–102 % der vorgelegten Konzentrationen, gilt die Richtigkeit als gesichert.

Präzision der Wiederholbarkeit (repeatability)

Sie wird bestimmt, in dem der gleiche Mitarbeiter die Probe mindestens fünfmal aufarbeitet und mit der selben Methode mindestens je zweimal bestimmt. Das Maß für diesen Prüfpunkt ist die Wiederholstandardabweichung.

Präzision der Vergleichbarkeit (reproducibility)
und Belastbarkeit (ruggedness)

Ein Maß hierfür ist die Vergleichsstandardabweichung bei der unabhängigen Bestimmung der selben Probe durch mindestens 2 Mitarbeiter möglichst in unterschiedlichen Labors. Die Mittelwerte beider Meßreihen sollen sich im Mittelwert-t-Test nicht signifikant unterscheiden [57].

Der Beleg der Belastbarkeit einer Methode dient dem Nachweis, daß Umgebungseinflüsse wie Licht, Temperatur oder Sauerstoff den Analyten oder Reagenzien und Maßlösungen nicht beeinflussen.

Die Validierung analytischer Methoden wird durch die regelmäßige Kalibrierung der eingesetzten Meßgeräte unterstützt.

7 Literatur

1. Gesetz zur Neuordnung des Arzeneimittelrechts vom 24 August 1976 (BGBl. I S. 2445)
2. Betriebsverordnung für pharmazeutische Unternehmer vom 8 März 1985 [BGBl. I S. 546)
3. Gesetz zur Pharmazeutischen Inspektions-Convention vom 10 März 1983 (BGBl. II S. 158)
4. EEC-GMP-Guideline
5. USP XXII (1989) The United States Pharmacopoeia XXII Revision. Rockville, USA
6. Engelhardt H (1981) Analytiker Taschenbuch, Springer, Berlin Heidelberg New York, Bd. 2, S. 139
7. Dibbern H-W (1985) UV- und IR-Spektren wichtiger pharmazeutischer Wirkstoffe. Nachlieferung. Editio Cantor, Aulendorf
8. Blaschke G (1988) Analytiker Taschenbuch, Springer, Berlin Heidelberg New York, Bd. 7, S. 123
9. Deutsches Arzneibuch, 9. Ausgabe (1986) Deutscher Apotheker Verlag Stuttgart; Govi-Verlag, Frankfurt; seit 1.3.1992 10. Ausgabe (1991)
10. Hartmann C, Krauss D, Spahn H, Mutschler E (1989) J Chromatogr 496: 387
11. Jost W, Gasteier R, Schwinn G, Trueylue M, Majors RE (1990) International Laboratory, Mai S. 46
12. Hartke K (1989) DAZ Suppl 16: 9
13. Schwedt G (1988) Analytiker Taschenbuch, Springer, Berlin Heidelberg New York, Bd. 7, S. 277
14. Gjerde DT, Fritz JS, Schmuckler G (1979) J Chromatogr 186: 509
15. Small H, Stevens TS, Bauman WC (1975) Anal Chem 47: 1801
16. Haddad PR, Croft MY (1986) Chromatographia 21: 648
17. Knig A (1988) Analytiker Taschenbuch, Springer, Berlin Heidelberg New York, Bd. 7, S. 137
18. Schwedt G (1981) Analytiker Taschenbuch, Springer, Berlin Heidelberg New York, Bd. 2 S. 161
19. Schulte E (1984) Analytiker Taschenbuch, Springer, Berlin Heidelberg New York, Bd. 4, S. 287
20. Termonia M, Wybauw M, Bronckart J, Jacobs H (1989) J High Res Chrom 12: 685

21. Böck H (1984) Analytiker Taschenbuch, Springer, Berlin Heidelberg New York, Bd. 4, S. 201
22. Weitkamp H, Wortig D (1983) Mikrochimica Acta [Wien] 11:31–57
23. Böhme H, Hartke K (1978) Europäisches Arzneibuch Band I und Band II, Kommentar. 2. Auflage S. 73 Wissenschaftliche Verlagsgesellschaft mbH Stuttgart, Govi-Verlag GmbH Frankfurt
24. Davies AM, McClure WF (1989) Nahinfrarotspektroskopie für Industrie und Landwirtschaft, Chr Paul und E. Zimmer (Herausgeber), Selbstverlag der Bundesforschungsanstalt für Landwirtschaft Braunschweig-Völkenrode, S. 47–60
25. Herzberg G (1950) Molecular spectra and molecular structure, van Nostrad Reinhold Comp, New York
26. Siesler W (1990) GDCh-Fortbildungsprogramm Nah-Infrarot-Spektroskopie, Frankfurt
27. Wetzel DL (1983) Analytical Chemistry 55:1165A
28. Rudzik I (1989) Nahinfrarotspektroskopie für Industrie und Landwirtschaft, Chr Paul und E. Zimmer (Herausgeber), Selbstverlag der Bundesforschungsanstalt für Landwirtschaft Braunschweig-Völkenrode, S. 103–111
29. Wetzel DL (1983) Analytical Chemistry 55:1165A
30. Stark E (1989) Nahinfrarotspektroskopie für Industrie und Landwirtschaft, Chr Paul und E. Zimmer (Herausgeber), Selbstverlag der Bundesforschungsanstalt für Landwirtschaft Braunschweig-Völkenrode, S. 3–46
31. Stark E, Luchter K (1990) Third international conference on near infrared spectroscopy, Brüssel 25–29
32. Grunenberg A (1989) GIT Fachz Lab 12:1234
33. Mark HL, Tunnell D (1985) Anal Chem 57:1449
34. Haaland DM, Thomas EV (1988) Anal Chem 60:1193
35. Davies AMC, McClure WMF (1985) Analytical Proceedings 22:321
36. Fischer A (1989) DAZ 20:1039
37. Perkampus H-H (1983) Analytiker Taschenbuch, Springer, Berlin Heidelberg New York, Bd. 3 S. 279
38. Kracmar J (1986) Pharmazie 41:571
39. Lamparter E, Lunkenheimer CH, Seibel U GIT Fachz Lab 3/90:313
40. Dittrich K (1989) Analytiker Taschenbuch, Springer, Berlin Heidelberg New York, Bd. 8, S. 37
41. Knapp G, Wegscheider W (1980) Analytiker Taschenbuch, Springer, Berlin Heidelberg New York, Bd. 1
42. Schumacher E (1982) Analytiker Taschenbuch, Springer, Berlin Heidelberg New York, Bd. 2, S. 197
43. Hartig R et al. (1972) Analytikum Leipzig, VEB Deutscher Verlag für Grundstoffindustrie
44. Karlberg B, Forsman B (1976) Anal Chim Acta 83:309
45. Wallhäußer KH (1987) DAB 9-Kommentar, Deutsches Arzneibuch 9. Ausgabe 1986 mit wissenschaftlichen Erläuterungen (Herausgeber: Hartke K, und Mutschler E) S. 992. Wissenschaftliche Verlagsgesellschaft mbH Stuttgart, Govi-Verlag GmbH Frankfurt
46. Larsen C, Bundgaard H (1978) J Chromatogr 147:143
47. Scholz, Eugen, Analytiker Taschenbuch, Springer, Berlin Heidelberg New York London Pairs Tokyo, Bd. 9
48. Scholz E (1984) Karl-Fischer-Titration, Methoden zur Wasserbestimmung. Springer, Berlin Heidelberg New York Tokyo
49. Kettrup A (1984) Analytiker Taschenbuch, Springer, Berlin Heidelberg New York, Bd. 4
50. Wyden H (1982) Kunststoffe-Plastics 5 referiert in Mettler Applicationsschrift Nr. 3409
51. USP XXII (1989) The United States Pharmacopoeia XXII Revision. Rockville, USA
52. Widman Georg, Riesen, Rudolf: Thermoanalyse: Anwendungen, Begriffe, Methoden-Heidelberg
53. Daneck K, Wagner W.: persönliche Mitteilung
54. Lamparter E, Lunkenheimer Ch, GIT Fachz Lab 3/88:215
55. Cristina G, Danzo L, Farina M, International Laboratory 3/90:52–56
56. Bosshardt H, Schorderet F (1983) in Feltkamp H, Fuchs P, Sucker H (Herausgeber), Pharmaz Qualitätskontrolle, Thieme Verlag, Stuttgart, S. 87
57. Gottschalk GW (1980) Analytiker Taschenbuch, Springer, Berlin Heidelberg New York Bd. 1, S. 63

Nichtlineare Raman-Spektroskopie und ihre Anwendung

A. Lau, W. Werncke und P. Reich

Max-Born-Institut für Nichtlineare Optik und Kurzzeitspektroskopie, Bundesanstalt für Materialforschung und -prüfung, Zweigstelle Adlershof, Rudower Chaussee 5–6, D-12489 Berlin-Adlershof

1	Einleitung	113
2	Die nichtlineare Polarisation (Klassifikation der Effekte) und Beschreibung von CARS, IRS und SRS	114
3	Experimentelle Technik	119
3.1	Multiplex- und Scanning-CARS	119
3.2	Anforderungen an die Proben	121
4	Applikation	122
4.1	CARS an Gasen	122
4.1.1	Spezies- und Temperaturbestimmung	124
4.1.2	Zeitaufgelöste Untersuchungen	126
4.1.3	Hochauflösende Spektroskopie	128
4.2	CARS an kondensierter Materie	130
4.2.1	Untersuchung fluoreszierender Substanzen	133
4.2.2	Resonanz-CARS – Anregungsprofile	134
4.2.3	Bestimmung der Dynamik Raman-aktiver Schwingungen	139
4.3	Untersuchung photochemischer Reaktionen	142
4.4	Ermittlung makroskopischer Parameter für NLO-Materialien	147
5	Zusammenfassung	149
6	Literatur	149

1 Einleitung

Mit der Entwicklung von Lasern begann eine neue Ära für die optische Spektroskopie. Vor allem das Verhältnis der Laserlinien-Intensität zur Untergrundemission, die geringe Linienbreite der Laserlinien und die gute Fokussierbarkeit der Laserstrahlung entspricht nahezu idealen Vorstellungen einer Anregungsquelle für die Ramanspektroskopie. Die Laser verdrängten daher im Maße ihrer Verfügbarkeit die klassischen Lichtquellen der Ramanspektroskopie bereits in den ersten zehn Jahren nach ihrer Entdeckung. Sie führten zu drastischen Verbesserungen der experimentellen Bedingungen und dadurch zu wesentlichen Erweiterungen in der Anwendung.

Drei weitere wichtige Laserstrahleigenschaften
– die hohe spektrale Leistungsdichte,
– die Möglichkeit Laserstrahlen als zeitlich kontinuierliche Strahlung oder als

Impulsstrahlung mit Impulszeiten von Nano-bis Femtosekundendauer bereitzustellen
– und eine zeitliche Kohärenz, die in vielen Fällen nur durch die Unschärferelation von zeitlicher Dauer und spektraler Bandbreite begrenzt ist,

führten zu qualitativ neuen Entwicklungen in der Ramanspektroskopie, den nichtlinearen oder auch kohärent genannten Ramaneffekten.

Die wichtigsten Merkmale und Einsatzmöglichkeiten dieser neuen Ramaneffekte sollen dem Leser im folgenden nahegebracht werden. Damit soll das Interesse auch derjenigen Wissenschaftler, die nicht mit dieser speziellen Entwicklung vertraut sind, geweckt werden und ihnen die Möglichkeit gegeben werden, zu überprüfen, ob ihre Probleme mit diesen neuen Verfahren u.U. vorteilhafter gelöst werden können.

Schon kurz nach der Entdeckung der Laser wurden bei der Wechselwirkung von Laserstrahlen mit Kristallen und Flüssigkeiten nichtlineare optische Effekte durch die Entwicklung neuer frequenzverschobener Strahlungen nachgewiesen. Als erstes wurde von Franken [1] 1961 eine Strahlung mit gegenüber der anregenden Strahlung verdoppelter Frequenz experimentell ermittelt. Schon ein Jahr später entdeckten E.J. Woodbury und W.K. Ng [2] eine Strahlung, die gegenüber der anregenden Strahlung um eine Raman-Schwingungsfrequenz (stärkste Nitrobenzol-Linie) verschoben war und Laserstrahleigenschaften besaß. Sie bezeichneten diese neue Strahlung wegen ihres Zusammenhangs mit dem Ramaneffekt als Stimulierte Raman-Streuung (SRS). Damit begann eine Entwicklungsphase, in der die Eigenschaften der SRS und weiterer in diesem Zusammenhang entdeckter nichtlinearer Ramaneffekte in Bezug auf ihre optimalen Erzeugungsbedingungen untersucht wurden. Die experimentelle Verbesserung der Erzeugungsbedingungen konnte theoretisch auf der Basis der bereits 1963 von Bloembergen [3] erarbeiteten Theorie beschrieben werden und führte zum Auffinden neuer Anwendungsgebiete.

2 Die nichtlineare Polarisation (Klassifikation der Effekte) und Beschreibung von CARS, IRS und SRS

Die physikalische Ursache aller linearen und nichtlinearen Ramaneffekte ist die Induzierung eines Dipolmomentes p in einem Molekül oder Kristall. Störungstheoretisch läßt sich das induzierte Dipolmoment als Reihe nach Potenzen der elektrischen Feldstärke der Strahlungen entwickeln:

$$p = \alpha E + \beta E^*E + \Gamma E^*E^*E \tag{1}$$

α ist die aus der spontanen Ramanspektroskopie bekannte Polarisierbarkeit, auf deren Abhängigkeit von den Verschiebungskoordinaten der Atome im Molekül bzw. im Kristall die Ramanstreuung beruht und die den differentiellen Raman-Streuquerschnitt $d\sigma/d\Omega$ für ihre Intensität bestimmt. β ist die Hyperpolarisierbarkeit, die die Grundlage der Hyper-Raman- und Hyper-Rayleigh-Streuung bildet.

Γ ist die „zweite Hyper-Polarisierbarkeit", die zu den nichtlinearen optischen Effekten dritter Ordnung führt. In diese Arbeit beschränken wir uns ausschließlich auf die hier einzuordnenden nichtlinearen Ramaneffekte, für die über die Beziehung

$$\Gamma \propto (d\sigma/d\Omega) \, 1/\gamma \qquad (2)$$

(γ ist die reziproke homogene Ramanlinienbreite) der Zusammenhang mit dem spontanen Ramaneffekt gegeben ist.

Daraus ist bereits zu erkennen, daß alle über Moleküle aus dem spontanen Ramaneffekt zu erhaltenen Informationen auch den nichtlinearen Ramaneffekten entnommen werden können.

Ein wichtiger Unterschied zwischen spontanen und nichtlinearen Ramaneffekten besteht darin, daß beim spontanen Ramaneffekt jedes Molekül beim Streuprozeß als Individuum wirkt, während bei den nichtlinearen Ramaneffekten die Moleküle über das kohärente Strahlungsfeld miteinander gekoppelt werden. Als Konsequenz ergibt sich aus der unkorrelierten Streuung (bei statistisch orientierter Verteilung der Moleküle, wie z.B. bei Flüssigkeiten) eine Ramanstrahlung, die isotrop in den gesamten Raumwinkel abgestrahlt wird. Dies ist schematisch in Abb. 1 dargestellt.

Die durch die räumliche Kopplung der kohärenten Strahlungsfelder verursachte phasengerechte Kopplung der induzierten Dipolmomente der einzelnen Moleküle ΓEEE führt dazu, daß ein makroskopischer Effekt erzeugt wird. Dies wird durch die makroskopische Suszeptibilität dritter Ordnung $X^{(3)}$ charakterisiert.

Die makroskopische Polarisierbarkeit mit der Frequenz ω_4 hängt dabei von den Intensitäten, Frequenzen und Polarisationen der drei anregenden Feldstärken nach Gleichung (3)

$$P_i(\omega_4) = X_{ijkl}(\omega_4, \omega_1, \omega_2 - \omega_3) E_j(\omega_1) E_k(\omega_2) E_l(\omega_3) \qquad (3)$$

ab. Sind die Frequenzen aller drei anregenden Felder identisch, entsteht eine Polarisation gleicher Frequenz, die zu einer nichtlinearen Änderung des Brechungsindexes führt. Werden Anregungsstrahlungen mit zwei oder drei verschiedenen Frequenzen eingesetzt, werden Polarisationen mit Frequenzen der

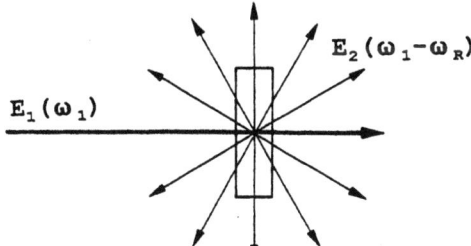

Abb. 1. Schematische Darstellung von Probenanregung und der dabei austretenden „gestreuten" Ramanstrahlung

Anregungsstrahlungen und Polarisationen mit neuen Frequenzen induziert. Die zeitliche Änderung der Polarisierbarkeit führt zur Entstehung von Strahlungen, deren Intensität durch die Anfangsbedingungen der gekoppelten Maxwellgleichungen gegeben wird. Die Frequenzen der neuentstandenen Strahlungen werden über den Energieerhaltungssatz aus den Frequenzen der anregenden Strahlungen ermittelt.

$$h\omega_4 = h(\omega_1 + \omega_2 - \omega_3) \tag{4}$$

Der Impulserhaltungssatz

$$k_4 = k_1 + k_2 - k_3 \tag{5}$$

führt dazu, daß die Strahlung nicht isotrop in den Raumwinkel abgestrahlt wird, sondern nur in die durch k_4 bestimmte Richtung. Die entstandenen neuen Strahlungen haben dadurch eine der wesentlichen Eigenschaften den Laserstrahlungen, die räumliche Kohärenz. Gleichzeitig mit der Herausbildung neuer Strahlungen ergibt sich über eine starke Rückwirkung der Anteile der induzierten Polarisierbarkeit, die die gleichen Frequenzen wie die anregenden Felder haben, eine Intensitätsänderung dieser anregenden Felder.

In der Praxis werden in den meisten Fällen Strahlungen verwendet, die zwei unterschiedliche Frequenzen besitzen. Über die virtuellen Elektronenzustände wird dabei ein Dipolmoment mit der Schwebungsfrequenz erzeugt. Dieses wird besonders stark, wenn durch die Schwebungsfrequenz eine Molekülschwingung angeregt wird, das heißt, wenn die Differenzfrequenz der beiden Strahlungen mit einer Molekülfrequenz übereinstimmt. Dieser Effekt führt zu unterschiedlich starken Rückwirkungen auf die anregenden Strahlungen (Intensitätsänderung) und zu Intensitätsänderungen der neu entstehenden Strahlungen und kann daher zur Aufnahme von Spektren ausgenutzt werden. Dazu wird die Frequenz einer der beiden Strahlungen konstant gehalten, während die Frequenz der zweiten Strahlung über den Frequenzbereich der Ramanlinien abgestimmt wird.

Je nachdem, ob die Intensitätsänderung der anregenden Strahlungen oder die Intensität der neuentstandenen Strahlungen gemessen werden soll, müssen unterschiedliche Meßverfahren eingesetzt werden. Entsprechend gibt es unterschiedliche Bezeichnungen für die nichtlinearen Ramaneffekte.

Die Messung der durch die Wechselwirkung verminderten Intensität ΔI der höherfrequenten Strahlung wird als Inverse Raman-Streuung (IRS) oder Raman-Verlust-Effekt bezeichnet. Entprechend führt die Messung der um ΔI verstärkten niederfrequenten Anregungsstrahlung zur Raman-Verstärkung (RV). In letzter Zeit wird hierbei auch häufig der Begriff Stimulierte Raman-Streuung (SRS) verwendet, obwohl er ursprünglich nur für den Fall der Einfrequenz-Anregung geprägt war. Andererseits entsteht auch in diesem Fall die Ramanstrahlung aus der Verstärkung der spontanen Ramanstrahlung bzw. aus dem Quantenrauschen, so daß man auch hier im zeitlichen und räumlichen Verlauf von einer Anregung mittels zweier Strahlungen unterschiedlicher Frequenz sprechen kann.

Die Entstehung einer Strahlung mit der Frequenz $\omega_A = 2\omega_P - \omega_S$ bzw. $\omega_{St} = 2\omega_S - \omega_P$ wird als Kohärente Antistokes-Raman-Streuung (CARS) bzw. Kohärente Stokes-Raman-Streuung (CSRS) bezeichnet, wobei $\omega_P > \omega_S$ angenommen wurde.

In Abb. 2 sind schematisch die Versuchsbedingungen und die Entstehung von verschiedenen nichtlinearen Rameneffekten dargestellt. Die Erfüllung der Impulsbedingungen für die Strahlen bei der CARS (Phasenanpassungsbedingung) kann mittels unterschiedlicher Geometrien erreicht werden. Die drei wichtigsten Phasenanpassungsgeometrien werden in Abb. 3 veranschaulicht.

Im Termschema lassen sich die Effekte veranschaulichen, wie dies in Abb. 4 beschrieben ist.

Die Verwendung von bestimmten Polarisationskombinationen für die anregenden und die Signal-Strahlung kann zu Verbesserungen des Signal/Untergrundverhältnisses führen und ermöglicht außerdem die unabhängige Bestimmung aller drei Invarianten des Ramanstreutensors. Die Polarisationsvarianten werden zumeist durch zusätzliche oder sogar völlig eigenständige Bezeichnungen

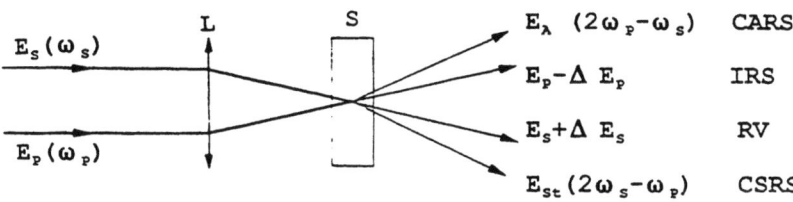

Abb. 2. Schematischer Strahlengang zur Erzeugung nichtlinearer Rameneffekte, ihre beobachtbaren Meßgrößen und Bezeichnungen (als Abkürzungen)

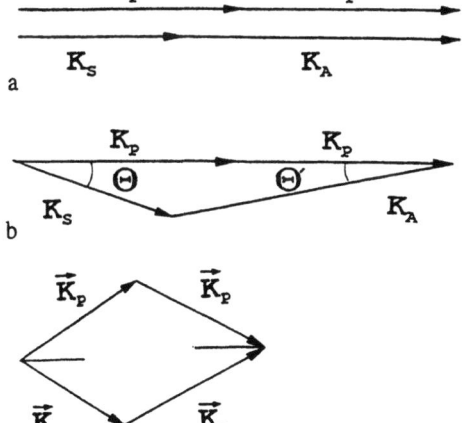

Abb. 3a–c. Phasenanpassungs-Geometrien **a** für nichtdispersive Medien (Gase), **b** für dispersive Medien (Flüssigkeiten und Festkörper) und **c** zur Erreichung höchster räumlicher Auflösung und räumlicher Trennung der Signal- von den anregenden Laserstrahlen, was insbesondere bei Gasen und der Messung von Ramanlinien mit geringen Wellenzahlen wichtig ist

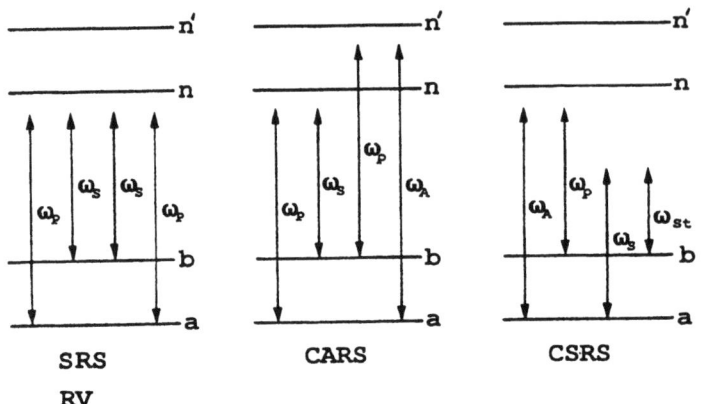

Abb. 4. Termschema für a) SRS und RV, b) CARS und c) CSRS. a und b sind Schwingungsniveaus im elektronischen Grundzustand; n und n' im angeregten Zustand

gekennzeichnet, wie z.B. „Polarisations-CARS/CSRS" oder Ramaninduzierter Kerr-Effekt (RiKE). Der RiKE bezieht sich auf die Verstärkungs- bzw. die Verlustmessung der anregenden Strahlungen, wobei der Probestrahl gegenüber dem Signalstrahl senkrecht oder nahezu senkrecht (Heterodynverfahren) polarisiert ist.

Im Prinzip entstehen alle nichtlinearen Ramaneffekte gleichzeitig. Die Anwendung bestimmter Anfangsbedingungen und Geometrien der Wechselwirkungsaufbauten ermöglicht es aber einen oder wenige Effekte besonders gut zu erzeugen und damit übersichtlichere Verhältnisse zu schaffen.

In Tabelle 1 werden die wichtigsten Charakteristika des spontanen Ramaneffektes, der IRS/RV und der CARS/CSRS bei Anregung außerhalb von Absorptionen zusammengestellt.

Daraus geht hervor, daß alle Informationen der spontanen Ramanspektroskopie in denen der nichtlinearen Ramaneffekte enthalten sind. Darüber hinaus

Tabelle 1.

Effekt	Intensität	Molekülgröße	Freq.	Linienbreite	Linienform	Konzentration	Phase	Invarianten
Spont. Raman	$d\sigma/d\Omega$	$d\sigma/d\Omega$	*	γ	symm	linear	–	(3)
IRS/RV	Im $X^{(3)}$	$d\sigma/d\Omega$	*	γ	symm	linear	*	(3)
CARS/CSRS	$|X^{(3)}|^2$	$d\sigma/d\Omega$	*	γ	asymm	nichtlinear	*	3

erhält man aus letzteren alle drei unabhängigen Invarianten des Streutensors, während aus dem spontanen Ramaneffekt nur in besonderen Fällen mehr als zwei Invarianten unabhängig bestimmt werden können. Die zusätzlich ermöglichte Bestimmung der Phase der Suszeptibilität ergibt Informationen über den elektronischen Anteil der Polarisierbarkeit und kann zur Differenzierung von Schwingungen im angeregten und Grundzustand herangezogen werden. Dies macht sich meßtechnisch durch unterschiedliche Linienformen der gleichen Normalschwingungen in verschiedenen Elektronenzuständen bemerkbar.

Nachteilig ist vor allem bei der CARS/CSRS die asymmetrische Linienform der Ramanlinien. Eine genaue Ramanlinienfrequenz- und -breite-Bestimmung erfordert spezielle Auswerteverfahren, die bei der spontanen Ramanspektroskopie nicht benötigt werden. Bezüglich der Erzeugung der nichtlinearen Ramaneffekte steht dem höheren Aufwand auf der Laserseite ein geringerer Aufwand beim Spektrometer und photoelektrischen Nachweis gegenüber.

Aus meßtechnischen Gründen hat vorwiegend die CARS Einzug in die Praxis gefunden. Der Hauptgrund dafür besteht darin, daß es einfacher ist, eine neuentstehende Strahlung als eine kleine Intensitätsänderung (der anregenden Strahlungen) zu messen. Dieser Vorteil kann allerdings für die Bestimmung der Ramanparameter nicht voll genutzt werden, da das auf der zunächst untergrundfreien Antistokesfrequenz emittierte Ramansignal auf einem bei dem gleichen Prozeß erzeugten „elektronischen Untergrund" entsteht (siehe Linienformdiskussion). Das Signal/Untergrund-Verhältnis ist aber bei der CARS wesentlich größer (10^1 bis 10^{-2}) als bei der IRS/RV (10^{-4} bis 10^{-8}). Ein Nachteil der CARS gegenüber der IRS/RV besteht darin, wesentlich sensibler auf Verletzungen der Phasenanpassungsbedingung (Impulserhaltungssatz) zu reagieren. Dies führt u.a. dazu, daß bei der CARS die optische Qualität der Proben weit besser als für die spontane Ramanspektroskopie bzw. die IRS/RV sein muß (s. Kapitel 3.2).

Im folgenden sollen insbesondere die Anwendungsgebiete der CARS besprochen werden, bei denen sie vorteilhaft in Bezug auf die spontane Ramanspektroskopie eingesetzt werden kann.

3 Experimentelle Technik

3.1 Multiplex- und Scanning-CARS

Die Aufnahme des CARS-Spektrums eines bestimmten Wellenzahlbereichs kann entweder mit einer Multiplex- oder mit einer Scanning-Variante erfolgen. Die spektralen Erscheinungsbilder der beiden Varianten sind in Abb. 5 schematisch dargestellt.

Bei der Scanning-CARS wird ausschließlich spektral schmalbandige ($\Delta v \leq 1 \text{ cm}^{-1}$) möglichst intensitätskonstante Laserstrahlung eingesetzt, wobei die Wellenlänge einer Laserstrahlung (üblicherweise die Frequenz ω_P) fixiert bleibt und die Frequenz ω_S der zweiten Laserstrahlung von ω_S' nach ω_S''

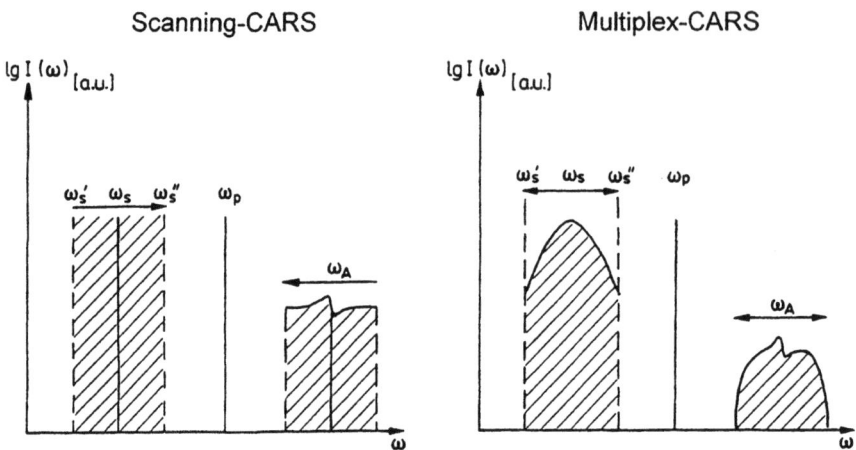

Abb. 5. Spektrale Erscheinungsbilder der Scanning-CARS (links) und Multiplex-CARS (rechts). Die Intensität der Anti-Stokes Strahlung ist dabei viel geringer als die der anregenden Laserstrahlung, allerdings erheblich größer als entsprechende spontane Ramanstreusignale

durchgestimmt wird. Als CARS-Spektrum $I(\omega_A)$ wird die Intensität der für jedes Frequenzpaar ω_P, ω_S entstehenden Anti-Stokes-Strahlung aufgezeichnet, die sich dann gemäß der Beziehung $\omega_A = \omega_P + (\omega_P - \omega_S)$ durchstimmt. Entspricht die Differenz der Frequenzen beider Laserstrahlungen der einer Raman-aktiven Schwingung, d.h. ist $\omega_P - \omega_S = \omega_R$, so erscheint dies als eine schwingungsresonanzbedingte Intensitätserhöhung im CARS-Spektrum. Zur spektralen Abtrennung der CARS-Strahlung vom Laser- und Streulicht wird beim Scanning-Experiment üblicherweise ein Monochromator verwendet.

Der Monochromator ist jedoch nicht zur spektralen Auflösung der CARS-Linien erforderlich, da die Auflösung nicht durch die Eigenschaften des Monochromators, sondern durch die Linienbreite der Laserstrahlungen begrenzt wird (siehe auch 4.1.3).

Bei der Multiplex-CARS wird neben schmalbandiger Strahlung der Frequenz ω_P spektral breitbandige Laserstrahlung im Frequenzbereich ω_S, ω_S'' in die Probe eingestrahlt und auf diese Weise gleichzeitig ein Frequenzspektrum im Anti-Stokes-Bereich erzeugt, das die gleichen Informationen wie das durch Abstimmen von ω_S gewonnene Spektrum enthält. Die Aufzeichnung erfolgt nach spektraler Auflösung mit einem Spektrographen durch einen optischen Vielkanalanalysator.

Beide Techniken besitzen ihre anwendungsspezifischen Vorteile. Mit der Scanning-CARS sind die höchsten spektralen Auflösungen bei Verwendung extrem schmalbandiger Laser erreichbar. Die Multiplex-CARS gestattet bereits mit einem Laserimpuls CARS-Spektren in einem Wellenzahlbereich von einigen $100\,\text{cm}^{-1}$ aufzunehmen, was sie für die Untersuchung nicht reversibler oder stark fluktuierender Vorgänge prädestiniert.

3.2 Anforderungen an die Proben

Bei der CARS unterscheiden sich die Anforderungen an die Proben wesentlich von denen der konventionellen Ramanspektroskopie. Für letztere stellt die Fluoreszenzfreiheit eine Voraussetzung für eine Messung dar. Sie wird durch umfangreichere und aufwendige Probenreinigungen mit u. U. meßtechnischen Kniffen zur Fluoreszenzunterdrückung erreicht. Die Fluoreszenz stellt das Haupthindernis für direkte on-line-Probenuntersuchungen der Ramanspektroskopie in der chemischen Industrie dar.

Bei der CARS stellt sie keine Störgröße dar, da die Signalstrahlung auf der Antistokes-Seite der anregenden Strahlungen auftritt und dadurch nicht durch die Fluoreszenz beeinflußt wird. Die für die CARS entscheidende Forderung an die Probe besteht darin, daß die räumliche Kohärenz der Strahlungen erhalten werden muß, da ja die kohärente Strahlungsüberlagerung und -addition das Grundprinzip der CARS ist. Das bedeutet, daß optisch homogene Proben problemlos untersucht werden können. Stark streuende Proben verhindern die Herausbidung des CARS-Signals. Dieser Effekt ist gut an folgendem Beispiel zu sehen:

Die CARS-Linien einer Farbstofflösung (optisch homogene Probe) werden gemessen, wobei die Konzentration durch Verdampfen des Lösungsmittels bei gleichzeitiger Verringerung der Probenschichtdicke geändert wird. Dabei bleibt die Zahl der Farbstoffmoleküle konstant. Wie aus Abb. 6 zu entnehmen ist, ändert sich nur das Linienprofil der CARS-Linien (s. Kap. 4.2). Schlagartig verschwindet das CARS-Signal (letzes Spektrum der Abb. 6), wenn das Lösungs-

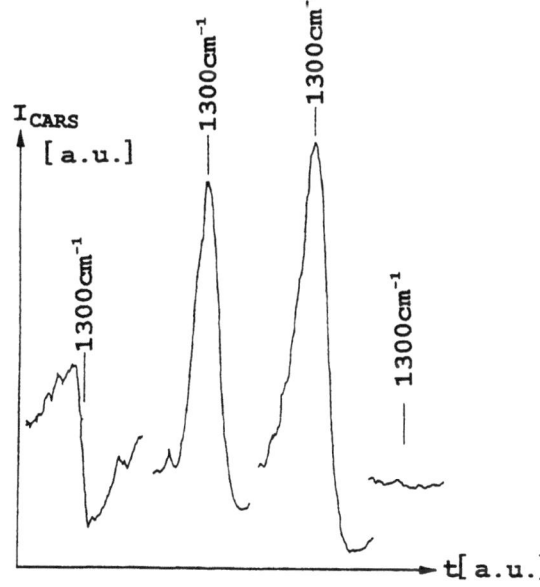

Abb. 6. Einfluß der optischen Homogenität und Konzentration einer Farbstoff-CARS-Linie in einer Farbstofflösung auf das CARS-Signal. Die ersten 3 spektren zeigen die CARS-Signale in einer homogenen Lösung mit wachsender Konzentration. Das letzte Spektrum ist ein CARS-Spektrum der kristallisierten Substanz [4]

mittel vollständig verdampft ist. Im Mikroskop erkennt man eine Vielzahl unterschiedlich großer und unterschiedlich geformter Kristalle in der Größenordnung von 1 bis 15 µm Durchmesser. In jedem Kristall entsteht ein CARS-Signal; wegen ihrer räumlich statistischen Anordnung und unterschiedlichen CARS-Signal-Abstrahlrichtungen (Form- und Größenunterschiede) geht die Phasenbeziehung zwischen den Strahlungsquellen (Kristallen) verloren. Das Gesamtsignal setzt sich inkohärent aus den Einzelsignalen zusammen. Es gibt keine Richtung mit konstruktiver Interferenz und das Signal fällt in der CARS-Richtung um viele Größenordnungen ab.

Kann man prinzipiell keine optisch inhomogenen Proben mittels CARS messen? Doch, wenn bestimmte Bedingungen erfüllt sind. Bei einer statischen Inhomogenität, wie im obigen Beispiel, muß mit minimalen Schichtdicken gearbeitet werden und der Öffnungswinkel für die CARS-Strahlung vergrößert werden. Bei geringen Schichtdicken (< µm) können Phasenfehlanpassungen eher toleriert werden, da die Herausbildung des kohärenten Signals noch nicht stark ausgeprägt ist. Dies führt dazu, daß noch keine zu rigorose Richtungsauswahl entsteht, aber auch die Gesamtintensität stark zurückgeht bis auf Werte, die nahezu in der gleichen Größenordnung wie die Intensitäten der spontanen Ramanspektroskopie liegen. Gegenüber der spontanen Ramanspektroskopie bleibt aber auch in diesem Fall der Vorteil der Fluoreszenzunabhängigkeit dieses CARS-Signals. Liegt eine dynamische Inhomogenität vor (z.B. turbulente Strömungen von Gasen oder Flüssigkeiten), kann durch den Einsatz kurzer Impulse, die kürzer als die zeitliche Änderung in der Probe sind, ein CARS-Signal erhalten werden. In der Gasphase ist die Störung durch Phasenfehlanpassungen einzelner Probengebiete wegen der kleineren Brechungsindizes geringer, so daß ein CARS-Signal entsteht, daß nur relativ wenig gegenüber dem Idealfall geschwächt ist. Langzeitmessungen würden aber zu starken Signalschwankungen führen.

4 Applikation

4.1 CARS an Gasen

Besonders erfolgreich ist die CARS bisher für die Untersuchung von Gasen eingesetzt worden. Hauptanwendungsgebiete sind die Spezies- und Temperaturbestimmung mit der gleichzeitigen Möglichkeit einer räumlichen und zeitlichen Auflösung. Für Ramanuntersuchungen mit hoher spektraler Auflösung ist die CARS-Spektroskopie die Methode der Wahl.

CARS-Spektroskopie an Gasen wird sowohl im Scanning- als auch im Multiplexregime durchgeführt. Die tatsächlich erreichbaren Empfindlichkeiten können sehr unterschiedlich sein, da sie nicht nur von dem jeweiligen Ramanstreuquerschnitt und der Ramanlinienbreite ($\approx 1/\gamma^2$), sondern auch von der Besetzung der Rotations- und Schwingungsniveaus abhängen. Diese ist stark temperaturabhängig.

Für den Nachweis von Gasbestandteilen ist zwischen der Nachweismöglichkeit einer Komponente bei niedrigem Druck und dem Nachweis einer Komponente mit niedrigem Partialdruck in einem Gasgemisch von wesentlich höherem Druck zu unterscheiden, da im letzteren Falle die CARS-Linien auf dem durch die Hauptkomponenten erzeugten Untergrund nachgewiesen werden müssen.

Die erzielbaren absoluten Empfindlichkeiten in verdünnten Gasen können unter 10^{-5} bar liegen, für Gasgemische sind 10^2 bis 10^4 ppm realistisch. Da elektronische Resonanzen von Gasen in den meisten Fällen weit im UV liegen, ist eine Erhöhung der Empfindlichkiet durch Ausnutzung des Resonanz-Ramaneffektes selten möglich und deshalb nur in Ausnahmefällen erfolgt. Damit entfällt die Notwendigkeit der Anpassung der einen Laserwellenlänge an eine elektronische Absorption, so daß Strahlungsquellen ein Laser mit fixierter Wellenlänge und ein zweiter abstimmbarer Laser ausreichen.

Für die Untersuchung von chemischen Reaktionen, z.B. bei Verbrennungsvorgängen, ist in vielen Fällen eine lokale Auflösung der Prozesse erforderlich, ein Einbringen von Sonden oder Fenstern dicht am Reaktionsgebiet aus technischen Gründen aber nicht möglich. Die CARS bietet hier eine räumliche Auflösung, die der spontanen Ramanstreuung oder der Fluoreszenzspektroskopie überlegen ist.

Wegen der zu vernachlässigenden Dispersion des Brechungsindexes in Gasen wird die erforderliche Phasenanpassung bei kollinearer Strahlführung erfüllt (siehe Abb. 3). Bei dieser kollinearen CARS-Geometrie entstehen mit beugungsbegrenzter Laserstrahlung ca. 90% des Signals näherungsweise in einem zylinderförmigen Gebiet von $d_0 * 10b$. Hierbei sind d_0 der Durchmesser und b die Länge des Fokalvolumens, mit $d_0 = \lambda f/\pi d$ und $b = \pi d_0^4/2\lambda$, wobei f die Brennweite der fokussierenden Linse, d der Durchmesser des unfokussierten Laserstrahls und λ die mittlere Wellenlänge der beteiligten Strahlen sind. Dies bedeutet eine sehr gute räumliche Auflösung senkrecht zur Strahlrichtung aber eine relativ schlechte räumliche Auflösung in Strahlrichtung. Da das Signal sich ebenfalls kollinear ausbreitet, ist eine räumliche Trennung von Laser- und CARS-Strahl nicht möglich. Eine weiter verbesserte räumliche Auflösung wird durch Verwendung einer sogenannten BOX-CARS-Phasenanpassungsgeometrie [5] (siehe Abb. 7) erzielt. Durch Aufspaltung des Pumplaserstrahls in zwei

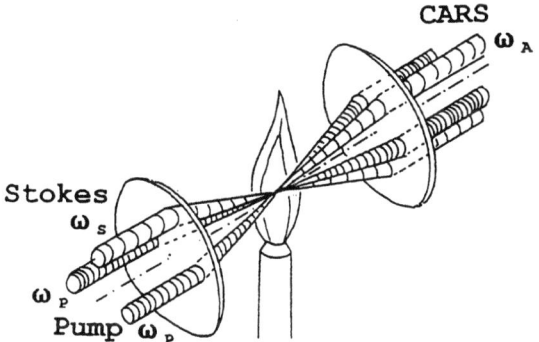

Abb. 7. Räumliche Darstellung einer „gefalteten" BOX-CARS Geometrie

räumlich getrennte Teilstrahlen wird das Signal in einem verkürzten Überlappungsgebiet erzeugt, so daß die axiale Auflösung bis auf einige zehntel Millimeter verbessert werden kann. Da das Signal nicht mehr kollinear zu den Laserstrahlen entsteht, ist auch seine räumliche Abtrennung möglich. Dies ist besonders vorteilhaft für die Aufnahme des niederfrequenten Spektralbereichs, z.B. von Rotations-CARS-Spektren.

Einige typische Parameter von Anordnungen für CARS-Experimente in Gasen sind in Tabelle 2 zusammengefaßt.

Tabelle 2. Typische Parameter einer Gas-CARS-Anordnung

Laserleistung	50 kW – 1 MW
Zeitauflösung	10 ns
Wechselwirkungsgebiet	$(100 \mu m)^2 * 1$ cm
(BOXCARS)	$(100 \mu m)^2 * 0,5$ mm
typ. nachweisbarer Gasdruck der Hauptkomponente	10^{-5} bar
Nachweisempfindlichkeit	$100 - 10^4$ ppm
Phasenanpassungswinkel	$0°$
	$3°$ (BOXCARS)
Aufnahmezeit für ein Spektrum von 200 cm^{-1} Breite	
Scanning CARS	1 min
Multiplex CARS	10 ns
spektrale Auflösung	0.003 cm^{-1} – 0,5 cm^{-1}

4.1.1 Spezies- und Temperaturbestimmung

Es besteht eine einfache Beziehung zwischen der Suszeptibilität dritter Ordnung (Intensität der CARS-Linien), der Teilchenkonzentration N, der Besetzungszahldifferenz Δ_v des unteren und oberen Zustandes des betrachteten Überganges und der entsprechenden Linienbreite γ_v nach der Gleichung:

$$X^{(3)}(\omega_a) \propto X^{NR} + \sum_v X_v^R A_v \qquad (6)$$

mit

$$A_v \propto \frac{N \Delta_v d\sigma/d\Omega}{\omega_v - \omega_p + \omega_s - i\gamma_v} \qquad (7)$$

wobei X_v^R die Ramanresonante Suszeptilität für den entsprechenden Übergang und X^{NR} den nicht-Ramanresonanten Teil der Suszeptibilität bedeutet. Daraus folgt, daß das CARS-Signal determiniert von der Konzentration der Probe abhängt und (zumeist über Eichkurven) eine Konzentrationsbestimmung möglich ist. Eine genaue Konzentrationsbestimmung kann aber nur erfolgen, wenn man die Intensität der Laserstrahlen so begrenzt, daß sie zu keiner Besetzungsänderung der Niveaus führt. Dadurch ergibt sich auch eine Grenze für die maximale Signalintensität. Da die Besetzungszahldifferenz auch von der Temperatur abhängt, muß während der Konzentrationsmessung auch die Temperatur konstant sein. Eine Temperaturänderung führt über eine Änderung der Besetzungsverteilung zu veränderten Intensitäten zwischen den Rotations- und Schwingungslinien der Moleküle. Dies wird zur Temperaturbestimmung ausgenutzt. Praktisch erfolgt die Temperaturbestimmung mit Hilfe von mathematischen Programmen, die die Temperatur als Parameter enthalten und die berechneten Linienintensitäten an die gemessenen anpassen. Voraussetzung dazu sind gute Kenntnisse der Molekülspektren. Beispiele sind in der Abb. 8 dargestellt.

Konzentrationsbestimmungen von Spezies wurden bisher vor allem in Flammen, Gasentladungen, Turbinen (Modellverbrennungen) und photo-

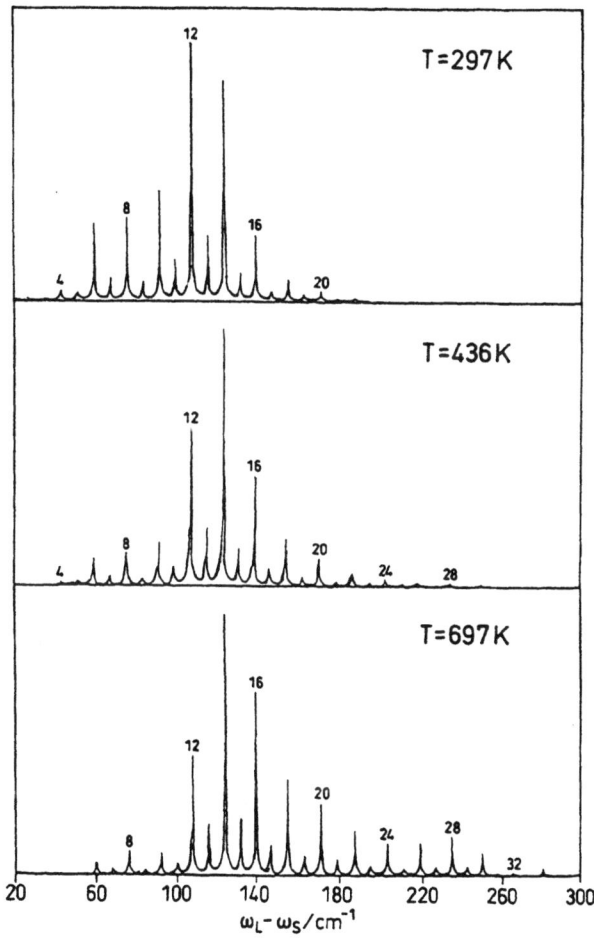

Abb. 8. Intensitätsverteilung der CARS-Rotations-Spektren von N_2 in Abhängigkeit von der Temperatur [6]

chemischen Reaktionen von aromatischen Molekülen vorgenommen, wobei häufig sogar die räumliche Konzentrationsverteilung bestimmt werden konnte. In einigen Fällen wurde aus der Messung der Konzentrationsänderung der Ausgangsmoleküle während einer chemischen Reaktion, z.B. bei SiH_4, auf die Reaktion zurückgeschlossen.

Ein sehr informatives Beispiel ist die H_2-Bildung während der Pyrolyse in einer Ethylenflamme. Hierbei konnte mit einer lateralen Auflösung von ca. 1 mm nicht nur die Konzentrationsverteilung, sondern zusätzlich die Temperaturverteilung in der Flamme bestimmt werden. Als Ergebnis kann festgehalten werden, daß die thermodynamischen Gleichgewichtsberechnungen zur Flammentemperatur und die Annahme über eine räumlich stabile Produktzusammensetzung, sowie die Diffusion des H_2 von der Reaktionszone ins „frische" Gas und die Rekombination der H-Atome bestätigt werden konnte [7].

Von besonderer praktischer Bedeutung sind die Messungen der räumlichen Verteilungen von O_2 und CO bei der Kerosinverbrennung in einer Modellturbine [8].

Zur Temperaturbestimmung werden in der Regel „Sonden"-Moleküle verwendet, die entweder in dem betrachteten Experiment entstehen, als Puffergase vorhanden sind oder hinzugesetzt werden. Wichtige Anwendungsbereiche sind Temperaturmessungen in Flammen, Verbrennungsmotoren u. ä mittels CARS-Methoden. Niedere Temperaturen werden im allgemeinen aus der Verteilung der Rotationslinien-Intensitäten von N_2 oder dem Intensitätsverhältnis „heißer" zu „kalter" Banden bei CO_2 gemessen. Für höhere Temperaturen benutzt man häufig die Schwingungsbanden von N_2. Die Tabelle 3 [9] gibt einen Überblick über die häufigsten Sondenmoleküle, den entsprechenden Temperaturbereich und die bei der Messung auftretenden Fehler. In der ersten Spalte werden die Anregungslaser der CARS abgekürzt angegeben (z.B. Rubin- und Farbstofflaser mit „Rubin + Farbst.").

4.1.2 Zeitaufgelöste Untersuchungen

Wegen der hohen Zeitauflösung, die durch den Einsatz von Impulslasern gegeben ist, ist die Untersuchung verschiedener Spezies und die Bestimmung von Temperaturen auch im nichtstationären Bereich zugänglich. Dabei erfolgt zunächst eine Impulsanregung des Gases und mit geeigneter Zeitverzögerung der CARS-spektroskopische Nachweis. Eine größere Anzahl von Arbeiten ist dabei der Frage gewidmet, wie schnell und über welche Kanäle nach kurzzeitiger Energieeinspeisung der inner- und zwischenmolekulare Energietransfer in den verschiedenen Rotations- und Schwingungsniveaus und zwischen ihnen vor sich geht. Die kurzzeitige Energieeinspeisung in Schwingungen kann hierbei relativ unselektiv durch eine Impulsgasentladung erfolgen. Eine selektivere Anregung einzelner infrarotaktiver Schwingungen ist durch Einsatz von Infrarotlaserstrahlung oder die Besetzung von Niveaus Ramanaktiver Schwingungen durch eine Differenzfrequenzanregung durch den Stimulierten Ramaneffekt möglich.

Tabelle 3.

Laser	Meßobjekt	Meßgas	Temperaturbereich [K]	rel. Fehler
Rubin + Farbst.	Bunsenflamme	H_2 Rotationstemperatur	um 1200	3,7%
Nd-YAG + Farbst.	Diffusionsfl. CH4-Luftgegenstrom	N_2, O_2	500–2100	2%
Nd-YAG + Farbst.	turbulente Diffusionsfl.	N_2	300–2300	3,5% 6,3% 20%
Nd-YAG + Farbst.	Überschall Gasstrahl	CH_4 Rotationstemperatur	15–90	40%
Nd-YAG + Farbst.	Wärmezelle	CO_2, N_2O	800–1000; 300–800	
Excimer, 2 Farbst.	Wärmezelle	N_2, O_2, CO Rotationstemperatur	300–700	7%
Nd-YAG + Farbst.	Kolbenmotor (Benzin)	N_2	500–2200	
Nd-YAG + Farbst.	über festem Treibstoff	N_2	1950–2175	3%
Nd-YAG + Farbst.	Kolbenmotor (Diesel)	N_2		
Nd-YAG + Farbst.	Kohlerohrofen	N_2	400–2500	4,4%
Rubin + Farbst.	Diffusionsfl. Kohlerohrofen	CO_2	300–1200	5,7%
Nd-YAG, 2 Farbst.	Wärmezelle	SF_6	200–1000	10%
Nd-YAG + Farbst.	Bunsenbrenner	N_2	400–2200	2,5%

So wurde z. B. bei Gasdrücken von ca. 0,1 Torr mit einem in einer Xenonküvette auf ca. 100 ns verkürzten CO_2-Laserimpuls die v_3-Schwingung von SF_6 bei 947.9 cm^{-1} kurzzeitig angeregt. Bei hohen Intensitäten werden hierbei auch die angeregten Schwingungsniveaus $1v_3, 2v_3, 3v_3$ usw. stark bevölkert. Diese Besetzungen lassen sich durch Messung der Ramanaktiven Übergänge $0-v_1$, $1v_3 - v_1$, $2v_3 - v_1$, $3v_3 - v_1$ usw. bestimmen. Diese Messungen wurden mit der CARS mit verschiedenen Verzögerungen nach der Infrarotanregung durchgeführt. Die Spektren und die daraus folgenden relativen Besetzungen des v_3-Grundzustandes und der angeregten Schwingungszustände sind in Abb. 9 wiedergegeben.

Die gemessenen Spektren weisen auf das Vorhandensein eines kalten und eines heißen Ensembles im Gas unmittelbar nach der Anregung hin. Eine Termalisierung, d.h. eine Boltzmannverteilung der Besetzung der Schwingungsniveaus, hat sich nach ca. 1 μs eingestellt. Dabei differieren die Zeiten, in denen ein stationärer Wert erreicht wird, für verschieden hoch angeregte Niveaus: (30 $\mp$ 5 ns für das v_3-Niveau, 17 $\mp$ 5 ns für das $2v_3$-Niveau und 10 $\mp$ 5 ns für das

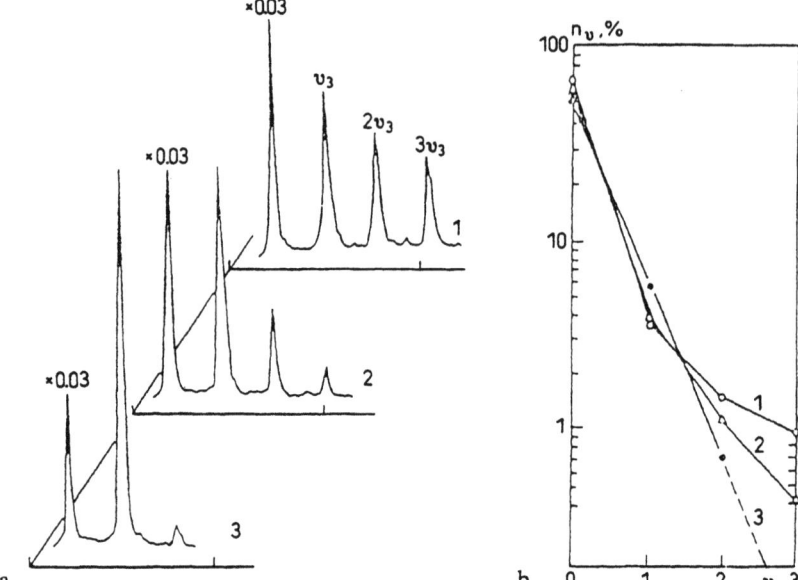

Abb. 9. a CARS-Spektren der $n\nu_3 - \nu_1$-Schwingungen bei verschiedenen Verzögerungen τ gegenüber der IR-Anregung (τ: 1–50 ns; 2–250 ns, 3–1 μs), p = 0.05 Torr b relative Verteilung der Besetzung der Schwingungsniveaus (nach [6])

$3\nu_3$-Niveau). Analog ist auch der Energietransfer zwischen der Schwingung von Isotopen oder auch zwischen verschiedenen Schwingungsmoden bestimmt worden. Nach kurzzeitiger Anregung sind auch chemische Reaktionen verfolgt worden. So gelang es nach intensiver Ultravioletteinstrahlung mit einem 308 nm-Impuls eines XeCl-Excimerlasers die CARS-Spektren der Photofragmente von CS_2, d.h. von Schwefelatomen (elektronischer Ramaneffekt am $^3P_2-{}^3P_0$-Übergang), von Schwefelmolekülen und von CS-Radikalen zu beobachten.

Der aus den CARS-Linienintensitäten bestimmte Konzentrationverlauf von CS_2-Molekülen und S-Atomen ist in Abb. 10 wiedergegeben.

4.1.3 Hochauflösende Spektroskopie

Mit den nichtlinearen Ramanmethoden – Raman-Verstärkung und CARS – stehen seit bereits über 10 Jahren spektrale Auflösungswerte zur Verfügung, die in der IR-Spektroskopie nur mit Fouriergeräten zu erhalten sind und die erst in den letzten Jahren mittels der Fouriertransform-Ramanspektroskopie Konkurrenz erhalten haben. Wegen des hohen experimentellen Aufwandes existieren jedoch nur wenige entsprechende Anlagen, die kooperativ weltweit genutzt werden. Ein Überblick über die entsprechenden Anlagen und ihre Leistungsparameter sind in [6] angegeben.

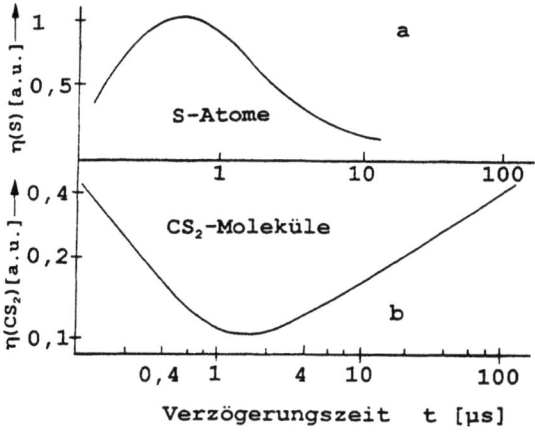

Abb. 10. Abhängigkeit der relativen Konzentrationen η (CS$_2$) und η (S) von der Verzögerung nach der UV-Anregung bei 5 Torr CS$_2$- und 60 Torr Ar-Druck [6]

Beste Auflösungswerte sind für die Raman-Verstärkung 100 MHz und für die CARS 6 MHz [10].

Experimentell besteht das Problem darin, zwei schmalbandige Laser mit weniger als 100 MHz Bandbreite stabil zu halten und in einem größeren Frequenzbereich abstimmen zu können. In Abb. 11 ist ein Beispiel für ein Raman-Verstärkungsspektrum gegeben.

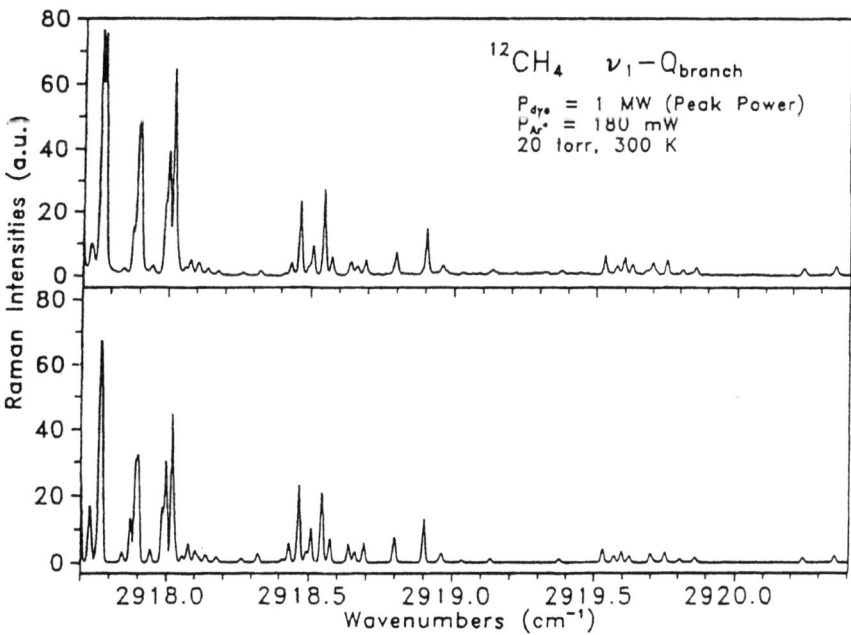

Abb. 11. Hochaufgelöstes Molekülspektrum von ^{12}CH$_4$, das mittels Raman-Verstärkung erhalten wurde [11]

Die Anwendung der hochauflösenden Spektroskopie dient vorwiegend Grundlagenuntersuchungen von Molekülen, insbesondere zur Ermittlung der Kopplungsparameter innerhalb der Moleküle.

4.2 CARS an kondensierter Materie

Der Vorteil der CARS, wesentlich intensivere Streusignale als die spontane Ramanstreuung zu liefern, ist nicht gleichbedeutend mit der Erzielung eines Spektrums mit verbessertem Signal-Rauschverhältnis oder wesentlich verbesserter Nachweisempfindlichkeit.

Im Gegensatz zur RS, die eine „Untergrund-freie" Spektroskopie ist, muß das CARS-Signal auf dem nicht-Raman-resonanten Untergrund nachgewiesen werden. Dessen Rauschen wird aber durch die Fluktuationen der Laserimpulse bestimmt und liegt damit auch bei sehr guten Impulslasern im Prozentbereich. Dagegen wird in den Fällen, in denen weder Fluoreszenz noch andere Leuchterscheinungen auftreten, mit der spontanen Ramanstreuung die durch das Quantenrauschen begrenzte theoretisch mögliche Nachweisempfindlichkeit erreicht. Da die CARS-Linienintensität mit $1/\gamma^2$ gegenüber dem Untergrund anwächst, ist der Nachweis sehr schwacher Intensitäten der in kondensierter Materie generell breiteren Ramanlinien problematischer als in Gasen.

Eine Empfindlichkeitsverbesserung um mehrere Größenordnungen ist durch den Resonanz-Ramaneffekt möglich. Wegen der hohen Effektivität können CARS-Spektren mit einer geringeren Energiebelastung der Probe aufgenommen werden als dies für vergleichbare RS-Spektren erforderlich ist. Dies ist von Vorteil für die Untersuchung lichtempfindlicher Proben. Die Verwendung kurzer Impulse ermöglicht ebenfalls eine hohe zeitliche Auflösung bis in den Subpikosekundenbereich. Eine Begrenzung ist nur durch den Verlust von spektraler Auflösung bei sehr kurzen Impulsen gegeben.

Aber auch durch die Möglichkeit der CARS zur getrennten Messung von Real- und Imaginärteil der Raman-Suszeptibilität und durch die Zusatzinformationen der nicht-Raman-resonanten Beiträge eröffnen sich weitere Anwendungsgebiete.

Für die Durchführung von CARS-spektroskopischen Untersuchungen an kondensierter Materie werden Pikosekunden- oder Nanosekundenlaserimpulse verwendet. Nanosekundenlaserimpulse zeichnen sich derzeit durch die für Resonanz-CARS-Untersuchungen gewünschte höchste Flexibilität hinsichtlich der spektralen Durchstimmbarkeit aus.

In Abb. 12 ist eine Nanosekunden-CARS-Apparatur dargestellt, die sowohl im Scanning- als auch im Multiplexregime arbeiten kann. Hierbei sind DLP und DLS zwei, von einem Excimerlaser EL1 gleichzeitig angeregte, Farbstofflaser. Für den Wellenzahlbereich oberhalb von ca. 500 cm^{-1} wird bereits eine gute, durch die Dispersion bedingte räumliche Trennung zwischen CARS-Signal und Laserstrahlen mit einer Blende D erzielt. Für den Bereich niederer Wellenzahlen muß hierzu die in 4.1 beschriebene BOXCARS-Geometrie eingesetzt werden.

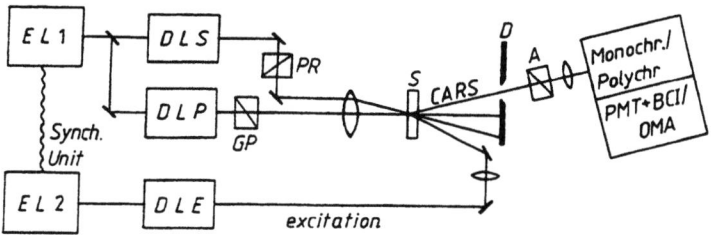

Abb. 12. Nanosekunden-CARS-Spektrometer für Resonanz-CARS- und für zeitaufgelöste Untersuchungen (nach [12]), EL1-Excimerlaser zur Farbstofflaseranregung, DLS, DLP, EL2-Excimerlaser für die kurzzeitige Anregung der Probe, DLE-Farbstofflaser, PR-Polarisationsdreher, GP-Glan Thomson, A-Polarisationsanalysator, S-Probe, D-Blende, Monochr. – Monochromator, Polychr. – Polychromator, PMT-Multiplier, OMA-Optischer Vielkanalanalysator

Der Farbstofflaser DLS kann spektral schmalbandig oder breitbandig betrieben werden. Der Nachweis des CARS-Signals erfolgt im Scanning-Regime mit Monochromator und BOXCAR-Integrator bzw. im Multiplex-Regime über einen Polychromator mit optischem Vielkanalanalysator.

Für zeitaufgelöste Untersuchungen ist mit EL1 ein zweiter Excimerlaser synchronisiert, dessen Strahlung direkt oder durch einen Farbstofflaser frequenzgewandelt zur Anregung der Probe eingesetzt wird. Die im Strahlengang angebrachten Polarisationselemente GP, PR und A dienen zur Bestimmung der Komponenten des Suszeptibilitätstensors in verschiedenen Polarisationsrichtungen. Für die Messung des Depolarisationsgrades einer Schwingung wird die Polarisationsebene der Strahlung der Frequenz ω_p gegenüber der Polarisationsebene der Pumpstrahlung um einen Winkel Φ ($\Phi_{Opt.} \approx 57°$) gedreht, wie dies in Abb. 13 dargestellt ist.

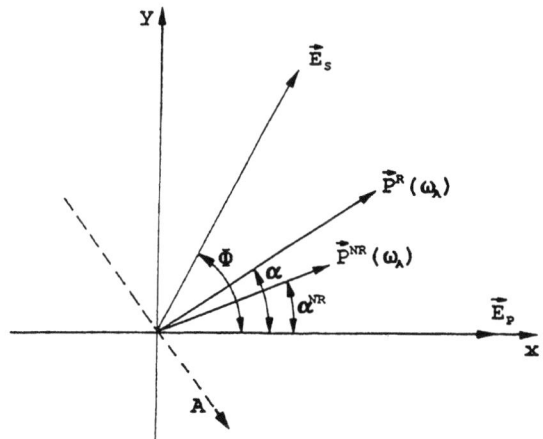

Abb. 13. Polarisationsschema zur Bestimmung des CARS-Depolarisationsgrades

Unter diesen Bedingungen werden die Polarisationskomponenten der CARS-Strahlung $P_i = \Sigma_{k,l} X_{ikkl} E_k^2(\omega_P) E_l(\omega_S)$ analysiert, wobei i k k l die Polarisationskomponenten der CARS-, Pump-bzw. Stokesfelder sind. Dabei weisen die Ramanresonanten Antele für die Schwingungen der Frequenzen ω_R und der nicht-Ramanresonante Anteil im allgemeinen unterschiedliche Polarisationen P^R, P^{NR} auf, die von den Depolarisationsgraden $\varrho' = |X_{yxxy}^R|/|X_{xxxx}^R|$ bzw. $r' = |X_{yxxy}^{NR}|/|X_{xxxx}^{NR}|$ abhängen. Bei Analysatorstellung parallel zur x-bzw. zur y-Achse erhält man zwei CARS-Spektren $I(\omega_A)_x$ bzw. $I(\omega_A)_y$:

$$I(\omega_A)_x = \text{const}^* |X_{xxxx}|^2 I_P^2 I_S \sin \Phi \tag{8}$$

$$I(\omega_A)_y = \text{const}^* |X_{yxxy}|^2 I_P^2 I_S \sin \Phi \tag{9}$$

In isotropen Medien gilt für den CARS-Depolarisationsgrad einer Ramanaktiven Schwingung: $|X_{yxxy}^R|/|X_{xxxx}^R| = \varrho' = (3\gamma_S^2 + 5\gamma_A^2)/(45\alpha^2 + 42\gamma_S^2)$, wobei α^2, γ_S^2, γ_A^2, die isotropen, symmetrischen und antisymmetrischen Invarianten des Ramantensors sind. Dieser ist bis auf das Vorzeichen des in den meisten Fällen zu vernachlässigenden antisymmetrischen Beitrages mit dem Depolarisationsgrad $\varrho = (3\gamma_S^2 - 5\gamma_A^2)/(45\alpha^2 + 42\gamma_S^2)$ des spontanen Ramaneffektes identisch. Wie auch bei der spontanen Ramanstreuung können nicht alle drei Invarianten α^2, γ_S^2, γ_A^2 aus einer Depolarisationsgradmessung unabhängig voneinander bestimmt werden. Diese Möglichkeit ergibt sich aber, wenn mit einer etwas komplizierteren Dreistrahl-CARS Anordnung die Mannigfaltigkeit der Polarisationsgeometrien erhöht wird.

Ein ungleicher „Depolarisationsgrad" von ϱ' und r' kann auch zur Verbesserung des Signal-Untergrundverhältnisses im CARS-Spektrum um bis zu zwei Größenordnungen ausgenutzt werden, indem die Durchlaßrichtung des Analysators senkrecht zur Polarisationsrichtung des nicht-Raman-resonanten Beitrages gedreht wird. Dadurch wird dann auch die durch die Fluktuationen des CARS-Untergrundes begrenzte Nachweisempfindlichkeit um ca. eine Größenordnung verbessert.

Einige typische Parameter für CARS-Experimente in kondensierter Materie sind in Tabelle 4 zusammengefaßt:

Tabelle 4. Typische Parameter für Resonanz-CARS-Experimente in kondensierter Materie

Laserleistung	1–100 kW
Zeitauflösung	10 ns–10 ps
Wechselwirkungsgebiet	$(50 \mu m)^2 * (0,1-2 nm)$
nachweisbare Konzentration	$10^{-6}-10^{-3}$ mol/l
minimale Dicke einer Schicht	ca. 50 nm
Phasenanpassungswinkel (500–2000 cm^{-1})	0,5–2°
(≤ 500 cm^{-1})	3° (BOXCARS)
Spektrenaufnahmezeit für einen Spektralbereich von 300 cm^{-1}	
Scanning-CARS	1 min
Multiplex-CARS	10 ns–10 ps
Spektrale Auflösung	0,1 cm^{-1}–5 cm^{-1}

4.2.1 Untersuchung fluoreszierender Substanzen

Nur unter den Bedingungen einer Einphotonen-Resonanz kann mit der Ramanstreuung eine hohe Empfindlichkeit erzielt werden. Durch Verlegung der Pumpfrequenz in den Bereich eines Elektronenübergangs (der gelösten Substanz) wird ein Anstieg des Ramansignals ohne gleichzeitigen Anstieg des vom Lösungsmittel herrührenden Untergrunds erreicht. Aber gerade Elektronenbanden, die mit hoher elektronischer Übergangswahrscheinlichkeit und geringer strahlungsloser Deaktivierung ideale Bedingungen für den Resonanz-Ramaneffekt besitzen, sind wegen ihrer hohen Fluoreszenzquantenausbeute der Ramanstreuung kaum zugänglich. Schon geringe Verunreinigungen mit fluoreszierenden Substanzen verschlechtern die Qualität eines Ramanspektrums gravierend. Unter diesen Bedingungen wirkt sich der Vorteil der CARS, nicht störanfällig gegenüber der Fluoreszenz zu sein, voll aus.

Bei Unter Anregung Resonanzbedingungen wurden mit der CARS erstmalig Ramanspektren der Farbstoffe Rhodamin 6G und Rhodamin B, Coumarin, Acridinorange, Na-Fluorescein und von Perylen erhalten, teilweise von nur 10^{-5} molaren Lösungen. Die hohe Empfindlichkeit und gute Zeitauflösung führten zum Einsatz der CARS als HPLC-Detektor. So konnte in [13] mit einem Multidetektor-HPLC-System gezeigt werden, daß strukturell verwandte Sulfonsäure-Farbstoffe an Hand ihres CARS-Spektrums identifiziert werden konnten, während die gleichzeitig gemessene VIS-Absorption praktisch keine Unterschiede für die Eluate erkennen ließ.

Zu den selbst fluoreszierenden Materialien gehören u.a. eine Reihe von in der Biologie äußerst wichtigen Molekülen, wie z.B. Chlorophyll oder Phytochrom. In beiden Fällen zeigt der langwelligste elektronische Übergang, der am empfindlichsten auf Änderungen der Konformation oder auf zwischenmolekulare Wechselwirkung reagiert, eine starke Fluoreszenz. Als Beispiel einer fluoreszierenden und lichtempfindlichen Substanz soll hier auf Untersuchungen am Phytochrom näher eingegangen werden [6].

Phytochrom ist einer der wichtigsten Photorezeptoren in höherentwickelten Pflanzen. Er dient der Pflanze als Lichtsensor, indem er durch ein lichtabhängiges Gleichgewicht von zwei Konformationen ($P_r \leftrightarrow P_{fr}$) Entwicklung und Wachstum der Pflanze steuert. Will man nur eine Konformation nach vorheriger Präparation untersuchen, muß berücksichtigt werden, daß bei Einstrahlung in die Absorptionsbande von P_r bei 667 nm die Konformation P_{fr} mit einer Bande bei 730 nm entsteht und diese bei Einstrahlung bei 730 nm wieder zurücktransformiert wird.

Für die Aufnahme der CARS-Spektren wurde eine Wellenlänge $\lambda_P = 694$ nm an der Absorptionsflanke von P_r gewählt. Für die Aufnahme eines CARS-spektrums von 500 cm^{-1}–1700 cm^{-1} wird damit der Bereich von $\lambda_A = 670$ nm bis 620 nm überstrichen, so daß für die Signalwelle einerseits strenge Resonanzbedingungen bestehen, eine Modifikation der Probe wegen der geringen Intensität des CARS signals aber ausgeschlossen ist. Dies konnte experimentell verifiziert werden, indem die in Abb. 14a gezeigten Resonanz-CARS-Spektren von deu-

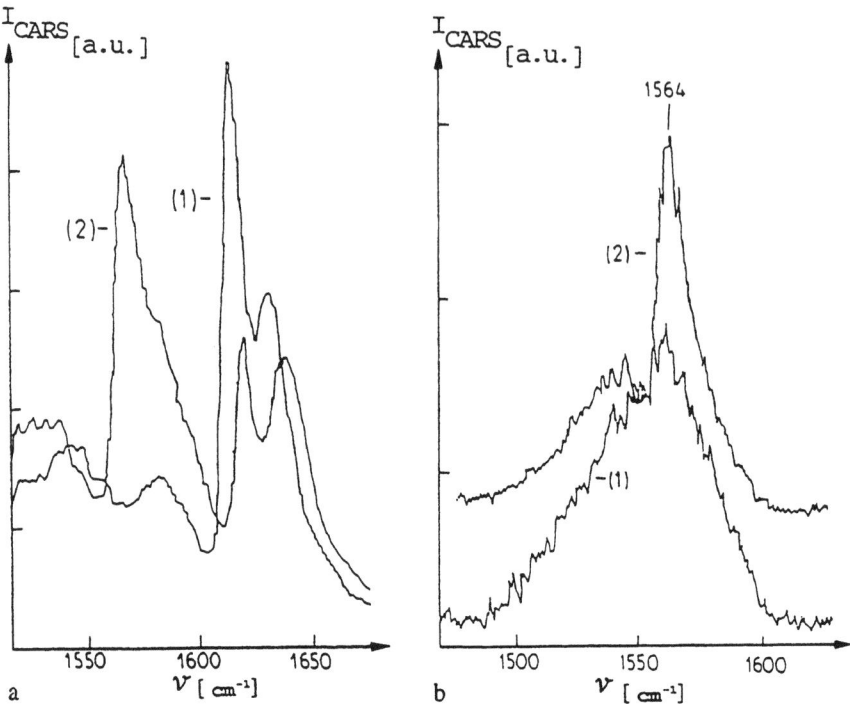

Abb. 14a. Resonanz-CARS Spektren von in P_r-Form vorliegendem deuterierten (1) und undeuterierten (2) Phytochrom. P_r wurde in einem 50 mmol/l Tris/HCl-Puffer mit 1 mmol/l EDTA bei bei einem pH-Wert von 7,8 gelöst

Abb. 14b. Photoinduziertes Entstehen und Verschwinden der 1564 cm^{-1} CARS-Linie von P_r

teriertem und undeuteriertem P_r auch nach wiederholter Lasereinstrahlung keine Veränderungen im jeweiligen Spektrum erkennen ließen. Dagegen verschwindet die charakteristische P_r-Linie bei 1564 cm^{-1} nach Einstrahlung bei 660 nm völlig (1) und läßt sich erst nach Infrarotbestrahlung (2) wieder nachweisen (siehe Abb. 14b).

4.2.2 Resonanz-CARS – Anregungsprofile

Wie im Falle der Resonanz-Ramanstreuung (RRS) besteht auch bei der CARS eine starke Abhängigkeit der Streueffektivität von der Lage der Wellenlänge der Anregungsstrahlen in Bezug auf die Lage der Elektronenbande. Eine Messung der Ramanstreuintensität bei Veränderung der Anregungswellenlänge relativ zur elektronischen Absorption wird in der Literatur als Raman-Excitation-Profil-Messung (REP) bezeichnet.

Folgt man der Albrecht'schen Theorie für isolierte erlaubte Elektronenübergänge, so besteht zwischen einer Einphotonenspektralfunktion $a_0(\omega)$, aus deren

Realteil sich der Brechungsindex und aus deren Imaginärteil sich der Extinktionsverlauf ergibt, und der Ramanspektralfunktion Φ_R einer bestimmten Ramanschwingung der Frequenz ω_R folgender enger Zusammenhang [12]:

$$\Phi_R(\omega) = \sqrt{s}[a_0(\omega) - a_0(\omega - \omega_R)] \tag{10}$$

Aus Gleichung (10) ergibt sich für die Intensität des spontanen Ramaneffektes: $I_{RS} \approx |\Phi_R(\omega_P)|^2$ und für die CARS-Intensität $I_{CARS} \approx |\Phi_R(\omega_P)\Phi_R(\omega_P + \omega_R) + X^{NR}|^2$. Hierbei ist s der Originshiftparameter. Er ist ein Maß für die Verschiebung von Potentialkurven zwischen dem Grund- und dem angeregten Zustand für den entsprechenden vibronischen Übergang und enthält damit Informationen über die Struktur im angeregten Elektronenzustand. REP-Messungen und CARS-REP-Messungen führen prinzipiell zu fast analogen Aussagen, allerdings ist mit Hilfe der CARS eine Bestimmung der Phase von Φ_R zusätzlich möglich. Diese zusätzliche Information ist allerdings auch nicht aus einer reinen CARS-Intensitätsmessung, sondern nur aus einer CARS-Linienprofilanalyse zu entnehmen. Das Auftreten eines charakteristischen CARS-Linienprofils besitzt kein Analogon im spontanen Ramanspektrum. Während eine isolierte RS-Linie als ein nahezu Lorentz-förmiges Profil mit einer bestimmten Intensität und Halbwertsbreite charakterisiert werden kann, verändert die CARS-Linie derselben Molekülschwingung in Abhängigkeit von den Raman-resonanten und nicht-Raman-resonanten Parametern der Suszeptibilität ihre Linienform. Diese setzt sich stets aus einem konstanten (A), dispersiven (B) und Lorentz-förmigen Anteil (C) zusammen:

$$I(\delta, \omega_A, \omega_P) \sim A + \frac{B*\delta + C}{\delta^2 + \gamma^2} \tag{11}$$

Wie in Abb. 15 dargestellt, besitzt jedes Linienprofil ein Maximum (I_{max}) und ein mehr oder minder ausgeprägtes Minimum (I_{min}), die von einem Untergrundbeitrag (I_{mid}) überlagert werden.

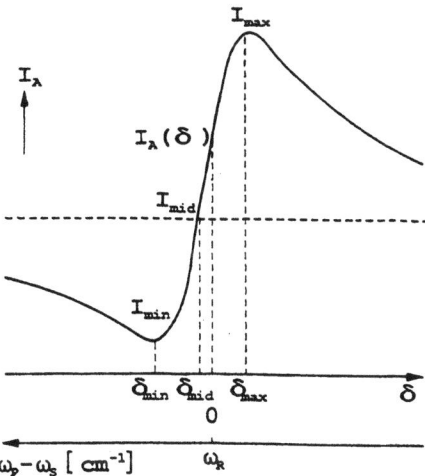

Abb. 15. Typisches CARS-Linienprofil für den Fall B, C > 0

B and C können sowohl positive als auch negative Vorzeichen haben. Während ein Vorzeichenwechsel von B zur Veränderung des Dispersionscharakters, d.h. zu einer Vertauschung der Lage von Minimum und Maximum führt, prägt sich ein negatives C als eine scheinbare Absorption im Untergrund aus. Die Parameter A, B und C können durch Computerfitprogramme für einzelne Ramanlinien mit den Beziehungen:

$$A = I_{mid} \quad (12)$$

$$B = \mp 2\gamma[(I_{max} - I_{mid})(I_{mid} - I_{min})^{1/2} \quad (13)$$

$$C = \gamma^2(I_{max} + I_{min} - 2I_{mid}) \quad (14)$$

$$\text{sign } B = + \text{ für } \delta_{max} > 0, \quad \text{sign } B = - \text{ für } \delta_{max} < 0,$$

aus den Spektren jeweils bestimmt werden. Dabei liegt die Schwingungsfrequenz, d.h. $\delta = 0$, zwischen Maximum und Minimum des CARS-Linienprofils bei der Intensität: $I_{\delta=0} = I_{max} - I_{mid}$. Ramanamplitude $|X^R|$ und Linienbreite γ werden durch die Beziehungen $|X^R| = \sqrt{I_{max}} \mp \sqrt{I_{min}}$ und $\gamma = \sqrt{(-\delta_{max} * \delta_{min})}$ gegeben. Auch für sich überlagernde Ramanlinien ist eine Entfaltung durch Fitprogramme möglich, auf Einzelheiten kann hier aber nicht eingegangen werden.

Um CARS-Excitation-Profile zu erhalten, wird das CARS-Spektrum einer Schwingungsmode bei verschiedenen Anregungswellenlängen λ_P aufgenommen und analog der REP-Messung die jeweilige Ramanamplitude $|X^R|$ bestimmt. Darüber hinaus liefert eine vollständige CARS-Linienprofilanalyse sowohl Informationen über Real- und Imaginärteile des Raman-resonanten X^R als auch des nicht-Raman-resonanten Beitrages X^{NR} zur Suszeptibilität. Auch experimentell ist die Auswertung von Linienprofilen meist einfacher als die Messung von absoluten Intensitäten, die eine Berücksichtigung der Reabsorption in der Probe verlangt.

Untersucht man eine Lösung, die ein Lösungsmittel mit der Suszeptibilität X^{NRL} besitzt und in dem eine Substanz (z.B. ein Farbstoff) der Konzentration c gelöst ist, die sich in Resonanz zu den Laserstrahlungen befindet, kann die Gesamtsuszeptibilität folgendermaßen geschrieben werden:

$$X^{(3)} = X^{NRL} + c[(b' - ib'') + (R - iJ)/(\delta + i\gamma)] \quad (15)$$

Dabei ist angenommen, daß das Lösungsmittel selbst nicht absorbiert und in dem untersuchten Wellenzahlintervall keine eigene Ramanlinie besitzt, so daß X^{NRL} eine reelle, positive konstante Zahl ist. Wegen der Nähe der Elektronenresonanz sind aber die nicht-Raman-resonanten Beiträge $c(b' - ib'')$ und Raman-resonanten Beiträge $c(R - iJ)$ komplexe Größen, die sich mit der Wellenlänge λ_P langsam ändern. Hierbei ist vorausgesetzt, daß die elektronische Linienbreite wesentlich größer als die Ramanlinienbreite ist und deshalb b', b'', R und J innerhalb der Breite einer CARS-Linie näherungsweise konstant sind. Verschiedene Ramanlinien können sich aber in den entsprechenden werden unterscheiden.

Die charakteristischen Linienprofilgrößen A, B, C sind direkt konzentrations- und indirekt anregungswellenlängenabhängig. Für eine bestimmte Konzentration c und Anregungswellenlänge λ_P gilt:

$$A = (X^{NR} + cb')^2 + c^2 b''^2 \quad (16)$$

$$B/2\gamma = cR(X^{NR} + cb')/\gamma + c^2 b'' J/\gamma \quad (17)$$

$$C/\gamma^2 = (cR/\gamma)^2 + (cJ/\gamma)^2 + 2[c^2 b'' R/\gamma - cJ(X^{NR} + cb')/\gamma] \quad (18)$$

Kann der Einfluß von b', b'' auf das CARS-Spektrum vernachlässigt werden, so ist die Bestimmung von Vorzeichen und Beträgen von R und J aus einem CARS-Spektrum eindeutig möglich.

Für die vereinfachende Annahme eines nahezu Lorentzartigen Absorptionsprofils sind die Funktionen R und J nach (1) berechnet und in Abb. 16 wiedergegeben. Weiterhin sind die aus den wellenlängenabhängigen R, J-Werten folgenden charakteristischen CARS-Linienprofile dargestellt.

Sind b', b'' nicht zu vernachlässigen, so ergibt sich eine kompliziertere konzentrationsbhängige Linienform, die durch die c-, bzw. c^2-Abhängigkeit der einzelnen Terme verursacht wird. Wie aus (17) folgt, kann z.B. bei entgegengesetzten Vorzeichen von R und b' der dispersive Term B bei Änderung der Konzentration sein Vorzeichen ändern, d.h. das CARS-Profil „umklappen".

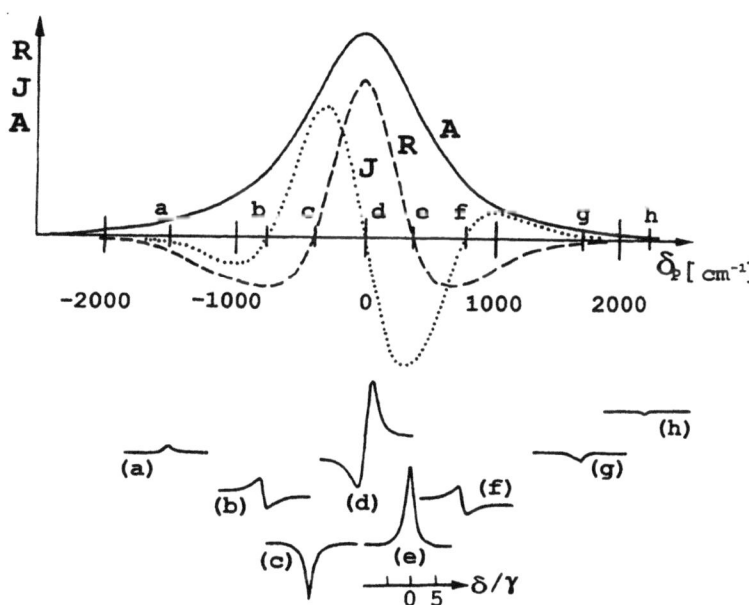

Abb. 16. Dispersionen von R und J, die unter Annahme eines nahezu Lorentzartigen Absorptionsprofils A einer Halbwertsbreite von 400 cm^{-1} für eine Schwingungsfrequenz von 1000 cm^{-1} berechnet wurden (oben). CARS-Linienprofile, die sich bei Änderung der Laserpumpstrahlungsfrequenz ω_P von der Frequenz an der Stelle a bis h ergeben. δ_P ist dabei der Abstand der Laserfrequenz vom Maximum der Absorptionsbande: $\delta_P = \omega_{max} - \omega_P$ (unten). Hierbei ist bei $\omega_P = d$ die Ramanamplitude auf den nicht-Raman-resonanten Beitrag normiert, d.h. $X^{NR} = \sqrt{R^2 + J^2}$

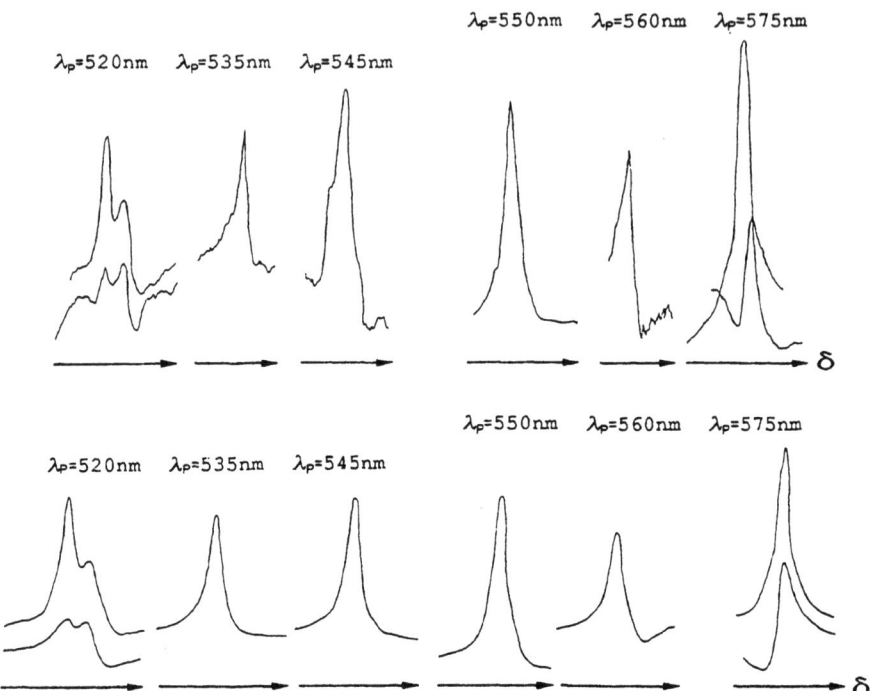

Abb. 17. Vergleich der bei verschiedenen Anregungswellenlängen λ_P registrierten 1300 cm^{-1}-CARS-Linie eines Bisdimethylaminoheptamethinfarbstoffs (BMC) (oben) mit berechneten Spektren (unten), die über eine Konzentrationsreihe angepaßte R, J, b', b'' Werte verwenden. Im Bereich starker Linienprofiländerungen sind jeweils zwei Konzentrationen angegeben. Bei $\lambda_P = 520$ nm tritt eine zusätzliche, einem angeregten Singulettzustand zuzuordnende CARS-Linie bei 1270 cm^{-1} auf (siehe auch Tabelle 5)

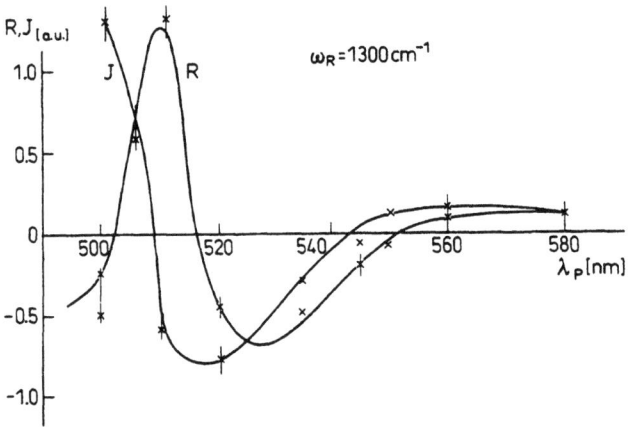

Abb. 18. R- und J-Dispersionskurven, die der CARS-Linien-Profilanalyse der 1300 cm^1 Linie des BMC folgen

Tabelle 5. Homogene Linienbreite Γ und Originshiftparameter s für vibronische Übergänge des stabilen all-trans-Zustandes, eines Photoisomers und des ersten angeregten Singulettzustandes des BMC [12]

BMC	Schwingungsfrequenz cm^{-1}	Γ cm^{-1}	s
all-trans (S_0–S_1)	1300	≈ 200	$\leq 0{,}1$
	1122	< 400	$\leq 0{,}1$
Photoisomer (S_0–S_1)	1070	≈ 300	$\leq 0{,}1$
angeregter Singulett (S_1–S_n)	1270	≈ 300	$\approx 0{,}1$

Ein vollständiger Satz von Parametern (b', b", R, J) kann aus einer Linienprofilanalyse erhalten werden, die die Änderung des CARS-Profils bei mehreren Konzentrationen berücksichtigt.

In Abb. 17 sind die Linienprofile einer CARS-Linie bei z.T. berschiedenen Konzentrationen und bei unterschiedlichen Anregungswellenlängen gezeigt (obere Spektren), aus deren Verlauf der Parametersatz R, J, b' und b" für jede Wellenlänge angepaßt wurde. Die unter Verwendung dieser Parameter simulierten Spektren sind unter den jeweiligen experimentellen Spektren aufgezeichnet.

Die aus diesen Linienprofilen über einen größeren Spektralbereich erhaltenen R, J-Werte sind als Dispersionskurven in Abb. 18 dargestellt [12].

Die so bestimmten R und J-Kurven wurden mit Dispersionskurven verglichen, die aus Modellrechnungen erhalten wurden, wobei die homogene elektronische Linienbreite Γ_E und der Verschiebungsparameter s des angeregten Elektronenzustandes als Parameter dienten.

Daraus ergeben sich für einzelne Schwingungen der entsprechenden höheren elektronischen Zustände des Ausgangsmoleküls sowie eines Photoisomers und eines angeregten elektronischen Zustandes Γ-Werte, wie sie in Tabelle 5 angegeben sind.

4.2.3 Bestimmung der Dynamik Raman-aktiver Schwingungen

Mit der Entwicklung stabiler, leistungsstarker Laser, die Piko- und Femtosekunden-Impulse abstrahlen, waren die Voraussetzungen für zeitaufgelöste Untersuchungen des Relaxationsverhaltens Raman-aktiver Schwingungen gegeben. Das Prinzip besteht darin, daß zwei Laserimpulse, deren Frequenzdifferenz auf die Schwingungsfrequenz einer Ramanlinie abgestimmt ist, diese Schwingung in der Probe kohärent anregen. Der im Verlaufe der Zeit erfolgende Verlust der Kohärenz der Schwingungen der Moleküle in der Probe wird mit einem zeitlich gegenüber der Anregung verzögerten „Probelaser-Strahl" abgefragt. Solange die Moleküle kohärent miteinander schwingen, wird das Signal gerichtet abgestrahlt. Das Abklingen der Kohärenz bewirkt eine Verminderung der Intensität des Signals. Handelt es sich um eine homogen verbreiterte Linie eines Molekülensembles, klingt das Signal exponentiell ab. Daraus kann die Phasenrelaxationszeit T_2 ermittelt werden, die über die Beziehung $T_2 = 1/\gamma$ mit der homogenen Linienbreite im Frequenzbild gekoppelt ist. Der Einfluß inhomogener Linienanteile macht sich bei den zeitaufgelösten Kurven durch einen nichtexponentiellen Signalabfall bemerkbar [14].

Stimmt die Frequenzdifferenz der beiden Anregungslaser nicht genau mit einer Schwingungsfrequenz überein, ergibt sich das klassische Bild von der Anregung eines harmonischen Pendels mit einer Frequenz, die von der Eigenfrequenz abweicht. Es entsteht eine entsprechende Schwebungsfrequenz mit einer Amplitude, die allmählich abklingt.

Umso kürzer die Impulse sind, desto größer ist ihre spektrale Breite. Femtosekunden-Impulse sind daher einige 100 cm^{-1} breit. Wird eine Probe mit Femtosekunden-Impulsen angeregt, werden alle innerhalb der Frequenzbreitendifferenz beider Femtosekundenlaserstrahlen befindlichen Schwingungen gleichzeitig angeregt. Das mit dem zeitverzögerten Probstrahl gemessene Signal fällt dann mit auf ihm überlagerten Schwebungen ab, die den Differenzfrequenzen zwischen den angeregten Schwingungen entsprechen. Die Abnahme der Amplitude der Schwebung erfolgt mit einer aus den T_2-Zeiten der einzelnen Schwingungen kombinierten Zeit. In Abb. 19 ist ein Beispiel für eine dreifache Modenanregung bei Toluol reproduziert.

Mit CARS wurden eine göße Zahl von Phasenrelaxationszeiten von Flüssigkeiten, Kristallen und Halbleitern unter den verschiedensten Bedingungen gemessen. Insbesondere der Vergleich der gemessenen T_2-Zeiten mit den Besetzungsrelaxationszeiten T_1 läßt Schlüsse über die Relaxationskanäle zu. So konnte z.B. für reine Benzenkristalle (bei tiefen Temperaturen) eine gegenüber

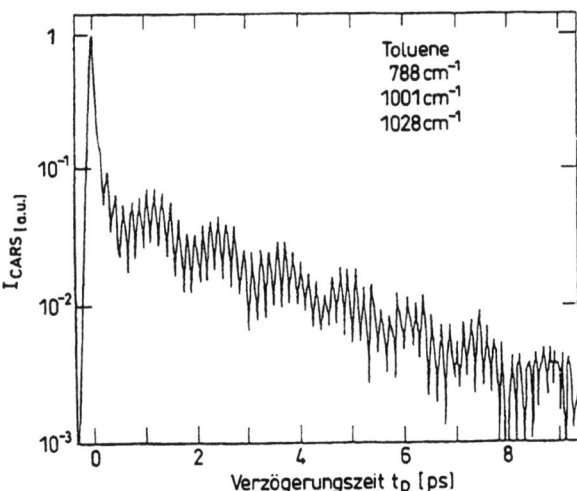

Abb. 19. Überlagerung der Kohärenzabklingkurve von Toluen mit Terahertz-Schwebungen der drei gleichzeitig angeregten Toluen-Linien (788 cm^{-1}, 1001 cm^{-1} und 1028 cm^{-1}) bei Femtosekunden-Anregung [14]

der T_1-Zeit kleinere T_2-Zeit gemessen werden, während „^{13}C-Verunreinigungen" zu gleichen T-Zeiten führten. Von diesem Ergebnis kann auf die wachsenden Relaxationsraten durch die „Verunreinigungs"-Phononen bzw. eine „nahezu resonante" Energieübertragung zwischen den Phononen geschlossen werden.

Von großem Interesse sind diese Untersuchungen bei großen biologisch relevanten Molekülen. Hier sind die Untersuchungen der niederfrequenten Librationsschwingungen von Aminosäure- und Peptidkristallen besonders hervorzuheben. In der Abb. 20 sind die Abklingkurven von fünf verschiedenen niederfrequenten Moden wiedergegeben.

Aus der Kurvenform sind drei Moden als homogen und zwei Moden als inhomogen verbreitert zu erkennen. Von den homogen verbreiterten Moden

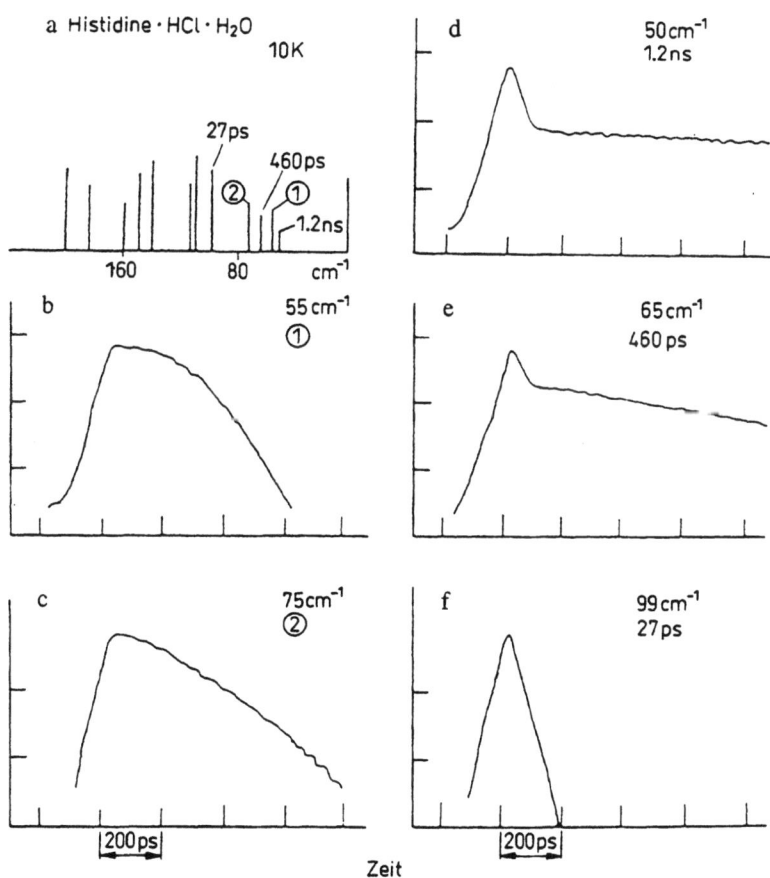

Abb. 20a–f. Zeitaufgelöste CARS-Signale von einem 1-(t)-Histidin·HCl·H$_2$O-Kristall bei 10 K. In **a** werden die Ramanfrequenzen angegeben. Die Kurven **b** und **c** zeigen die Wirkung von inhomogen verbreiterten Linien. Die Kurven **d** bis **f** weisen das für homogen verbreitete Linien typische Verhalten auf [14]

können die T_2-Zeiten bestimmt werden, deren Werte sich hier stark unterscheiden. Diese Ergebnisse konnten nur mit Pikosekunden- und nicht mit Femtosekunden-Impulsen erhalten werden, da durch die Frequenzbreite der Femtosekunden-Impulse viele Schwingungsmoden gleichzeitig angeregt worden wären und aus den daraus resultierenden Schwebungsspektren keine einzelnen T_2-Zeiten bestimmbar sind.

Eine ausführliche physikalische Beschreibung der Grundlagen und viele Beispiele sind in mehreren Kapiteln in [14] beschrieben.

4.3 Untersuchung photochemischer Reaktionen

Die zeitaufgelöste CARS-Spektroskopie kann zur Untersuchung kurzlebiger Zustände und Produkte photochemischer Reaktionen nicht nur in der Gasphase, sondern auch von Transienten, die in kondensierter Phase vorliegen, angewendet werden. Problematischer als in der Gasphase ist es hierbei, eine ausreichende Empfindlichkeit für den Nachweis der kurzlebigen Spezies zu erreichen. Deren Konzentration ist schon deshalb begrenzt, weil die Löslichkeit der Ausgangsstoffe eine obere Grenze darstellt und dadurch, daß bei zu hoher Anregungsdichte, die wiederum erforderlich wäre, um eine hohe Konzentration kurzlebiger Zwischenprodukte zu erzeugen, Schockwellen und Erhitzung im Medium auftreten würden. So kann z. B. ein Anregungsimpuls von 1MW einer Wellenlänge von 350 nm und Impulsdauer von 10 ns ein Volumen von 0,1 mm^3 einer wässrigen Lösung um bis zu 25° erwärmen oder falls die Umwandlung in ein Photoprodukt mit 100% möglich ist, maximal $3*10^{-2}$ mol/l angeregte Spezies erzeugen. Da von nicht vollständiger Umwandlung und gleichzeitiger Wärmeerzeugung ausgegangen werden kann, stellen 10^{-2} mol/l eine extrem hohe, nur in sehr günstigen Fällen erzeugbare Transientenkonzentration dar. Weiterhin muß der kurzzeitspektroskopische Nachweis unter Bedingungen erfolgen, bei denen das Lösungsmittel oder auch Ausgangsprodukte in weit höheren Konzentrationen vorliegen. Gelöst wird das Problem durch die Ausnutzung einer substanzspezifischen Empfindlichkeitserhöhung mittels Resonanz-CARS.

Das Prinzip der CARS-Spektroskopie angeregter Zustände und Zwischenprodukte ist in Abb. 21 angegeben.

Zur Besetzung eines angeregten Zustandes bzw. zur Auslösung einer photochemischen Reaktion wird ein Laserimpuls geeigneter Intensität und Frequenz ω_{exc} verwendet. Dies ist durch eine neu auftretende S_1-S_N-Absorption nachweisbar. Eine Deaktivierung des S_1-Zustandes kann zur Bevölkerung von Triplettzuständen und zur Bildung weiterer photochemischer Zwischenprodukte, d.h. Photoisomere, Exciplexe, Radikale, die im Bild mit X symbolisiert sind, führen. Der Nachweis von S_1 oder X erfolgt gegenüber dem Anregungsimpuls geeignet verzögert mit den Impulsen der Frequenzen ω_P und ω_S. Dabei liegt die Frequenz ω_P innerhalb der S_1-S_N-bzw. $X-X_N$-Absorption, um eine möglichst starke Resonanzerhöhung zu erzielen.

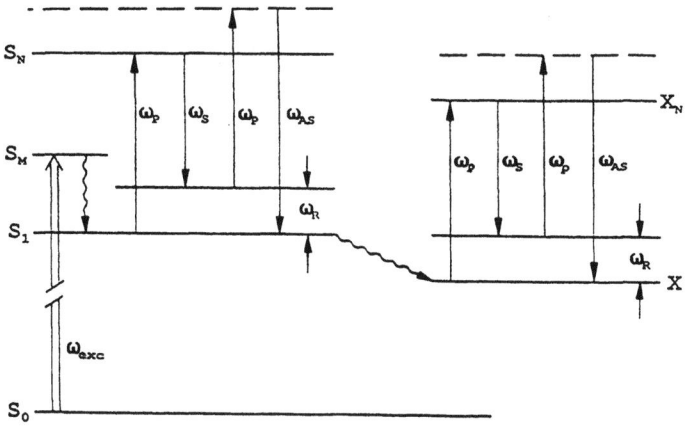

Abb. 21. Prinzipdarstellung der CARS-Spektroskopie angeregter Zustände und Zwischenprodukte

Durch Veränderung der Zeitverzögerung zwischen Anregung und Nachweis lassen sich auch kinetische Vorgänge verfolgen. Da das CARS-Signal relativ intensiv ist, können sogar während der Dauer des Anregungsimpulses zeitliche Abläufe registriert werden, wenn eine elektrische Tortechnik für den Nachweis des CARS-Signals eingesetzt wird. Aus den Resonanz-CARS-Spektren der kurzlebigen Zustände und Zwischenprodukte können folgende Informationen gewonnen werden:

1. Veränderte Frequenzen und Intensitäten sind Ausdruck veränderter Geometrie- und Bindungsverhältnisse im Molekül. Grobe Aussagen hierüber erhält man durch empirische Zuordnungen, die bestimmten Frequenzbereichen vorrangig beteiligte Bindungen bzw. Molekülbaugruppen zuordnen oder durch direkten Vergleich mit Raman- oder CARS-Spektren bekannter vergleichbarer Moleküle (Fingerprinttechnik). Genauere Aussagen erfordern Normalkoordinaten- oder quantenchemische Rechnungen. Dabei ist auch eine zumindest qualitative Vorhersage von Streuintensitäten erforderlich, ohne die eine Zuordnung des theoretisch berechneten vollständigen Satzes von Normalschwingungen zu den mehr oder minder unvollständigen experimentellen Spektren kaum möglich ist.
2. CARS-Anregungsprofile und damit Potentialparameter können auch von kurzlebigen Zuständen bestimmt werden. Hohe Werte des Originshiftparameters s bedeuten starke Veränderungen der Gleichgewichtslage für die entsprechende Molekülkoordinate beim Übergang zum höher angeregten Elektronenzustand. Man erhält damit Informationen über Geometrien der höher angeregten elektronischen Zustände, ohne diese bevölkern zu müssen.
3. Aus dem gleichzeitigen Auftreten unterschiedlicher CARS-Linienprofile nahegelegener CARS-Linien kann auf die Existenz von Transienten unter Berücksichtigung unterschiedlicher Streuquerschnitte bzw. Konzentrationen mit unterschiedlichen Absorptionsbanden geschlossen werden.

Zur Demonstration von Möglichkeiten, die die zeitaufgelöste Resonanz-CARS bietet, sollen zwei Beispiele näher diskutiert werden:

a) *Erster angeregter Singulett-und Triplettzustand von Chrysen*

S_1- und T_1-Spektren von Chrysen sind von verschiedenen Autoren angegeben worden. Es wurden Schwingungsfrequenzverringerungen der CC-Ringschwingungen bis zu $30\,\text{cm}^{-1}$ beobachtet. Wegen der sehr starken Kopplung der Schwingungsmoden dieses Moleküls ist eine empirische Zuordnung zu einzelnen Bindungen nicht möglich. In Tabelle 6 sind einige aus quantenchemischen (QCFF) Berechnungen erhaltene Schwingungsfrequenzen mit den experimentellen S_0-, S_1- und T_1-CARS-Frequenzen verglichen [12].

Der Vergleich der berechneten und beobachteten Frequenzen zeigt eine mäßige Übereinstimmung hinsichtlich der absoluten Frequenzlagen, jedoch eine gute Übereinstimmung in Bezug auf die Frequenzverschiebungen, wie sie z.B. beim Übergang von S_0 nach S_1 auftreten, so daß Bindungslängenänderungen gut

Tabelle 6. Berechnete und beobachtete CARS-Frequenzen des Chrysens [12]

S_0 $\omega[\text{cm}^{-1}]$ exp.	ber.	Koo.	S_1 $\omega[\text{cm}^{-1}]$ CARS	ber.	Koo.	S_0/S_1 $\Delta\omega[\text{cm}^{-1}]$ exp.	ber.	T_1 $\omega[\text{cm}^{-1}]$ CARS	ber.	Koo.	S_0/T_1 $\Delta\omega[\text{cm}^{-1}]$ exp.	ber.
1600	1647	5	–	1632	9	–	+15	–	1655	9	–	–8
		9			5					5		
		11			11					11		
1575	1603	30	1550	1581	30	+25	+22	1555	1556	30	+20	+37
		11			11					32		
		7			7					2		
		3			3					11		
1431	1346	11	–	1454	11	–	+14	–	1449	4	–	+15
		4			4					11		
		32			32					28		
–	1458	30	–	1450	30	–	+4	–	1444	11	–	+14
		2			2					30		
		be			be					2		
										be		
1382	1421	5	1367	1394	11	+15	+27	1369	1408	2	+13	+13
		11			5					3		
		3			27					5		
		28			7					30		
1160	1166	86	1164	1164	86	–4	+2	1180	1164	86	–20	+2
		84			84					40		
		40			40					84		
1136	1141	35	–	1138	35	–	+3	–	1132	35	–	+9
		34			34					84		
		40			87					34		
		87			87					40		

exp. – experimentell beobachtete CARS Frequenzen; ber. – berechnete CARS Frequenzen; Koo. – Nummern der inneren Koordinaten, die hauptsächlich zur Schwingungsbewegung beitragen (siehe auch Abb. 22). Reihenfolge, in der die Koordinaten angegeben sind, ist ein Maß für den Grad ihrer Beteiligung an der Bewegung; be – starke Kopplung mit bending-Schwingungen

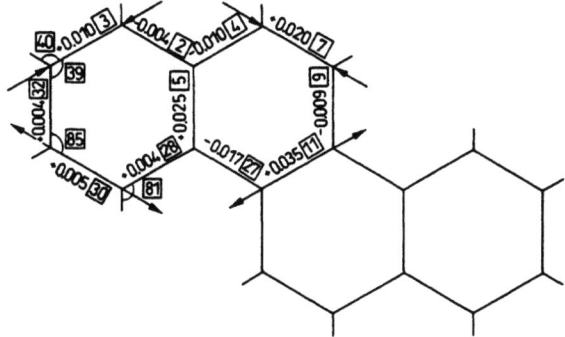

Abb. 22. Bindungslängenänderungen einiger innerer Koordinaten des Chrysens zwischen dem elektronischen Grundzustand und dem ersten angeregten Singulettzustand; → Veränderung der Bindungslängen in Å ←, ☐-Nummer der inneren Koordinate [12]

wiedergegeben werden sollten. Die Berechnungen zeigen auch, daß sogar bei nahezu gleichen Frequenzen von verschiedenen elektronischen Zuständen sich die Beiträge der verschiedenen inneren Koordinaten zu einer bestimmten Schwingungsfrequenz ändern können, wie es z.B. für die Frequenzen 1382 cm^{-1} des S_0, 1367 cm^{-1} des S_1 und 1369 cm^{-1} des T_1-Zustandes zutrifft. Deshalb ist selbst im Falle einer nicht veränderten Schwingungsfrequenz der Schluß auf eine unveränderte Geometrie nicht zwingend. Die aus den Rechnungen folgenden Bindungslängenänderungen zwischen dem S_0- und S_1-Zustand können Abb. 22 entnommen werden.

b) Photoisomerisation einer Reihe von Methinfarbstoffen mit verschiedener Kettenlänge

Bisdimethylaminomethin-Farbstoffe, $[(CH_3)_2N(CH)_nN(CH_3)_2]^+ A^-$, zeigen eine äußerst effektive *trans-cis*-Isomerisierung bei Lichtbestrahlung. Für die Photoisomere kommen verschiedene *cis*-Geometrien in Frage, wobei die Zahl der prinzipiell möglichen Strukturen natürlich mit der Kettenlänge zunimmt. Es ist möglich, daß bei der Isomerisierung nur eine Drehung um eine bevorzugte Bindung stattfindet oder auch mehrere Bindungen beteiligt sind. So folgt z.B. aus einer quantenchemischen Rechnung die Hypothese, daß bei kurzen Methinen die Photoisomerisation an der äußersten C – C Bindung auftritt (1.2 mono-*cis*) und bei Methinen, die längerkettig als das Pentamethin sind, wahrscheinlicher ist, daß nicht die äußere sondern die benachbarte 2,3 C – C-Bindung sich bei der Photoisomerisation dreht.

Untersucht wurden Methine mit verschiedenen Kettenlängen, n = 3,5,7,9, d.h. das Tri-, Penta-, Hepta- und Nonamethin, indem sowohl die CARS-Spektren der stabilen Moleküle als auch der nach der Bestrahlung mit geeigneter Wellenlänge erzeugten Photoisomere aufgenommen wurden [15].

Die Strukturen der kurzlebigen Photoisomere konnten durch Auswertung ihrer Resonanz-CARS-Spektren im Frequenzbereich von 1000 cm^{-1} bis 1700 cm^{-1} identifiziert werden [12, 15]. Es zeigte sich, daß unabhängig von der Kettenlänge bei dem Photoisomer stets eine charakteristische intensive Linie

Tabelle 7. CARS-Frequenzen der Ausgangsmoleküle und der entsprechenden Photoisomere im Frequenzbereich von 100 cm^{-1}–1200 cm^{-1}, s- stark, m- mittel, w- schwach

Ausgangsmolekül	Photoisomer	Zuordnung
Bisdimethylaminotrimethin		
1120 s	1120 s	CH def + CH$_3$ rock
	1060 s	CC str + CH def
Bisdimethylaminopentamethin		
1125 s	1125 s	CH def + CH$_3$ rock
1082 w	1072 s	CC str + CH def
Bisdimethylaminoheptamethin		
1022 s	1022 s	CH def + CH$_3$ rock
1085 w		CH$_3$ rock
	1070 s	CC str + CH def
Bisdimethylaminononamethin		
1122 s	1122 s	CH def + CH$_3$ rock
1102 w	1102 w	CH$_3$ rock
	1070 s	CC str + CH def

bei ca. 1070 cm^{-1} im Spektrum neu erscheint, während sich die andereren CARS-Frequenzen und ihre Intensitäten gegenüber dem Ausgangszustand nur geringfügig ändern.

Dieser Sachverhalt ist in Tabelle 7 zusammengefaßt:

Obwohl eine Zuordnung der beobachteteten Veränderungen in den Spektren wegen der starken Kopplung im π-System zu geometrischen Veränderungen schwierig ist, wird durch das Auftreten der 1060 cm^{-1}-Linie bereits beim Trimethin, bei dem nur die Isomerisierung um die 1,2 C – C-Bindung möglich ist, die Vermutung nahegelegt, daß auch bei den längerkettigen Molekülen 1,2-Photoisomere vorliegen. Um diese Annahme zu überprüfen, wurden Normalkoordinatenrechnungen durchgeführt, bei denen die Kraftkonstanten so angepaßt wurden, daß sowohl Raman- als auch Infrarotfrequenzen der Ausgangsmoleküle richtig wiedergegeben wurden. Da mit Ausnahme der 1070 cm^{-1} Schwingung das Spektrum unverändert blieb, wurden sowohl die Kraftkonstan-

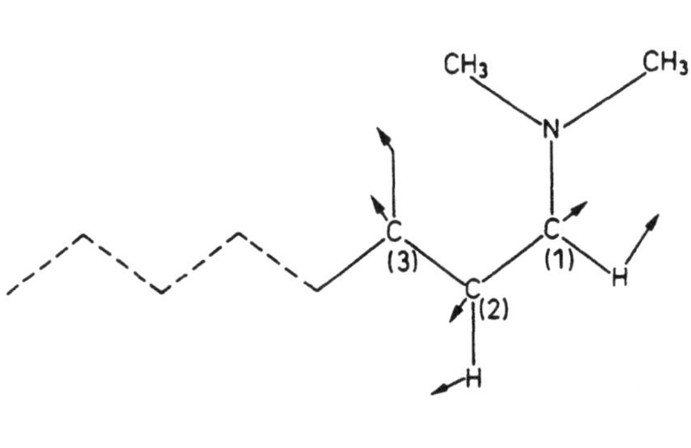

Abb. 23. Schwingungsamplituden für die charakteristische Photoisomerschwingung bei 1070 cm^{-1} [15]

ten als auch Bindungspolarisierbarkeiten auf die Photoisomere übertragen und nur die veränderten möglichen Geometrien in Betracht gezogen. Es konnte gezeigt werden, daß jeweils für die 1,2-Photoisomere durch die Verringerung der Symmetrie des Moleküls eine Schwingung bei ca. 1070 cm^{-1} aktiv wird. Die Schwingungsamplituden für diese charakteristische Mode des Photoisomers sind in Abb. 23 dargestellt.

Die Schwingung ist im Endbereich der Methinkette lokalisiert. Dies erklärt, weshalb ihre Frequenz für alle Photoiosmere unverschoben bleibt und erhärtet die These von der Entstehung des 1,2-Photoisomers unabhängig von der Kettenlänge bis hin zum Nonamethin.

4.4 Ermittlung makroskopischer Parameter für NLO-Materialien

Nichtlinear optische Materialparameter haben Bedeutung für die Entwicklung neuer photonischer Bauelemente, wie z.B. für opto-optische Schalter oder für frequenzwandelnde Elemente. Dabei sind nicht nur die Größen der Suszeptibilitäten, sondern auch deren Abhängigkeiten von der Wellenlänge (Dispersion) von Interesse.

Die CARS ermöglicht neben der Bestimmung der Intensitäten und Frequenzen der Ramanlinien eine quantitative Messung der Suszeptibilitäten 3. Ordnung $X^{(3)}(-\omega_A, \omega_P, \omega_P - \omega_S)$. Aus ihnen lassen sich mittels der Beziehung $X^{(3)} = L^4 N \Gamma'$ die molekulare Hyperpolarisierbarkeit ermitteln. Hierbei ist $L = (n^2 + 2)/3$ ein Feldkorrekturfaktor, N die Anzahl der Moleküle pro cm^3 und n der Brechungsindex. Da $I_A \sim |X^{(3)}|^2 I_P^2 I_S I^2$ ist, läßt sich bereits aus einer Intensitätsmessung der Betrag der Suszeptibilität bestimmen.

Der in der CARS-Spektroskopie als nicht-Raman-resonanter Untergrund (X^{NR}) bezeichnete Term ist den $X^{(3)}$ Größen analog, die mit Methoden der entarteten Vierwellenmischung (DFWM) oder durch Messung der Umwandlung von Laserstrahlung in deren Dritte Harmonische (THG) bestimmt werden können. Da aber erhebliche Unterschiede in den beteiligten Frequenzen bestehen, d.h. nur eine Frequenz ω bei der DFWM, Grundwelle ω und Signalwelle 3ω bei der THG und $\omega_A, \omega_P, \omega_P, \omega_S$ bei der CARS, können durch die Wirkung verschiedener Elektronenresonanzen und Schwingungen die Suszeptibilitätswerte durchaus unterschiedlich sein und sich ergänzende Informationen ergeben. Der durch „Ansteuerung einer Ramanresonanz" auftretende Raman-resonante Suszeptibilitätsterm wird durch die anderen Techniken nicht erfaßt, obwohl die Raman-resonante Suszeptibilitätserhöhung auch für technische Anwendungen durchaus von Interesse sein könnte.

Untersucht werden können sowohl Lösungen als auch feste Schichten, die auf einem Substrat aufgebracht sind. Üblicherweise bezieht man sich bei den Messungen auf eine Referenzprobe bekannter Suszeptibilität und umgeht damit die bei einer Absolutmessung erforderliche quantitative Bestimmung der Intensitäten der Laserstrahlungen im Überlappungsbereich der Probe. Bei einer

Lösung setzt sich die Suszeptibilität aus den Beiträgen des Lösungsmittels und der gelösten Substanz zusammen: $X^{(3)} = N_A C L_L^4 \gamma + X^{(3)}_{\text{Lösungsmittel}}$, wobei N_A die Avogadro-Zahl und C die molare Konzentration ist.

Die Methode der Bestimmung der Raman-resonanten und Raman-nichtresonanten Beiträge und ihrer Dispersionen durch die Auswertung der CARS-Linienprofile von Lösungsmittelreihen ist bereits in 4.2.2 beschrieben worden. Zur Ermittlung des absoluten Wertes der Suszeptibilität wird mit dem Referenzsignal einer Probe bekannter Suszeptibilität, meist dem reinen Lösungsmittel, kalibriert.

Das Verfahren der Linienprofilanalyse kann auch auf feste Schichten übertragen werden, die auf einem Substrat aufgetragen sind und wo die Möglichkeit der Anfertigung von Lösungsmittelreihen nicht gegeben ist.

Für eine Schicht der Dicke l_2, die auf einem Substrat der Dicke l_1 aufgetragen ist, entsteht ein zu $|X_2^{(3)} l_2 + X_1^{(3)} l_1|^2$ proportionales CARS-Signal. Deshalb erreicht man durch eine Veränderung des Verhältnisses l_1/l_2 einen einer Konzentrationsänderung in Lösungen äquivalenten Effekt, obwohl keine Durchmischung vorliegt. Voraussetzung hierfür ist allerdings, daß über die gesamte Wechselwirkungslänge die Phasenanpassung gewährleistet bleibt und es damit zu einer vollständigen kohärenten Überlagerung der Signale aus den beiden Teilbereichen kommt. Dies ist bis zu Wechselwirkungslängen von einigen Millimetern durchaus möglich. Anders als bei der Konzentrationsreihe muß bei der Auswertung der CARS-Spektren der Schicht auch ein unterschiedliches Absorptionsverhalten von Schicht und Substrat berücksichtigt werden.

In Tabelle 8 sind die Suszeptibilitäten einiger Materialien, die mit der CARS und z.T. auch mit der THG bestimmt wurden, zusammengestellt [16]. Dabei ist die hohe Suszeptibilität dieser Substanzen auf ihr ausgedehntes π-Elektronensystem zurückzuführen.

Tabelle 8. Mit der Methode der CARS bzw. THG bestimmte Beiträge der Suszeptibilität dritter Ordnung $X^{(3)}$ einiger organischer Verbindungen [16]

Methode	Realteil in 10^{-11} esu	Imaginärteil in 10^{-11} esu
	PTS-12 (Lösung in DMF)	
THG[a]	−0,8	−0,5
CARS X_{max}^{NR}[b]	−0,5	−0,8
CARS X_{max}^{R}/Γ[c]	8	12
	Rhodamin 6G (Lösung in Methanol)	
CARS X_{max}^{NR}[d]	−3,6	−2,0
CARS X_{max}^{R}/λ[d]	11	1,7
	Tetrazen (80 nm Schicht)	
[e]CARS X_{max}^{R}/Γ	$6*10^{-11}$ esu	

[a] THG bei 1064 nm
[b] CARS b'/b''-Werte bei $\lambda_p = 507$ nm/550 nm
[c] CARS R, J-Werte bei $\lambda_p = 550$ nm, $\omega_R = 1525$ cm^{-1}
[d] CARS b',b'',R,J-Werte bei $\lambda_p = 578$ nm, $\omega_R = 614$ cm^{-1}
[e] CARS R-Wert bei $\lambda_p = 590$ nm

5 Zusammenfassung

In der vorliegenden Übersicht wurde versucht, die wichtigsten Eigenschaften der CARS:
- gerichtete intensive Signale,
- Fluoreszenzunabhängigkeit,
- Begrenzung der spektralen Auflösung nur durch die Laserlinienbreite,
- von Resonanzbedingungen und Konzentration abhängiges Linienprofil der CARS-Linien und
- Verwendung von kurzen Impulsen zur Erzeugung intensiver Signale bei geringer Energiebelastung der Proben und zur Messung kurzlebiger Anregungszustände und Transienten

herauszuarbeiten und einige ausgewählte Beispiele aus der Fülle der Anwendungsgebiete zu diskutieren.

Die wichtigsten Anwendungsgebiete sind:
- Struktur- und Konzentrationsbestimmungen fluoreszierender und photolabiler Substanzen,
- Messung von höchstaufgelösten Spektren zur Ermittlung von Molekülparametern,
- Untersuchung chemischer Reaktionen sowie Strukturbestimmung von Transienten und Reaktionsprodukten,
- Bestimmung der Phasenrelaxationszeiten von Rotations- und Schwingungszuständen und
- die Ermittlung der Parameter von Potentialkurven elektronisch angeregter Zustände.

Für die vorwiegend von Physikern erarbeiteten Methoden stehen heute kommerzielle Bauteile ausreichender Qualität zur Verfügung und sollten in Zukunft auf dem Wege interdisziplinärer Zusammenarbeit in leistungsfähigen Meßplätzen auch in analytischen Laboratorien eine breitere Anwendung finden.

6 Literatur

1. Franken PA, Hill AE, Peters CW, Weinreich G (1961) Phys Rev Letters 7: 118
2. Woodbury EJ, Ng WK (1962) Proc IEEE 50: 2367
3. Bloembergen N (1965) Nonlinear Optics. Benjamin, New York
4. Lau A, Pfeiffer M, Werncke W, Kim Man Bok (1990) J Mol Struct 217: 161
5. Eckbrecht AC (1978) Appl Phys Letters 32: 421
6. Marovsky G, Smirnov VV (1991) Coherent Raman Spectroscopy. Springer Proceedings in Physics 63, Springer, Berlin Heidelberg New York
7. Müller-Dethlefs K, Pealat M, Taran JP (1981) Ber Bunsenges Phys Chem 85: 803
8. Taran JP (1982) Non-Linear Raman Spectroscopy and Its Chemical Applications. Kiefer W, Long DA (eds) D Reidel, pp 281–323
9. Lau A, Holz L (1989) Proc Conf „Temperatur", Erfurt
10. Schrötter HW, Boquillon JP (1988) Recent Trends in Raman Spectroscopy, Proc Int Conf on Raman Spectroscopy, Calcutta Nov

11. Bermejo D, Santos J, Cancio P (1992) Proc of the XIVth International Conference on Raman Spectroscopy Würzburg 1992. Kiefer W, Cardona M, Schaack G, Schneider FW, Schrötter HW (eds) John Wiley & Sons p 196
12. Lau A, Werncke W, Pfeiffer M (1990) Spectrochim Acta Rev 13 191
13. Rogers LB, Stuart JD, Goss LP, Malloy TB, Carreira LA (1977) Anal Chem 49 959
14. Kaiser W (1988) Ultrashort Laser Pulses and Applications Topics in Applied Physics, Vol 60, Springer, Berlin Heidelberg New York
15. Werncke W, Pfeiffer M, Lau A, Holz L, Hasche T (1991) Electronic properties of polymers, Proc of the IWEPP Kirchberg Springer Series in Solid State Sciences 1992, s 107
16. Werncke W, Pfeiffer M, Lau A (1992) Synth Metals 51 153

Infrarot- und Raman-Mikrospektroskopie

Bernhard Schrader

Institut für Physikalische und Theoretische Chemie, Universität GH Essen, D-451177 Essen

1	Einführung	3
2	Charakteristika optischer Anordnungen, der Lichtleiwert	4
3	Der Lichtleitwert verschiedener Spektrometer-Typen	6
3.1	Lichtleiwert eines Gitterspektrometers	6
3.2	Lichtleitwert eines Interferometers	7
3.3	Der Jaquinot-Vorteil	8
4	Anpassung von Mikroanordnungen und Mikroskopen an Infrarot-Spektrometer	8
5	Anpassung von Mikroanordnungen und Mikroskopen an Raman-Spektrometer	11
6	Anwendungen	17
7	Ausblick	18
8	Literatur	18

1 Einführung

Die Mikrospektroskopie mit Strahlung im *sichtbaren und UV-Bereich* wird seit langem praktiziert. Die Mikro-Fluoreszenz-Spektroskopie ist von unschätzbarem Wert für Spurenanalysen, insbesondere im Bereich der Biochemie.

Die Mikrospektroskopie, die die Methoden der *Schwingungsspektroskopie* nutzt, liefert wesentlich mehr und detailliertere Informationen als die Spektroskopie im sichtbaren und UV-Bereich, sowohl über die Zusammensetzung, die Identität, die Molekülstruktur als auch die räumliche Struktur.

Infrarot- und Raman-Mikrospektroskopie vermitteln komplementäre Informationen über die Moleklschwingungen im gleichen Probenbereich: Von jedem räumlich auflösbaren Volumenelement einer Probe können jeweils vollstndige Spektren aufgenommen werden. Da beide Methoden zerstörungsfrei arbeiten, kann man diese Spektren vom gleichen Volumenelement auch wiederholt aufnehmen. Dies ist von besonderem Interesse bei wertvollen und einzigartigen Proben: Biomaterialien, archäologische und Kunst-Produkte, Mikroelektronik und Neue Materialien. Besonders reizvoll ist die seit 1986 bestehende Möglichkeit, durch Anregung im Nah-Infrarot-Bereich Raman-Spektren von solchen Proben aufzunehmen, bei denen dies bisher bei Anregung im sichtbaren Bereich wegen der Störung durch Absorption oder Fluoreszenz nicht möglich war [1, 2]. Raman-Spektren von Proben aus allen Gebieten der Industrie und Forschung können heute mit Hilfe der Nah-Infrarot-FT-Raman-Spektroskopie im Routinebetrieb aufgenommen werden. Die mit Raman-Mikroskopen unter diesen Bedingungen gewonnenen Spektren können gemeinsam mit denen der mit einem Infrarot-Mikroskop aufgenommenen komplementären Infrarot-Spektren ausgewertet werden, die von der gleichen Probe mit dem gleichen Grund-Gerät, einem FT-IR-Spektrometer, registriert wurden.

Das Ergebnis dieser Methode hängt stark von der Erfahrung des Spektroskopikers ab. Falsche und ungeschickte Handhabung kann die Probe zerstören oder zu unzureichenden Spektren führen. Um die Möglichkeiten dieser Technik voll nutzen zu können, muß man die Faktoren kennen, die das geometrische Auflösungsvermgen und die Nachweisgrenze festlegen. Zweck dieses Beitrags ist es, hierzu zunächst die wesentlichen Grundlagen zu vermitteln. Schließlich werden typische Anwendungen demonstriert und als Literaturzitate vorgestellt.

2 Charakteristika optischer Anordnungen, der Lichtleitwert

Mit Hilfe des Lichtleitwertes optischer Instrumente kann die Anpassung der Mikroanordnungen und Mikroskope an die Spektrometer diskutiert und optimiert werden.

Der Strahlungsfluß Φ (in Watt), der in einem optischen System von der Strahlungsquelle zum Detektor transportiert wird, ist durch die folgende Gleichung gegeben [3–5]:

$$\Phi = L\,G\,\tau \tag{1}$$

Hier ist L die Radianz (Watt/Raumwinkel·Fläche) der Strahlungsquelle, G der Lichtleitwert (Raumwinkel·Fläche) und τ der Transmissionsfaktor des optischen Systems.

In einem korrekt konstruierten optischen Gerät bildet jeweils ein optisches Element das vorhergehende auf das nächste ab (Abb. 1). Im Strahlengang eines Spektrometers entstehen nacheinander jeweils Bilder der Lichtquelle (I, I', I'')

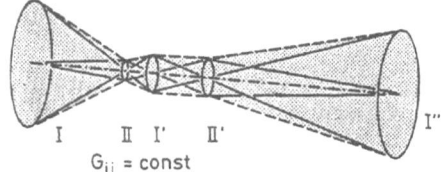

Abb. 1. In einem exakt konstruierten optischen Gerät ist der Lichtleitwert zwischen zwei aufeinanderfolgenden abbildenden Elementen konstant, vorausgesetzt, daß alle Elemente voll ausgeleuchtet sind

bzw. der abbildenden Optik (II, II',...). Bilder der Lichtquelle entstehen bei einem Infrarot-Spektrometer am Ort der Probe, dem Eintrittsspalt bzw. der sogenannten Jacquinot-Blende und dem Detektor. Der Lichtleitwert für jeden Abschnitt zwischen zwei abbildenden Elementen ist konstant. Deshalb ist auch die Radianz an jeder Stelle des Strahlenganges konstant, wenn man die Strahlungsverluste durch Reflektion, Absorption oder Streuung zunächst nicht berücksichtigt (die aber durch den Transmissionsfaktor erfaßt werden). Der kleinste Lichtleitwert eines Geräteteils, der aus theoretischen oder technischen Gründen nicht vergrößert werden kann, bestimmt den Lichtleitwert des gesamten Instruments. Bei Gitter-Spektrometern ist dies Gitter und Eintrittsspalt, bei Interferometern Strahlteiler und Jacquinotblende (siehe 3.2), bei Mikroskopen jedoch, wie unten gezeigt wird, das Objektiv mit Objekt.

Zur Beschreibung des Strahlungsflusses durch ein Spektrometer verwendet man oft die Gleichung (2), wobei $L_{\tilde{v}}$ die spektrale Strahlungsdichte darstellt (Radianz pro Wellenzahl), $G_{\tilde{v}}$, den spektralen Lichtleitwert (Lichtleitwert pro Wellenzahl) und $\Delta \tilde{v}$) die spektrale Bandbreite des Spektrometers (in Wellenzahl-Einheiten):

$$\Phi = L_{\tilde{v}} G_{\tilde{v}} (\Delta \tilde{v})^2 \tau \qquad (2)$$

Mit dF_1, einem Oberflächen-Element der Strahlungsquelle mit der Gesamtfläche F_1, und dF_2, einem Element der Oberfläche F_2 des Strahlungsempfängers, sowie α_1 und α_2, den Winkeln zwischen den Normalen der Flächenelemente und der Verbindungslinie a_{12} (Abb. 2) wird der Lichtleitwert G dieser Anordnung durch das folgende Integral definiert:

$$G = n^2 \int_{F_1} \int_{F_2} (\cos \alpha_1 \cos \alpha_2 / a_{12}^2) dF_1 dF_2 \qquad (3)$$

Eine Fläche F, die Strahlung in einen Kegel mit dem Halbwinkel Θ sendet (bzw. sie aus ihm empfängt), bestimmt einen Lichtleitwert von:

$$G = n^2 F 2\pi (1 - \cos \Theta) = n^2 F 4\pi \sin^2 (\Theta/2) \qquad (4)$$

Die Näherung $G \approx F \pi NA^2$, mit der numerischen Apertur $NA = n \sin \Theta$, ist nur gültig für kleine Winkel Θ. Eine andere Näherung wird benutzt für ein System mit den Flächen F_1 und F_2 bei einem Abstand a_{12}, falls $F_1, F_2 \ll a_{12}^2$ ist:

$$G \cong n^2 F_1 F_2 / a_{12}^2 \qquad (5)$$

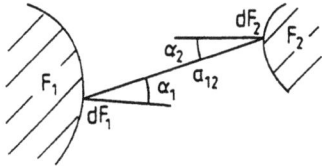

Abb. 2. Parameter für die Definition des Lichtleitwertes, siehe Text

3 Der Lichtleitwert verschiedener Spektrometer-Typen

Für die folgende Diskussion wird angenommen, daß die Gleichung (5) eine genügend gute Näherung darstellt. Wir nehmen an, daß F_1 die Fläche des Kollimator-Spiegels ist. Sie ist annähernd gleich der effektiven Fläche des Gitters in einem Spektrometer oder dem effektiven Bündelquerschnitt am Strahlteiler sowie an den Spiegeln in einem Interferometer. In Abbildung 3 wurden zur Vereinfachung anstelle der Kollimator-Spiegel Linsen gezeichnet. F_2 ist die Fläche des Spaltes eines Gitterspektrometers beziehungsweise der diesem entsprechenden 'Jacquinot-Blende' eines Interferometers (Abb. 3 a, b). Zur Vereinfachung setzen wir im folgenden n = 1, damit wird aus dem *optischen Leitwert* der *geometrische Leitwert*.

3.1 Lichtleitwert eines Gitterspektrometers

Jede Blende eines optischen Systems erzeugt ein Beugungsmuster. Ein Kollimator des Durchmessers B und der Brennweite f erzeugt mit Licht der Wellenlänge λ ein Beugungsmuster, bei dem der Abstand zwischen dem zentralen Maximum und dem ersten Minimum gegeben ist durch [6]:

$$s_0 = \lambda f/B \qquad (6)$$

Diese Gleichung bestimmt die *förderliche Spaltbreite* s_0 eines *Gitterspektrometers* [6]. Dies ist die minimal sinnvolle Spaltbreite, eine Verminderung kann die spektrale Auflösung $\Delta\tilde{v}$ *nicht* erhöhen. Das theoretische Auflösungsvermögen

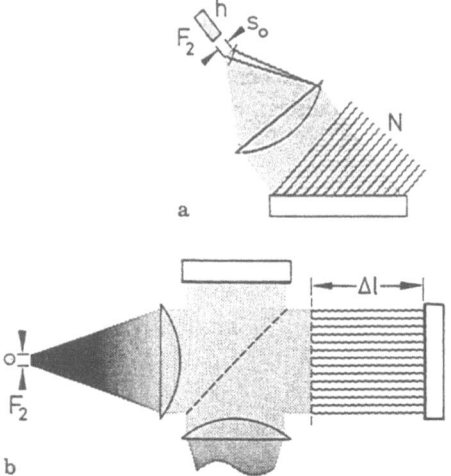

Abb. 3a,b. Darstellung der Elemente, die den Lichtleitwert von Spektrometern bestimmen, **a** Gitterspektrometer, **b** Michelson-Interferometer

$R_0 = \lambda/\Delta\lambda_0 = \tilde{v}/\Delta\tilde{v}$ eines Gitters ist gegeben durch:

$$R_0 = m\,N_r, \tag{7}$$

wobei m die Ordnung des Spektrums darstellt und N_r die Gesamtzahl der genutzten Gitterstriche. Falls ein Gitter in erster Ordnung genutzt wird, so kann man in grober Näherung B gleichsetzen mit $R_0 \cdot \lambda$, der Anzahl der Gitterstriche, multipliziert mit der Wellenlänge (da diese von der Größenordnung der Gitterkonstanten, dem Abstand der Gitterstriche, ist) [5]. Dann gilt:

$$s_0 \cong f/R_0, \tag{8}$$

wobei f die Brennweite des Kollimatorspiegels und R_0 das theoretische Auflösungsvermögen ist. Das praktische Auflösungsvermögen R ist geringer, es wird durch die Spaltbreite s bestimmt (die größer als s_0 sein muß):

$$R \cong f/s \tag{9}$$

Damit ist die Fläche des Eintrittsspaltes, F_2^G, gegeben durch das Produkt aus Spaltbreite s und Spalthöhe h (Abb. 3 a):

$$F_2^G \cong fh/R \tag{10}$$

Die Spalthöhe h ist üblicherweise von der Größenordnung 1/50 der Brennweite f. Der *Lichtleitwert eines Gitter-Spektrometers* G^G, das mit einem Auflösungsvermgen R arbeitet (gegeben durch die Spaltbreite $s > s_0$), ist mit Gleichung (5) und $a_{12} = f$ gegeben durch:

$$G^G = F_1 h/Rf \tag{11}$$

3.2 Lichtleitwert eines Interferometers

Anstelle des schlitzförmigen Eintrittsspaltes des Gitterspektrometers besitzt das Michelson-Interferometer eine kreisförmige Blende. Der Radius dieser sogenannten Jacquinot-Blende eines *Interferometers* wird bestimmt durch das gewünschte Auflösungsvermögen R [5, 7, 8]:

$$r = f \cdot \sqrt{2/R} \tag{12}$$

R kann nicht größer sein als das maximale Auflösungsvermögen R_0, bestimmt durch die doppelte mechanische Amplitude des beweglichen Spiegels Δl, dividiert durch die Wellenlänge oder multipliziert mit der Wellenzahl:

$$R_0 = 2\Delta l/\lambda = 2\Delta l\,\tilde{v} \tag{13}$$

Die Fläche F_2 (Abb. 3b) ist mit (12) gegeben durch

$$F_2^I = r^2\pi = 2f^2\pi/R \tag{14}$$

Damit ist der *Lichtleitwert eines Interferometers*:

$$G^I = 2F_1\pi/R \tag{15}$$

3.3 Der JacquinotVorteil

Unter der Annahme, daß beide Instrumente im gleichen Spektralbereich mit dem gleichen Auflösungsvermgögen arbeiten, sowie dem gleichen Querschnitt F_1 am Gitter bzw. Strahlteiler und der gleichen Brennweite f, ergibt sich für das *Verhältnis der Lichtleitwerte von Gitterspektrometern und Interferometern*:

$$G^G/G^I = F_2^G/F_2^I = h/2f\pi \tag{16}$$

Da das Verhältnis h/f, wie oben erwähnt, ungefähr gleich 1/50 ist, so ist der Lichtleitwert eines Interferometers ungefähr um einen Faktor 300 größer als der eines Gitterspektrometers. Man nennt dies den *JacquinotVorteil* [7, 9]. Im Gegensatz zu einem publizierten [10] und oft zitierten Vorurteil, das sich als falsch herausgestellt hat [11], ist der Jacquinot-Vorteil *nicht* abhängig von der Wellenlänge. Schließlich muß man beim Vergleich der Geräte noch die verschiedenen Werte des Transmissionsfaktors τ berücksichtigen. Man kann jedoch annehmen, daß für die meisten Geräte der Transmissionsfaktor τ ungefähr gleich groß ist, von der Größenordnung 10% [11].

4 Anpassung von Mikroanordnungen und Mikroskopen an Infrarot-Spektrometer

Mikroanordnungen werden seit langem in der Infrarot-Spektroskopie genutzt, sie verwenden ein Spiegelsystem, das die Lichtquelle auf die minimal mögliche Größe verkleinert, sogenannte *Mikroilluminatoren* (Beam condensors). Sie erzeugen im allgemeinen ein auf ca. 1/5 verkleinertes Bild des Eintrittsspaltes bzw. der Jacquinotblende im Probenraum.

Falls man zum Beispiel eine spektrale Auflösung von $\Delta\tilde{v} = 4 \text{ cm}^{-1}$ bei 1000 cm^{-1} im Infrarotspektrum benötigt, ist R = 250. In einem Interferometer mit diesem Auflösungsvermgen erzeugt ein Spiegel mit einer Brennweite von ca. 15 cm nach Gleichung (12) ein Bild der Jacquinot-Blende mit einen Durchmesser von 2.7 cm. Der Mikroilluminator erzeugt ein um den Faktor 5:1 reduziertes Bild dieser Blende mit einem Durchmesser von ca. 0.5 cm. Damit reduziert sich das erforderliche Volumen der Probe auf ca. 1/25.

Ein *Vorteil* von Mikroilluminatoren ist, daß der Lichtleitwert des Gerätes vollständig genutzt werden kann (wenn es richtig konstruiert ist). Abgesehen von Verlusten (durch Reflexion, Brechung und Streuung) werden Spektren mit dem gleichen Signal-Rausch-Verhältnis gewonnen wie mit der normalen Probenanordnung. Die Belastung durch die Strahlung (die Irradianz, W/cm^2), ist jedoch bei diesen Mikroilluminatoren um den Faktor 25 größer. Durch die Verwendung geeigneter, auch gekühlter, Probenhalter läßt sich die Erwärmung der Probe in angemessenen Grenzen halten.

Ein *Nachteil* von Mikroilluminatoren ist, daß die minimale Probengröße immerhin noch relativ groß ist, nämlich im Bereich von 0.1 bis 1 mm liegt, und, daß man den Ort der Probe, von dem das Spektrum aufgenommen wird, nicht visuell beobachten und einstellen kann.

Zur Aufnahme der IR-Spektren von Probenbereichen der Größenordnung 10 bis 100 µm ist ein *Infrarot-Mikroskop* erforderlich. Sein *Vorteil* ist, daß man die Probe visuell (oder mit einer Video-Kamera) beobachten und den untersuchten Probenort auswählen kann. Infrarot-Mikroskope arbeiten mit Spiegel-Objektiven vom Cassegrain-Typ. Diese haben den Vorzug vor Objektiven mit Linsen, daß kein Farbfehler auftritt. Das heißt, daß man mit sichtbarer Strahlung das Objekt einstellen und fokussieren kann und bei Umschaltung auf Infrarot-Strahlung (oder UV-Strahlung!) nicht nachfokussieren muß.

Ein *Nachteil* ist jedoch, daß der Lichtleitwert eines Mikroskops wesentlich geringer ist als der eines Infrarot-Spektrometers. Der *Lichtleitwert eines typischen Michelson-Interferometers* für den Infrarot-Bereich (Bruker IFS 66) berechnet sich wie folgt: Falls eine Bande bei 1000 cm^{-1} mit einer spektralen Auflösung von 4 cm^{-1} registriert werden soll, ist das erforderliche Auflösungsvermögen R = 1000/4 = 250. Der Durchmesser der Interferometer-Spiegel beträgt 3.5 cm, ihre Fläche ist damit F_1 = 9.62 cm^2. Mit Gleichung (15) erhält man damit den Lichtleitwert dieses Interferometers von G = 0.24 cm^2 sr.

Den *Lichtleitwert von Mikroskop-Objektiven* kann man mit der Gleichung (4) berechnen. F ist die Fläche des Objektfeldes, sie ergibt sich aus der Fläche der Gesichtsfeldblende (mit früher 18, heute 24 mm Durchmesser), dividiert durch den Abbildungsmaßstab des Objektivs. Der Winkel Θ läßt sich aus der numerischen Apertur NA, die für jedes Objektiv angegeben wird, berechnen. Mikroskop-Objektive besitzen Lichtleitwerte von 0.002 bis 0.007 cm^2·sr, dies ist um 2 Größenordnungen kleiner als der Lichtleitwert von Interferometern. Allerdings werden im allgemeinen Objekte untersucht, die wesentlich kleiner sind als das Objektfeld. Damit verringert sich der Lichtleitwert noch einmal auf einen Bruchteil. Man kann noch Objekte mit einem Durchmesser der Größenordnung 20µm untersuchen. Dies ist entsprechend der Abbe-schen Gleichung für das laterale Auflösungsvermögen [12]

$$\Delta x = \lambda / 2 \, NA \tag{17}$$

bei einer Wellenlnge von λ = 10 µm möglich. Um dieses Auflösungsvermögen zu nutzen, muß man in dem mit dem Okular betrachtbaren Zwischenbild das Umfeld des Bildes der Probe mit einer Blende abdecken (Abb. 4). Dadurch wird der Kontrast, d.h. die relative Intensitt der Spektrallinien, erhöht, indem man Strahlung ausschaltet, die den gewünschten Probenort nicht durchsetzt hat. Hierdurch wird der von einem Infrarot-Mikroskop genutzte Lichtleitwert noch einmal vermindert, so daß man insgesamt nur ca. 10^{-5} des Lichtleitwertes des Spektrometers nutzt.

Im Vergleich zur normalen Probenanordnung ist daher das Signal/Rausch-Verhältnis beim IR-Mikroskop um diesen Faktor geringer. Die Nachweisgrenze erhöht sich um den gleichen Faktor. Dies läßt sich kompensieren durch eine erhöhte Meßzeit t, da das Signal/Rausch-Verhältnis theoretisch proportional t$^{1/2}$ ansteigt.

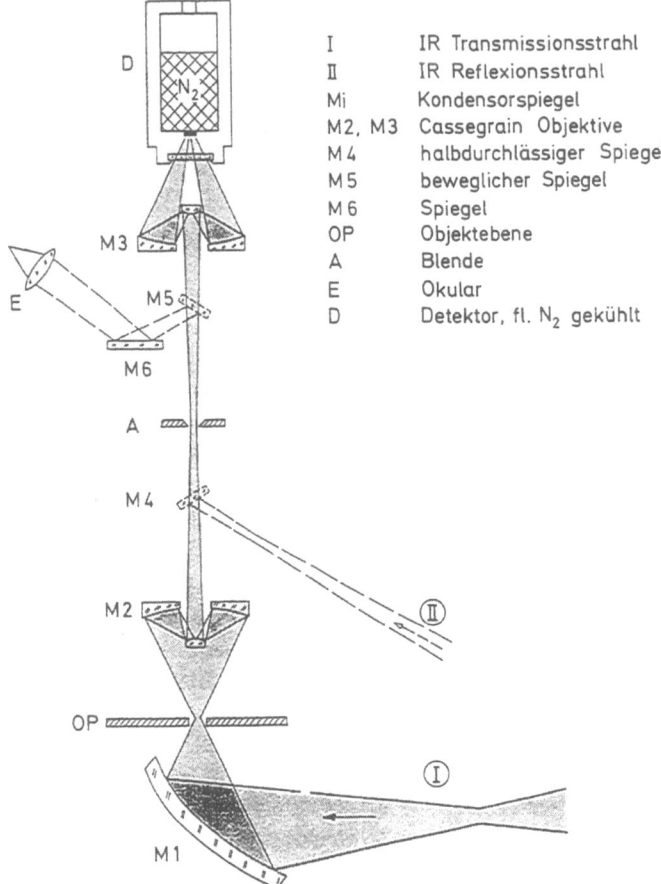

Abb. 4. Schema eines Infrarot-Mikroskops (Fa. Brüker, Karlsrühe)

Besonders günstig wäre eine Infrarot-Mikro-Spektroskopie mit abstimmbaren Lasern. Diese besitzen nämlich eine Radianz, die um mehrere Größenordnungen höher ist als die üblicher thermischer Lichtquellen, bei einem Lichtleitwert, der nicht größer ist als der der Mikroskope.

Zur Optimierung der Infrarot-Mikro-Spektroskopie gehört auch die Diskussion der angemessenen Schichtdicke der Probe. Das größte Signal/Rausch-Verhältnis erhält man bei der Absorptionsspektroskopie, wenn die Transmission der Probe ca. 32% beträgt, das heißt, wenn die Extinktion $A_{opt} = \varepsilon \cdot c \cdot d$ Wert 0.5 hat [13, 14]. Die molaren dekadischen Extinktionskoeffizienten ε der Infrarot-Banden besitzen einen Wert von ca. 10 bis 10^3 $L \cdot cm^{-1} \cdot mol^{-1}$ [15]. Die optimale Schichtdicke in Absorptionsküvetten ist gegeben durch:

$$d_{opt} = A_{opt}/\varepsilon \cdot c \tag{18}$$

Bei reinen Substanzen ist c von der Größenordnung 10 mol/L, daher ist d_{opt} von der Größe 1 ... 50 µm. Für Lösungen mit ungefähr 1 mol/L liegt d_{opt} im Bereich 10 ... 500 µm. Für die Nah-Infrarot-Spektroskopie liegt die optimale Schichtdicke von reinen Substanzen bei 0.1 ... 1 cm [16, 17].

Neben dem lateralen Auflösungsvermögen Δx nach Gleichung (17) muß zwecks Optimierung der Probenanordnung auch noch das Tiefen-Auflösungsvermögen Δz berücksichtigt werden (Vgl. Abb. 6b) [12]. Es beträgt:

$$\Delta z = \lambda / 2\,NA^2 \tag{19}$$

Mit λ = 10 µm und NA = 0.28 erhält man Δz = 64 µm. Daraus ergibt sich für das auflösbare Volumen im Fokusbereich des Mikroskop-Objektivs:

$$V_{foc} = \Delta x^2 \cdot \Delta z = \lambda^3 / 8\,NA^4 \tag{20}$$

Mit λ = µm und NA = 0.28 ergibt sich V = $(27.3\,µm)^3$. Wesentlich kleinere Werte erhält man mit Objektiven größerer numerischer Apertur.

5 Anpassung von Mikroanordnungen und Mikroskopen an Raman-Spektrometer

Die optimale Probenanordnung der Raman-Spektroskopie ist bereits eine Mikro-Anordnung [5]. Sie ist dadurch gegeben, daß man die Erregerstrahlung auf ein möglichst geringes Volumen fokussiert und hier die Probe anordnet. Die von der Probe ausgehende Raman-Strahlung sollte von einer möglichst lichtstarken Optik durch den Eintrittsspalt bzw. die Jacquinot-Blende auf das Gitter bzw. in das Interferometer geleitet werden. Da man Laser-Strahlung auf einen Fokus konzentrieren kann, der einen Durchmesser des ca. 5- bis 10-fachen der Wellenlänge hat, so lassen sich Mikroproben mit der normalen Probenanordnung der Raman-Spektroskopie untersuchen [18]. Abbildung 5 zeigt drei verschiedene Probenanordnungen der Raman-Spektroskopie, die die Raman-Spektren von verschiedenen Stellen der Oberfläche einer Probe aufzunehmen gestatten. Abb. 5a zeigt die normale Probenanordnung, b ein Mikroskop und c eine Anordnung, bei der ein Bündel von Lichtleitfasern die Verbindung zwischen Probe und Spektrometer bildet. Ein Halbkugelspiegel reflektiert dabei die nicht genutzte Erreger- und Raman-Strahlung zurück auf die Probe. Die lichtstärkste Anordnung ist die normale Probenanordnung, das Mikroskop ermöglicht die beste laterale Auflösung.

Bei der normalen Probenanordnung hat man die Schwierigkeit, den gewünschten Probenbereich genau einzustellen. Aus diesem Grunde und weil der tatsächlich beobachte Bereich der Probe wegen der Vielfachreflexion und der unvermeidlichen Abbildungsfehler der Eingangsoptik wesentlich größer ist als der Fokusbereich der Erregerstrahlung [18], empfiehlt sich auch bei der Raman-Spektroskopie der Einsatz eines Mikroskops. Dies kann grundsätzlich ein – dem Zweck angepaßtes Lichtmikroskop sein. Raman-Mikroskope, die mit

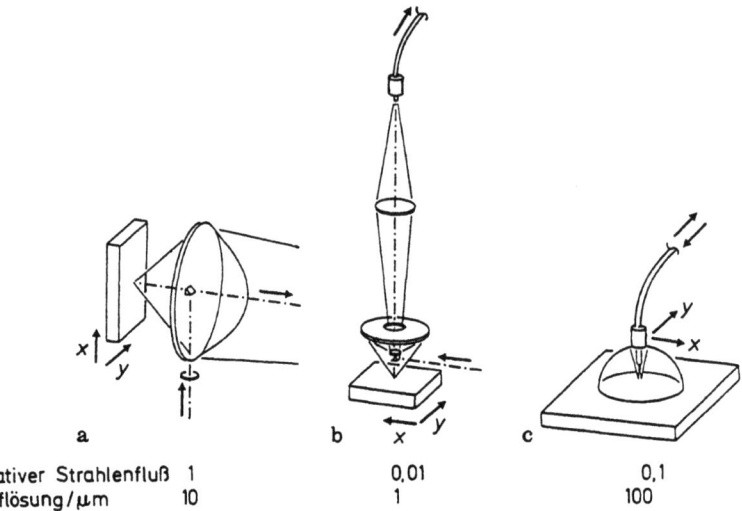

relativer Strahlenfluß	1	0,01	0,1
Auflösung / μm	10	1	100

Abb. 5a,b,c. Mikro-Anordnungen, die die 2-dimensionale Registrierung von Raman-Spektren ermöglichen: **a** normale Probenanordnung; **b** Mikroskop mit Reflexions-Objektiv und Faser-Optik; **c** Anordnung zur Untersuchung von Oberflächen mit Faser-Optik und Halbkugel-Spiegel zur Verbesserung des Wirkungsgrades

Gitterspektrometern arbeiten, werden schon seit langem verwendet [19–21]. Der Einsatz von Raman-Mikroskopen in der NIR-FT-Raman-Spektroskopie ist, wie im folgenden gezeigt wird, wesentlich vorteilhafter. Interferometer erlauben, wie Hirschfeld gezeigt hat [14] eine wesentlich stärkere Vergrößerung der Probe wegen ihrer Toleranz gegenüber Abbildungsfehlern. Für die anschließenden Diskussionen werden nur die Interferometer berücksichtigt.

Die folgenden Berechnungen beziehen sich auf das Interferometer Bruker IFS 66 mit Raman-Modul FRA 106 sowie das Mikroskop RAMANSCOPE, bei dem Raman-Spektren mit der Strahlung des Nd:YAG-Lasers der Wellenlänge 1064 nm angeregt werden.

Die absolute Wellenzahl einer Ramanlinie $\Delta\tilde{\nu} = 1000\ \text{cm}^{-1}$ beträgt $9398 - 1000 = 8398\ \text{cm}^{-1}$. Falls diese mit einer spektralen Auflösung von $4\ \text{cm}^{-1}$ registriert werden soll, so ist das erforderliche Auflösungsvermögen $8398/4 = 2100$. Damit ergibt sich mit Gleichung (15) ein Lichtleitwert des Raman-Spektrometers von $0.029\ \text{cm}^2 \cdot \text{sr}$.

Das zu diesem Spektrometer passende Raman-Mikroskop besitzt ein Normalobjektiv $40\times$, $\text{NA} = 0.65$. Es besitzt einen Lichtleitwert von $0.0024\ \text{cm}^2 \cdot \text{sr}$, falls der gesamte Strahlungsfluß des Bildfeldes mit einem Durchmesser von 450 μm auf der Probe genutzt werden würde. Das entspräche 8.3% vom Lichtleitwert des Spektrometers. Mit einer Blende am Ort des Probenbildes verringert man jedoch den effektiven Probenort auf den gewünschten Durchmesser. Bei einem effektiven Proben-Durchmesser von 10 μm verringert sich der effektive Lichtleitwert um den Faktor $450^2/10^2 = 2025$.

Damit nutzt das Raman-Mikroskop nur ca. 10^{-4} des Lichtleitwertes des Spektrometers.

Auch wenn der Laserstrahl in einem sehr kleinen Fokus auf der Probe konzentriert ist, kann jedoch auch das Umfeld – infolge von Vielfach-Reflexion – Raman-Strahlung liefern. Falls man Raman-Strahlung nur von einem bestimmten kleinen Bereich der Probe untersuchen möchte, muß man einen ‚konfokalen' Strahlengang verwenden (Abb. 6). Dabei wird ein Fokus der Erregerstrahlung auf den zu untersuchenden Bereich abgebildet. Die Raman-Strahlung genau aus diesem Bereich wird mit Hilfe einer Blende (A in Abb. 6a) im Bildbereich des Objektivs isoliert. Mit einer derartigen Anordnung konnten die Raman-Spektren von Teilen von Chromosomen aufgenommen werden [22].

Mit den Gleichungen (17), (19) und (20) läßt sich auch für das Raman-Mikroskop in konfokaler Anordnung (Abb. 6) das Auflösungsvermögen und das effektive Probenvolumen berechnen. Es beträgt $(1.06\ \mu m)^3$, ist also, wie zu erwarten, bedeutend geringer als beim IR-Mikroskop.

In den folgenden Abbildungen 7 bis 10 werden Ramanspektren gezeigt, die mit dem Bruker FTIR-Spektrometer IFS 66 und dem Raman Modul FRA 106 mit dem konfokalen Mikroskop Bruker Ramanscope aufgenommen wurden. Es ist erstaunlich, daß man trotz des relativ geringen Lichtleitwertes von Mikro-

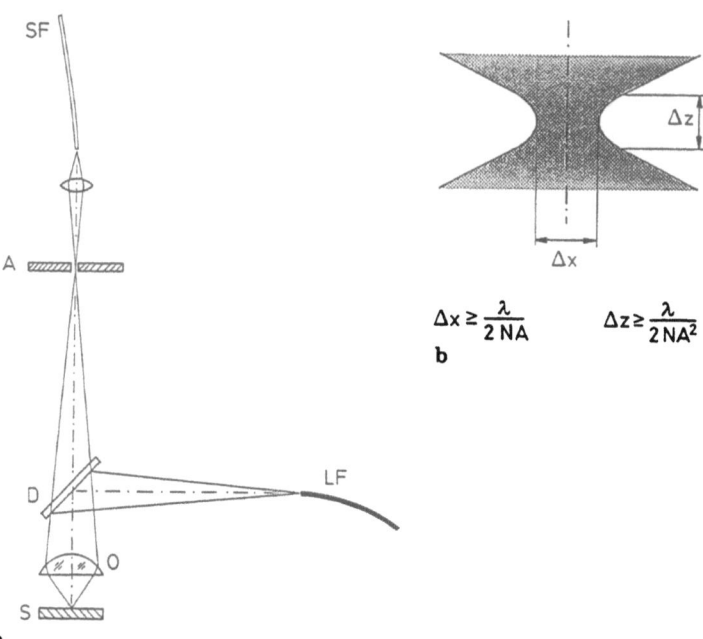

Abb. 6a,b. Konfokales Raman-Mikroskop: a Schematischer Strahlengang, LF-Lichtleitfaser, die die Erregerstrahlung zum Mikroskop leitet, S Probe, O Objektiv, D dichroitischer Spiegel, A konfokale Blende, SF Lichtleitfaser, die die Raman-Strahlung zum Spektrometer befördert; b Fokusbereich des Objektivs, Δx laterale Auflösung, Δz vertikale Auflösung, NA numerische Apertur

skopen intensive Raman-Spektren mit Hilfe eines konfokalen Mikroskops registrieren kann. Abbildung 7 a zeigt Raman-Spektren eines Nylon-Fädchens mit einem Druchmesser von 30 Mikrometern. Mit dem konfokalen Mikroskop kann man in 3 Minuten ein gutes Spektrum registrieren. Die gleiche Probe liefert jedoch mit der normalen Probenanordnung auch nach 60 Minuten nur ein Spektrum mit einem geringeren Signal/Rausch-Verhältnis. Dies liegt daran, daß die normale Probenanordnung die Strahlung von einem viel größeren Bereich erfaßt als dem Fädchen entspricht. Daher liefert die normale Probenanordnung ein wesentlich intensiveres Spektrum einer größeren Probe von Schwefel als das Mikroskop (Abb. 7b).

Die modernen Spektrometer können automatisch registrieren und große Datenmengen verarbeiten und darstellen. Damit ist es möglich, die Spektren von

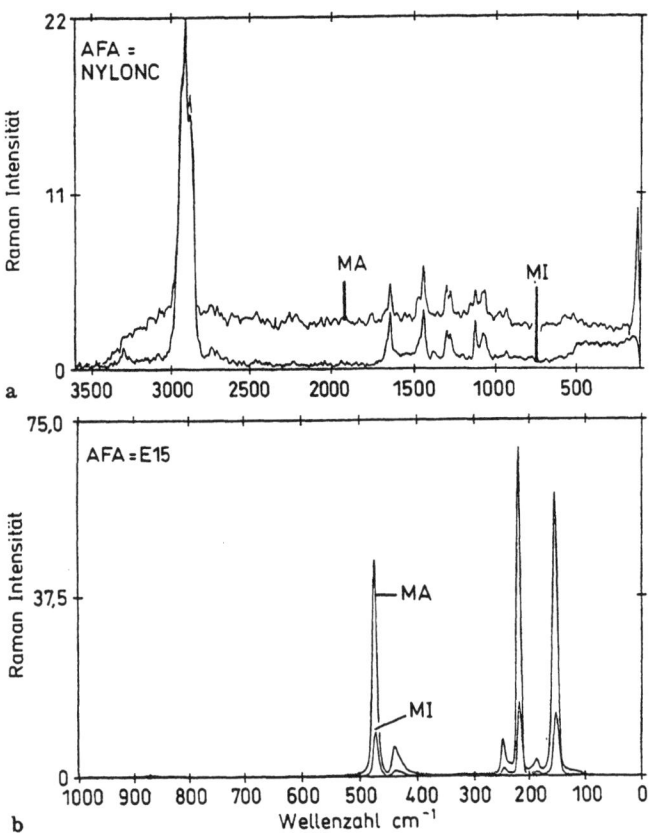

Abb. 7a,b. Ramanspektren einer Nylon-Faser von 30 μm Durchmesser, MI aufgenommen durch das Mikroskop, Aufnahmezeit 3 Minuten; MA normale Probenanordnung, Aufnahmezeit 60 Minuten, Laser-Strahlungsleistung 100 mW; b Ramanspektren von kompaktem Schwefel, MI aufgenommen durch das Mikroskop, Laser-Strahlungsleistung 100 mw, Aufnahmezeit 5 Sekunden; MA normale Probenanordnung, Laser-Strahlungsleistung 60 mW, Aufnahmezeit 5 Sekunden. Bei allen Spektren war die spektrale Auflösung $\Delta \tilde{\nu} = 8 \text{ cm}^{-1}$

vielen Proben-Orten systematisch zu sammeln und darzustellen. Wie für die Infrarot-Mikroskopie diskutiert wurde, kann ein geringerer Lichtleitwert durch erhöhte Meßzeit kompensiert werden. Das ‚Mapping' erfordert daher viel Zeit. Es läßt sich aber – wie bei modernen NMR-Spektrometern – über Nacht oder über das Wochenende durchführen. Man erhält über die zwei-dimensionale Darstellung bestimmter Spektrallinien die Möglichkeit einer Darstellung der Verteilung bestimmter Moleküle auf einer Oberfläche.

Als Beispiel dient die zerstörungsfreie Untersuchung einer mittelalterlichen Buchhandschrift. Auf einem Pergament aus dem 14. Jahrhundert waren verschiedene Initiale zu sehen. Abbildung 8a zeigt das Raman-Spektrum eines roten Initials, 8b das eines blauen, mit der normalen Probenanordnung registriert. Die Spektren zeigen eindeutig die Banden der verwendeten Pigmente: Zinnober bzw. Azurith. Abbildung 9 zeigt ein ‚Stackplot' der Spektren entlang einer Linie durch das rote Initial, und Abb. 10 die 2-dimensionale Darstellung der Verteilung des Zinnobers im Bereich des Initials [28].

Bei der Raman-Spektroskopie handelt es sich um die Untersuchung eines ‚optisch dünnen' Mediums. Dies heißt, daß sowohl Erreger- als auch Raman-Strahlung (im Gegensatz zur IR-Spektroskopie) nicht wesentlich von der Probe absorbiert werden. Damit ist es möglich, mit einem konfokalem Mikroskop, wie dem Bruker Ramanscope, auch Informationen über die dritte Dimension der Probe, nämlich die Verteilung längs der optischen Achse, zu registrieren. Das kann man zwar noch nicht direkt als ‚optische Tomographie' bezeichnen, kennzeichnet aber einen möglichen Weg dahin. Barbillat et al. berichten ausführlich über konfokale Raman-Mikroskope, die Gitter-Spektrometer verwenden [23].

Die klassische Theorie zeigt, daß die Beugung von Licht die laterale Auflösung auf den Wert $\Delta x = \lambda/NA$ begrenzt. Falls man jedoch feinste optische

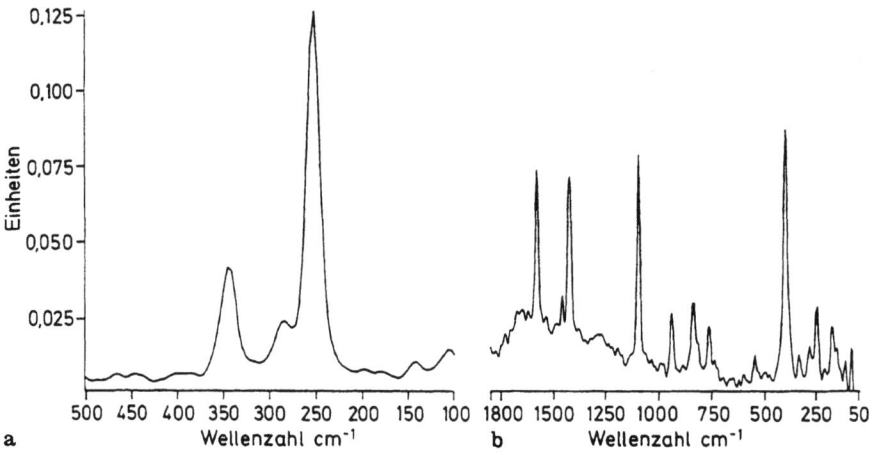

Abb. 8a,b. Zerstörungsfreie Pigmentanalyse einer mittelalterlichen Pergaments mit der FT-Raman-Spektroskopie: **a** rotes Pigment (Zinnober), **b** blaues Pigment (Azurit)

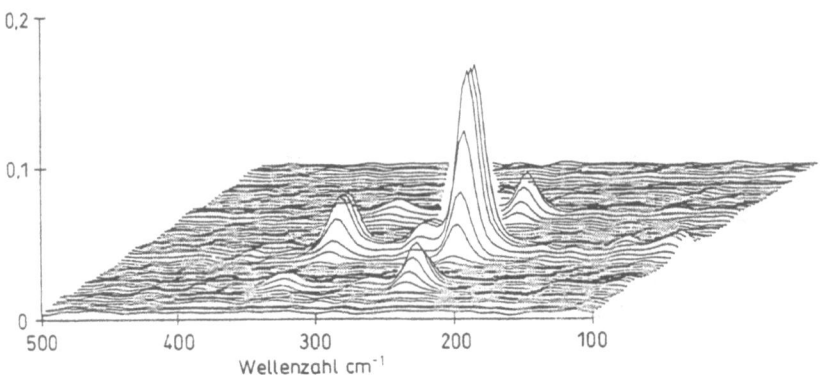

Abb. 9. ‚Stackplot' der Raman-Spektren entlang einer Linie durch das rote Initial (vgl. Abb. 8) mit den Linien des Zinnobers in verschiedener Intensität bei 240 und 340 cm^{-1}. Standard-Probenanordnung, Laser-Strahlungsleistung 50 mW, nicht fokussiert, $\Delta\tilde{\nu} = 8$ cm^{-1}, Aufnahmezeit für jedes Spektrum 3.5 Sekunden [28]

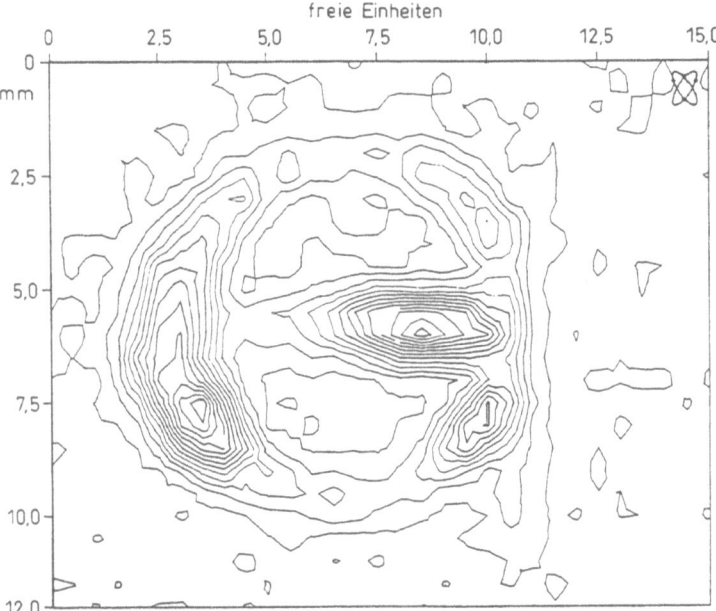

Abb. 10. 2-dimensionale Darstellung der Verteilung des roten Pigments auf dem Initial einer mittelalterlichen Buchhandschrift, die ‚Höhenlinien entsprechen dem Integralwert der Intensität der Ramanlinien bei 240 und 340 cm^{-1} des Zinnobers. 30 × 30 Elemente der Oberfläche mit einem Rasterabstand von 0.5 mm wurden untersucht, weitere Bedingungen siehe Abb. 9 [28]

Fasern zur Beleuchtung oder Beobachtung von Objekten verwendet, kann man Auflösungen erreichen, die einen Bruchteil der Wellenlnge, z.B. λ/43 betragen: Super-Resolution Imaging Spectroscopy [24]. Über die Auswertung der 3. Dimension im Sinne der optischen Tomographie siehe [25, 26].

6 Anwendungen

In dem Buch *Infrared* and *Raman Spectroscopy, Methods* and *Application* werden Grundlagen und Anwendungen der analytisch interessanten Methoden der Schwingungs-Spektroskopie umfassend dargestellt [27]. Anwendungen der Infrarot- und Raman-Mikroskopie wurden von uns früher zusammengestellt [18, 28, 29]. Darüberhinaus sind viele Anwendungen der Infrarot- und Raman-Mikro-Spektroskopie in der Literatur beschrieben. Im folgenden werden neuere typische Beispiele referiert.

Einzelpartikel in Mikrometer-Größe lassen sich mit Hilfe der Raman-Spektroskopie auch ohne Mikroskop mit Hilfe der sogenannten optischen Levitation untersuchen [30–32]. Es ist nämlich möglich, mikroskopische Teilchen im Fokus eines Laserstrahls isoliert im Schwebezustand zu halten.

Mikrospektroskopie in Biologie und Umweltschutz wird zur Routine-Analytik: Identifizierung einzelner Bakterien [33, 34], Asbestfasern [35] und ‚Chernobyl ‚hot' particles' [36].

Mikrostrukturen in Polymer-Mischungen und in Faser-verstärkten Polymeren wurden mit Hilfe der IR- und Raman-Mikroskopie untersucht [37–40]. Beide Methoden wurden auch zur Untersuchung der Struktur von Raketentreibstoffen aus mehreren Komponenten eingesetzt [41, 42].

Die Raman-Mikroskopie eignet sich besonders gut zur zerstörungsfreien Untersuchung der Pigmente alter Kunstwerke [43–46].

Es ist lange bekannt, daß die Raman-Mikroskopie die Identifizierung und Charakterisierung von Edelsteinen gestattet [47]. Auch Einschlüsse in Mineralien lassen sich mit Hilfe der Raman- und Infrarot-Mikroskopie zerstörungsfrei analysieren [48–50]. Mit Hilfe der IR Mikroskopie wurden die Bestandteile von Maceralen untersucht und fossile Algen in Ölschiefern nachgewiesen [51, 52].

Die Raman-Mikroskopie wird erfolgreich eingesetzt zur Untersuchung ‚Neuer Materialien', z.B. der Feinstrukturen von Halbleiter-Bauelementen [53] und Keramiken, besonders der Effekte mechanischer Spannungen [54, 55] und der Eigenschaften synthetisch erzeugter Diamant-Schichten [56–58].

Die theoretischen Grenzen der zweidimensionalen FTIR Mikrospektroskopie ultradünner Organischer Schichten werden an einem Beispiel demonstriert [59], zur zweidimensionalen Raman-Mikroskopie werden verschiedene Verfahren genutzt [28, 60–62].

Raman-Mikroanordnungen werden zunehmend zur Verbesserung bekannter Analysen-und Trennmethoden eingesetzt, z.B. für Proben bei 400 °C und

1 kbar verwendet [63], für die Analyse hyperkritischer Lösungen [64] und zur Analyse der Fraktionen der Dünnschicht-Chromatographie [65].

7 Ausblick

Die zeitgemäßen FT-Spektrometer erlauben die Nutzung von Mikroskopen, die die komplementären Infrarot- und Raman-Spektren von Probenbereichen in der Größenordnung der verwendeten Wellenlängen liefern. Sie gestatten auch die 2-dimensionale Aufzeichnung der Verteilung von Stoffen über eine Oberfläche. Schließlich sind auch Informationen über die Tiefenverteilung möglich. die Detektion von Fraktionen chromatographischer Trennungen kann zur Routine werden.

Mikroskope besitzen grundsätzlich einen wesentlich geringeren Lichtleitwert als die heute üblichen ‚Vielzweck'-Spektrometer. Für die Kombination mit Mikroskopen könnten daher kompaktere und preiswertere Spektrometer mit geringerem Lichtleitwert entwickelt werden, die trotzdem die gleiche Qualität der Spektren liefern. Sie würden die Anwendung dieser Techniken im Routinebetrieb bedeutend erleichtern.

Die Methoden der Infrarot und Raman-Mikroskopie befinden sich in einer schnellen Entwicklung und Ausbreitung. Höchst reizvolle Anwendungen, z.B. in der Werkstoff- und Halbleitertechnologie, der Umweltanalytik, der Biochemie und Medizin zeichnen sich ab.

Der Deutschen Forschungsgemeinschaft, dem Fonds der chemischen Industrie, dem Bundesministerium für Forschung und Technologie, der Firma Bruker und meinen Mitarbeitern danke ich für materielle und intellektuelle Hilfe, die die hier referierten Arbeiten ermöglichten. Herr Professor Dr. R. Fuchs, Köln stellte das mittelalterliche Manuskript zur Verfügung, Frau C. Lehner und Dr. J. Sawatzki, Bruker, Karlsruhe, registrierten einige der Spektren.

8 Literatur

1. Hirschfeld T, Chase B (1986) Appl Spectrosc 40:133
2. Schrader B, Simon A (1988) Microchim Acta 2:227
3. Hansen G (1949) Optik 1:227–269
4. Fassel VA (1972) IUPAC Recommendation V.4 I. Pure Appl Chem 30:653; (1974) Appl Spectrosc 28:398
5. Schrader B (1980) Ullmanns Encyklopädie der technischen Chemie, 4. Auflage, Seite 303–372, Verlag Chemie, Weinheim
6. Butler LRP, Laqua K, IUPAC Recommendation V.4 IX. Pure Appl Chem, to be published
7. Griffiths PR, de Haset JA (1986) Fourier Transform Infrared Spectrometry. J Wiley & Son, New York
8. Möller KD, Rothschild WG (1971) Far-Infrared Spectroscopy, Wiley-Interscience, New York
9. Jacquinot P (1954) J Opt Soc Amer 44:761
10. Porterfield DR, Campion A (1988) J Am Chem Soc 110:408

11. Schrader B, Keller S (1992) SPIE 1575: 30
12. Melles-Griot (1990) Optics Guide 5, Irvine CA 92714–5670
13. Weitkamp H, Barth R (1976) Einführung in die quantitative Infrarot-Spektrophotometrie. Georg Thieme Verlag, Stuttgart
14. Hirschfeld T (1985) Appl Spectrosc 39: 1086
15. Jones N, Sandorfy C (1956) Application of infrared and Raman spectrometry, Chapter IV, p. 247 in Technique of organic chemistry, IX, Intersc, New York
16. Visapää A (1965) Kemian Teollisuus 22: 487–503
17. Buback M, Vögele HP (1993) FT-NIR-Atlas, VCH Verlagsgesellschaft, Weinheim
18. Schrader B (1990) Fresenius J Anal Chem 337: 824
19. Delhaye M, Dhamelincourt P (1975) J Raman spectrosc 3: 33
20. Dhamelincourt P, Beny JM, Dubessy J Poty B (1979) Bull Mineral 102: 610
21. Dhamelincourt P, Barbillat J, Delhaye M (1993) Spectroscopy Europe 5/2: 1
22. de Mul FFM, van Welie AGM, Otto C, Mud J, Greve J (1984) J Raman Spectrosc 15: 268
23. Barbillat J, Dhamelincourt P, Delhaye M, Da Silva E (1994) J Raman Spectrosc 25: 3
24. Harris TD, Grober RD, Trautmann JK, Betzig E (1994) Appl Spectrosc 48: 14A
25. Hellmuth T (1993) Phys Bl. 49: 489
26. Govil A, Pallister DM, Morris MD (1993) Appl Spectrosc 47: 75
27. Schrader B (ed) (1995) Infrared and Raman Spectroscopy, Methods and Application, VCH Verlagsgesellschaft Weinheim
28. Schrader B, Baranovic G, Epding A, Hoffmann GG, van Kan PJM, Keller S, Hildebrandt P, Lehner C, Sawatzki J (1993) Appl Spectrosc 47: 1452
29. Schrader B, Baranovic G, Keller S, Sawatzki J (1994) Fresenius J Anal Chem, im Druck
30. Schweiger G (1991) J Opt Soc Amer 8: 1770
31. Schaschek K, Popp J, Kiefer W (1992) XIII International Conference on Raman Spectroscopy, J Wiley & Sons, New York page 1108
32. Hoffmann GG, Oelichmann B, Schrader B (1992) XIII International Conference on Raman Spectroscopy, J Wiley & Sons, New York page 1102
33. Puppels GJ, Colier W, Olminkhof JHF, Otto C, de Mul FFM, Greve J (1991) J Raman Spectrosc 22: 217
34. Chadha S, Nelson HW, Sperry JF (1993) Rev Sci Instr 64: 3088
36. Melnik NN, Slobodyanyuk AV, Tepikin VE (1992) XIII International Conference on Raman Spectroscopy, J Wiley & Sons, New York page 1062
37. Garton A, Batchelder DN, Cheng C (1993) Appl Spectrosc 47: 922
38. Jawhari T, Pastor JM (1992) J Mol Struct 266: 205
39. Tabaksblat R, Meier RJ, Kip BJ (1992) Appl Spectrosc 46: 60
40. Boogh LCN, Meier RJ, Kausch HH, Kip BJ (1992) J Polymer Science 30: 325
41. Louden JD, Duncan IA, Kelly J, Speirs RM (1993) J Appl Polym Sci 49: 275
42. McNesby KL, Wolfe JE, Morris JB, Pesce-Rodriguez RA (1994) J Raman Spectrosc 25: 75
43. Best SP, Clark RJH, Withnall R (1992) XIII International Conference on Raman Spectroscopy, J Wiley & Sons, New York page 1042
44. Davey R, Gardiner DJ, Singer BW, Spokes M (1994) J Raman Spectrosc 25: 53
45. Edwards HGM, Edwards KAE, Farwell GW, Lewis IR, Seaward MRD (1994) J Raman Spectrosc 25: 99
46. Coupry C, Lautie A, Revault M, Dufilho J (1994) J Raman Spectrosc 25: 89
47. Nassau K (1981) J Gemm XVII: 306
48. Pironon J, Sawatzki J, Dubessy J (1991) Geochim et Cosmochim Acta 55: 3885
49. Pironon J (1993) C R Acad Sci Paris 316: 1075
50. Richards JP, Kerrich R (1993) Economic Geology 88: 716
51. Lin R, Ritz GP (1993) Org Geochem 20: 695
52. Lin R, Ritz GP (1993) Appl Spectrosc 47: 265
53. Wang PD, Cheng C, Sotomayor Torres CM, Batchelder DN (1993) J Appl Phys 74: 5907
54. Bowden M, Dickson GD, Gardiner DJ, Wood DJ (1993) J Mat Sci 28: 1031
55. De Wolf I, Norström H, Maes HE (1993) J Appl Phys 74: 4490
56. Bhargava S, Joshi H, Bist HD, Bhargava N (1993) J Raman Spectrosc 24: 417
57. Bernardez L, McCarty KF, Yang N (1992) J Appl Phys 72: 2001
58. Bist HD, Bhargava S, Little TS, Gardner JK, Durig JR, Sahli S, Aslam M (1994) J Raman Spectrosc 25: 67
59. Mizaikoff B, Taga K, Kellner R (1993) Appl Spectrosc 47: 1476

60. Takahshi S, Sun Ahn J, Asaka S, Kitagawa T (1993) Appl Spectrosc 47: 863
61. Lamkers M, Göttges D, Materny A, Schaschek K, Kiefer W (1992) Appl Spectrosc 46: 1331
62. WilliamsKPJ, Pitt GD, Smith BJE, Whitley A, Batchelder DN, Hayward IP (1994) J Raman Spectrosc 25: 131
63. Palmer DA, Begun GM, Ward FH (1993) Rev Sci Instr 64: 1994
64. Howdle SM, Best SP (1993) J Raman Spectrosc 24: 443
65. Everall NJ, Chalmers JM, Newton ID (1992) Appl Spectr 46: 597

NIR-Spektroskopische Analytik

E. Wüst[1], L. Rudzik[2]

[1] Fachhochschule Hannover Heisterbergallee 12, D-30453 Hannover
[2] Milchw. Lehr- u. Untersuchungsanst. Heisterbergallee 12, D-30453 Hannover

1	Physikalische Grundlagen	241
2	Geräte und Meßtechniken	243
3	Auswertemethoden: Das chemometrische Prinzip	244
4	Quantitative und qualitative Anwendungsbeispiele aus der Milchwirtschaft	249
5	Leistungsfähigkeit, Grenzen und deren Kontrolle	251
6	Online/Inline Einsatz der NIR-Technik	253
7	Harmonisierung von Ergebnissen mittels eines NIR-Netzwerkes	254
8	Literatur	255

1 Physikalische Grundlagen

Elektromagnetische Strahlung kann auf vielfältige Art mit der Materie wechselwirken. Infrarotstrahlung – elektromagnetische Strahlung im Wellenlängenbereich von 800 bis 200000 nm – kann unter bestimmten Voraussetzungen Schwingungen anregen. Im fernen Infrarot – 25000 bis 200000 nm – können dies z.B. in Festkörpern Gitterschwingungen oder in Gasen oder Flüssigkeiten Molekülrotationen sein. Im mittleren Infrarot (MIR) – 2500 bis 25000 nm – werden Übergänge im wesentlichen zwischen dem Grundzustand der Moleküle und dem ersten Schwingungsniveau induziert, wobei im nahen Infrarot (NIR) Übergänge auf höhere Niveaus sowie Kombinationen von Übergängen durch elektromagnetische Strahlung stimuliert werden. Diese unterschiedlichen Schwingungsanregungen legen die ansonsten willkürliche Unterteilung in die obengenannten Wellenlängenbereiche nahe.

Übergänge von einem zu einem anderen Zustand können im Falle der Infrarotstrahlung nur geschehen, wenn sich zum einen das elektrische Dipolmoment des Moleküls verändert und zum anderen die eingestrahlte Energie (Wellenlänge) genau mit der Energiedifferenz zwischen beiden Zustände übereinstimmt (Resonanzbedingungen). Auf eine theoretische Beschreibung im Rahmen der Schrödingergleichung mit eingekoppeltem elektromagnetischen Feld und harmonischem/anharmonischem Oszillator sei lediglich verwiesen [1] sowie auf die Zusatzbedingungen (die Auswahlregeln) bei solchen Übergängen.

Bei Anregung dieser Übergänge wird Energie der elektromagnetischen Strahlung in innere Schwingungsenergie umgewandelt, d.h. die Strahlung wird abgeschwächt. Dies kann mittels den Maxwellschen Gleichungen beschrieben werden, wenn Materialeigenschaften in Form von Leitfähigkeit, Dielektrizitätskonstante und Permeabilität bekannt sind [2]. Das Resultat dieser Betrachtung ist das Lambert-Beersche Gesetz, welches die Intensitätsabnahme der elektromagnetischen Strahlung durch eine absorbierende Probe beschreibt:

$$I(b) = I_0 * e^{-abc} \tag{1}$$

Hierbei ist I_0 die eingestrahlte Intensität, a der Absorptionskoeffizient und c die Konzentration des Mediums. I(b) gibt die abgeschwächte Intensität an, nachdem die Strahlung die Wegstrecke b im Medium zurückgelegt hat. Üblicherweise wird die Größe

$$E = \ln(I_0/I(b)) = abc \tag{2}$$

betrachtet. Man bezeichnet E als die Extinktion, wobei jene von der Wellenlänge und den stofflichen Eigenschaften des durchstrahlten Substrats abhängig ist. Diese Gleichung beschreibt die Basis für die quantitative Absorptionsspektroskopie. Auf Grund verschiedener Einflüsse bei der Messung kann man a priori nicht annehmen, daß in einem Diagramm, in dem die Extinktion als Funktion der Konzentration aufgetragen wird, die tatsächliche Funktion eine Ursprungsgerade ist. Einen Einfluß kann z.B. ein bestimmter Rauschuntergrund darstellen, der eventuell zu einer konstanten Verschiebung führt:

$$E = E_0 + abc \tag{3}$$

Andere Einflüsse, z.B. Nichtlinearitäten (d.h. der Zusammenhang zwischen Extinktion und Konzentration ist nicht linear) können dazu führen, daß der Zusammenhang zumindest für ein beschränktes Konzentrationsintervall durch diesen Ansatz gut beschrieben wird.

Mittels dieser Gleichung kann nach erfolgter Bestimmung von E_0 (siehe Kap. 3), bekanntem a und b nach Messung der Extinktion die Konzentration bestimmt werden. Dies wird üblicherweise bei einer festen Wellenlänge λ durchgeführt. Im NIR liegen aber die Energieniveaux für die Schwingungsübergänge so dicht beieinander, daß bei Messung der Extinktion an einer Wellenlänge auch Anteile von einem oder mehreren anderen Schwingungsübergängen enthalten sind. Hierbei wird angenommen, daß die Absorptionen sich überlagern:

$$E(\lambda) = E_0 + a_1 bc_1 + a_2 bc_2 + \cdots \tag{4}$$

Eine Bestimmung von Extinktionen an soviel Wellenlängen, wie Komponenten beteiligt sind, würde die Berechnung der Konzentrationen erlauben, wenn alle Komponenten dem Lambert-Beerschen Gesetz und der Überlagerung folgen. Dies ist bei komplexeren Substanzen, bei denen die einzelnen Komponenten miteinander in Wechselwirkung stehen, im Allgemeinen nicht gültig oder nur schwer nachprüfbar.

Üblicherweise wird Gleichung 3 durch folgende Gleichung bei einer Regressionsanalyse (siehe Kap. 3) ersetzt (Ref. [3]: Inversion der Gleichung 3):

$$c = F_0 + F_1 * E_1 \quad (5)$$

Analog wird bei Gleichung 4 verfahren:

$$c_i = F_{i,0} + F_{i,1} * E_1 + F_{i,2} * E_2 + \cdots \quad (6)$$

Hierbei ist E_j die gemessene Extinktion an der j-ten Wellenlänge und c_i die Konzentration der i-ten Komponente.

2 Geräte und Meßtechniken

Bei den Infrarotmeßgeräten können zwei Kategorien von Methoden unterschieden werden:

a) Geräte mit dispergierenden optischen Bauelementen
b) Geräte auf der Basis der Interferometrie

Abbildung 1 verdeutlicht schematisch den Aufbau beider Arten. Bei den Geräten mit dispergierenden optischen Bauelementen kann die Auswahl der Wellenlänge über ein Prisma, Beugungsgitter, Filter oder über ein AOTF-Kristall (Acousto-Optic-Tunable-Filter, Ref. [27]) erfolgen. Hierbei kann sich das dispergierende Element sowohl zwischen Strahlungsquelle und Probe als auch zwischen Probe und Detektor befinden.

Um die Intensität I_0 als auch die Intensität $I(b)$ zu messen, muß entweder das Gerät im Strahlengang mit einem „Klappspiegel" ausgerüstet sein, der alternierend das Licht auf die Probe ($I(b)$) und auf den Detektor direkt (I_0) wirft, oder als Doppelstrahlgerät ausgeführt sein. Beim Doppelstrahlgerät gibt es einen zweiten Strahlengang, der die Lichtquelle ebenfalls direkt auf den Detektor abbildet.

Bei Geräten auf der Basis von Interferometern, sogenannten Fourier-Transform-Spektrometern (FT-Spektrometern), wird das Licht in einem Michelson-Interferometer durch Veränderung des optischen Gangunterschieds in einem Interferometerarm moduliert. Als Quelle werden immer Laser verwendet.

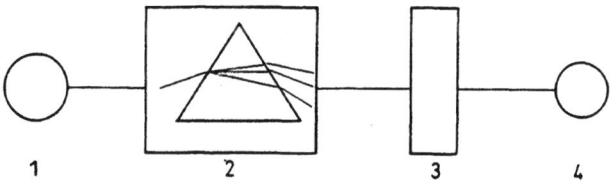

Abb. 1. Schematischer Aufbau eines Infrarotgerätes. 1: IR-Quelle, 2: Dispersionselement (Prisma, Gitter, Filter, Interferometer), 3: Probe, 4: Detektor

Das Interferogramm wird anschließend einer Fourier-Transformation unterworfen, um das übliche Spektrum – z.B. Extinktion als Funktion der Wellenlänge oder -zahl – zu erhalten. Auch hierbei werden die Interferogramme von Probe und „Leerprobe" gemessen und nach Fourier-Transformation durch Quotientenbildung der beiden Spektren das Probenspektrum erhalten.

Die FT-Geräte haben erst im Zuge der Steigerung der Leistungsfähigkeit von Kleinrechnern ihre Bedeutung erlangt. Sie bieten viele Vorteile – sehr gutes Signal/Rausch-Verhältnis, große Strahlungsintensität, kurze Meßzeit – erfordern aber auf Grund ihrer Komplexität mehr Aufwand.

Bei der Meßtechnik unterscheidet man drei Kategorien:
a) Transmissionsmessung
b) Reflexionsmessung
c) „Transflexionsmessung"

Bei der Transmissionsmessung durchdringt die Strahlung die Probe auf einer Wegstrecke b. Sieht man von Vielfachstreuphänomenen ab, so stellt b ebenfalls die optische Weglänge dar. Man hat hierbei gemäß dem Lambert-Beerschen Gesetz „wohldefinierte" Verhältnisse, deshalb sollte alles, was in Transmission meßbar ist, auch tatsächlich so gemessen werden.

Es gibt aber auch Proben, die für infrarotes Licht undurchlässig sind. In solchen Fällen wendet man die Reflexionstechnik an, d.h. Licht trifft auf die Probe, wechselwirkt dort und das reflektierte Licht wird gemessen. Da die Summe aus transmittierter, reflektierter und absorbierter Intensität gleich der gesamten Intensität ist, läßt sich unter Vernachlässigung des Transmissionsanteils direkt aus der reflektierten Intensität auf die Absorption schließen.

Wählt man eine für die Nahinfrarotmessung kleine Schichtdicke (b: Millimeter bis einige Zentimeter; dies ist materialabhängig), so kann es in einer Küvette geschehen, daß vom Küvettenboden die Strahlung reflektiert wird und sich mit der reflektierten Strahlung von der Oberfläche der Probe als gesamte reflektierte Strahlung im Detektor wiederfindet. Dies bezeichnet man als „Transflexion", da die Strahlung aus einem reflektierten und einem die Probe durchstrahlten Anteil besteht.

Die modernen Geräte sind in der Lage, diese Meßtechniken auch über Lichtleiter an unzugänglichen oder gefährlichen Stellen zum Einsatz zu bringen.

3 Auswertemethoden: Das chemometrische Prinzip

Auswertemethoden im mittleren Infrarot verwenden meistens charakteristische Absorptionen, d.h. Absorptionen an bestimmten Wellenlängen, die qualitative Veränderungen der Struktur oder quantitative Veränderungen der Inhaltsstoffkonzentrationen anzeigen. Dies ist ebenfalls im nahen Infrarot bei chemisch einfachen Substanzen möglich. Tabelle 1 zeigt die erwarteten Wellenlängen für die Absorption bei Molekülschwingungen bestimmter chemischer Gruppen.

Tabelle 1. Zuordnung chemischer Strukturen zu NIR-Absorptions banden gemäß Ref. 26.

Wellenlänge (nm)	Schwingungstyp	Struktur
1143	C—H Streck.	aromatisch
1152	C—H Streck.	CH_3
1170	C—H Streck.	$HC\equiv CH$
1195	C—H Streck.	CH_3
1215	C—H Streck.	CH_2
1225	C—H Streck.	CH
1360	2 × C—H Streck. u. C—H Def.	CH_3
1395	2 × C—H Streck. u. C—H Def.	CH_2
1410	O—H Streck.	ROH
1415	2 × C—H Streck. u. C—H Def.	CH_2
1417	2 × C—H Streck. u. C—H Def.	aromatisch
1420	O—H Streck.	arom. OH
1430	N—H Streck.	$CONH_2$
1440	O—H Streck.	Saccharose, Stärke
1440	2 × C—H Streck. u. C—H Def.	CH
1446	2 × C—H Streck. u. C—H Def.	aromatisch
1450	O—H Streck.	Stärke, H_2O
1460	N—H Streck.	$CONH_2$
1471	N—H Streck.	CONHR
1480	O—H Streck.	Glucose
1483	N—H Streck.	$CONH_2$
1490	N—H Streck.	CONHR
1490	N—H Streck.	$CONH_2$
1490	O—H Streck.	Cellulose
1492	N—H Streck.	arom. NH_2
1500	N—H Streck.	NH
1510	N—H Streck.	Eiweiß
1520	O—H Streck.	$CONH_2$
1520	N—H Streck.	ROH
1528	O—H Streck.	Stärke
1530	N—H Streck.	RNH_2
1533	C—H Streck.	$C=H$
1540	O—H Streck.	Stärke
1570	N—H Streck.	—CONH—
1580	O—H Streck.	Stärke, Glucose
1620	C—H Streck.	$=CH_2$
1645	C—H Streck.	R—CH—CH \ O
1660	C—H Streck.	cis-RCH=CHR
1685	C—H Streck.	aromatisch
1695	C—H Streck.	CH_3
1705	C—H Streck.	CH_3
1725	C—H Streck.	CH_2
1740	S—H Streck.	—SH
1765	C—H Streck.	CH_2
1780	C—H Streck.	Cellulose
1820	O—H Streck. u. 2 × C—O Streck.	Cellulose
1900	O—H Streck. u. 2 × C—O Streck.	Stärke
1900	C=O Streck.	—CO_2H
1908	O—H Streck.	ROH
1920	C=O Streck.	CONH
1940	O—H Streck. u. O—H Def.	H_2O
1950	C=O Streck.	—CO_2R
1960	N—H asym. Streck.	$CONH_2$

Fortsetzung Seite 246

Tabelle 1. (*Fortsetzung*)

Wellenlänge (nm)	Schwingungstyp	Struktur
1980	N—H asym. Streck.	Eiweiß
2000	2 × O—H Def. u. C—O Def.	Stärke
2000	N—H asym. Streck.	$CONH_2$, CONHR
2030	C=O Streck.	$CONH_2$
2050	N—H asym. Streck.	Eiweiß
2050	N—H asym. Streck.	$CONH_2$
2080	O—H Streck. u. O—H Def.	ROH, Saccharose, Stärke
2100	2 × O—H Def. u. 2 × C—O Streck.	Stärke
2110	N—H sym. Streck.	$CONH_2$, CONHR
2132	N—H Streck. u. C=O Streck.	Aminosäure
2140	=C—H Streck. u. C=C Streck.	HC=CH
2150	N—H Kombi.	$CONH_2$
2160	N—H Kombi.	CONHR
2180	N—H Kombi.	Eiweiß
2190	CH_2 asym. Str. u. C=Streck.	HC=CH
2200	C—H Streck. u. C=O Streck.	—CHO
2242	N—H Streck. u. NH_3^+ Def.	Aminosäure
2252	O—H Streck. u. O—H Def.	Stärke
2276	O—H Streck. u. C—C Streck.	Stärke
2280	C—H Streck. u. C—H Def.	CH_3
2294	N—H Streck. u. C=O Streck.	Aminosäure
2310	C—H Streck. u. C—H Def.	CH_2
2323	C—H Streck. u. C—H Def.	CH_2
2336	C—H Streck. u. C—H Def.	Cellulose
2347	CH_2 sym. Streck. u.=CH_2 Def.	$HC=CHCH_2$
2352	C—H Def.	Cellulose
2380	O—H Def.	ROH
2461	C—H Streck. u. C—C Streck.	Stärke
2488	C—H Streck. u. C—C Streck.	Stärke
2500	C—H Streck. u. C—C Streck.	Stärke

Hat man hingegen Mischungen verschiedener, schwingender Molekülgruppen vorliegen, so kann sich hinter der Absorption an einer Wellenlänge die Überlagerung der einzelnen Absorptionen verbergen. Im ersten Kapitel ist in Gleichung 4 eine mögliche Auswertung beschrieben worden, die jedoch in der Praxis keine Anwendung findet. Andere mögliche Wege der Interpretation analog zum mittleren Infrarot sind:

a) 2-dimensionales Korrelationsdiagramm zwischen mittlerem und nahem Infrarot nach der Methode von Barton [4], um eine spektroskopische Interpretation der Nahinfrarotspektren zu haben auf der Grundlage der Korrelation zum mittleren Infrarot.

b) eine Fourier Self Deconvolution [5] von NIR-Spektren, um schnell veränderliche Anteile im Spektrum, wie z.B. die Überlagerung wellenlängenbenachbarter Absorptionsstrukturen – Schwingungen-, von langsam veränderlichen Anteilen – Untergrund – zu trennen und diese aus dem Untergrund hervorzuheben. Hierbei ist ein gutes Signal/Rausch-Verhältnis notwendig.

Bei NIR-Spektren hat sich eine andere Philosophie der Auswertung etabliert. Sie geht zurück auf Karl Norris [6] und wird als das chemometrische Prinzip bezeichnet. Grundlage hiervon bildet Gleichung 6, d.h. es wird ein Bezug zwischen Spektrum und z.B. Inhaltsstoffkonzentration oder qualitativen Größen hergestellt. Hierbei gibt es verschiedene Möglichkeiten, die gesuchten, sogenannten F-Werte zu bestimmen. Man bezeichnet diesen Schritt als Kalibration. Die hierbei verwendeten Spektren und Referenzwerte bilden den Kalibrationssatz.

Multiple lineare Regression (MLR) basiert auf der Gaußschen Fehlerquadratmethode (*Least-Square-Fit*/LSF), bei der die Differenz zwischen tatsächlicher Konzentration c_i und vorhergesagter Konzentration gemäß Gleichung 6 minimiert wird:

$$Q = \sum_{i=1}^{n} (c_i - F_0 - F_1 * E_{i,1} - F_2 * E_{i,2} - \cdots - F_m * E_{i,m})^2 \qquad (7)$$

Hierbei sind die $E_{i,j}$ die Extinktionswerte der i-ten Probe an der j-ten Wellenlänge. Notwendige Bedingung für ein Extremum ist, daß die partiellen Ableitungen von Q nach F_j gleich Null sind. Man erhält ein inhomogenes, lineares Gleichungssystem, daß mit den üblichen Techniken gelöst werden kann. Problematisch bei dieser Art der Auswertung ist, daß die in den Spektren enthaltenen Multikorrelationen – eine Information befindet sich bei verschiedenen Wellenlängen – zu einer Beziehung (Gleichung 6) führt, die instabil gegenüber kleinen Variationen im Spektrum ist, d.h. geringste Abweichungen im Spektrum führen zu total veränderten vorhergesagten Werten. Aus diesem Grunde wird MLR nicht für das gesamte Spektrum angewendet sondern für bestimmte Wellenlängen, die meistens auf statistische Art und Weise nach den Methoden „Step-Up-Search", "Backward-Elimination" oder „All-Regression" mit Blick auf den Korrelationskoeffizienten festgelegt werden [7].

Diesen Nachteil behebt die „Partial Least Square" Regression (PLS), die meistens auf das gesamte Spektrum angewendet wird [8]. Hierbei werden die F-Werte so bestimmt, daß zwischen den Spektren und den Konzentrationen der direkteste Bezug hergestellt wird. Diese Methode wird zum gegenwärtigen Zeitpunkt am häufigsten verwendet.

Nachteil beider Methoden ist, daß die Problematik der chemisch ermittelten Werte (Konzentrationen mit dem meßtechnischen Fehler bedingt durch die Analysenlatitüde) und Spektren (Wiederholungsmessungen führen zu Abweichungen) miteinander verknüpft wird. Die *Principal Component Regression* [8] versucht, charakteristische Größen auf der spektralen Seite („Faktorspektren") zu bestimmen und jene mittels MLR in Beziehung zu den chemischen Werten zu setzen. Führt man dies mit der Methode „All Regression" durch, so ist der numerische und der Zeitaufwand extrem hoch. Man verwendet deshalb den „NIPALS"-Algorithmus trotz numerischer Unzulänglichkeiten, um diese Form der Regression auf einem Personalcomputer durchführen zu können. Die Variante des „Step-Up-Search" findet auch hierbei eingeschränkt Anwendung.

Alle bisher aufgeführten Algorithmen setzen voraus, daß das Lambert-Beersche Gesetz gültig ist. Betrachtet man die Herleitung, so wird immer von

verdünnten Lösungen ausgegangen, d.h. der Zusammenhang zwischen Konzentration und Extinktion ist hierbei linear. Dies muß nicht generell gültig sein. Es gibt nun verschiedene Möglichkeiten, Nichtlinearitäten bei der Kalibration zu berücksichtigen:
(Anm.: Nichtlinearitäten können auch zum Teil durch lineare Terme näherungsweise beschrieben werden. Im Unterschied hierzu ist ein Algorithmus nichtlinear, wenn er explizit nichtlineare Terme beinhaltet.)
a) Nichtlineares PLS [9]. Hierbei wird der PLS-Algorithmus um einen Polynomansatz erweitert.
b) Erweiterung der Gleichung 6 auf einen Polynomansatz: Hier werden in Gleichung 6 quadratische, kubische, ... Abhängigkeiten bzgl. der Extinktion eingebaut und mittels LSF die F-Werte bestimmt. Auch hierbei werden „All-Regression"-Strategien eingesetzt.
c) Verwendung neuronaler Netze [10]: Hier wird eine Struktur aufgebaut, die die Informationsverarbeitung im menschlichen Gehirn simulieren soll. Das Spektrum wird auf die Konzentration mittels eines nichtlinearen Zusammenhangs abgebildet, wobei diese Struktur – das Netzwerk – zwecks Beurteilung des Spektrums trainiert werden muß (Kalibrationsschritt). Die trainierte Struktur wird anschließend zur Vorhersage verwendet.
d) Curve-Fitting [11]: Es wird analog zu Gleichung 7 vorgegangen, wobei die Extinktion der „unbekannten" Probe beschrieben wird durch eine Überlagerung der Extinktionen von bekannten Proben (Kalibrationsset) an der gleichen Wellenlänge. Dementsprechend ergibt sich die unbekannte Konzentration als Überlagerung der bekannten Konzentrationen mit den betreffenden „Gewichten". Diese Art der Auswertung wird allerdings häufiger im MIR-Bereich angewendet.

Allen Methoden haftet das Problem an, wie mit den Fehlerbalken der chemisch ermittelten Werte bei der Erstellung der Kalibration zu verfahren ist. Die chemisch generierten Werte sind mit systematischen und zufälligen Fehlern behaftet. Diese Werte bestimmen maßgeblich die F-Werte. In den bisherigen Kalibrationsalgorithmen ist es schwierig, dies zu berücksichtigen. Ref. [12] zeigt eine Möglichkeit im Rahmen der Fuzzy-Logik, wie Nichtlinearitäten und Fehlerbalken sowohl auf der spektralen als auch auf der chemischen Seite behandelt werden können. Die Ergebnisse sind vielversprechend; jedoch bedarf es noch weitergehender Verbesserungen, un dem Stand von PLS, das seit über 15 Jahren im Einsatz ist, zu erreichen.

Verbesserungen der Korrelation bzw. des linearen Zusammenhangs im Sinne von Gleichung 6 können auch durch Linearisierungsmaßnahmen erzielt werden. Dies kann notwendig sein, wenn bei gleicher chemischer Zusammensetzung durch z.B. unterschiedliche Teilchengrößen auf Grund der Herstellung die Spektren stark verschieden ausfallen. Hierbei gibt es wieder verschiedene Ansätze:
a) Bildung der Ableitung: Hier sind meistens 1. und 2. Ableitung der Spektren gemeint [13]. Man kann hiermit Parallelverschiebungen sowie einen durch eine Gerade beschreibbaren Untergrund beseitigen.

b) Man nimmt einen Untergrundverlauf an und subtrahiert diesen von allen Spektren. Dies kann entweder über einen Polynomansatz geschehen [14] oder über „Multiplicative Signal Correction" [8]. Hierbei wird meistens das Mittelwertspektrum des Kalibrationssatzes zugrundegelegt.
c) Kubelka-Munk-Transformation [15]: Es werden alle Spektren einer Transformation unterzogen, die ebenfalls Teilchengrößeneffekte beschreibt.
d) „Standard-Normal-Variate"-Transformation [16]: Dies ist ebenfalls eine Methode, auf der Basis des individuellen Spektrums eine Korrektur vorzunehmen.

Qualitative Größen können auch einkalibriert werden und sind in fast allen Fällen über die Diskriminanz- oder Clusteranalyse [17] auswertbar. Hierbei kommen als Eingabewerte nicht nur die Spektren zur Anwendung sondern auch „Scorewerte", die aus einer vorgeschalteten Principal Component Analyse erhalten werden. Die Scorewerte ergeben sich als die Überlappungen zwischen den Faktorspektren und dem tatsächlichen Spektrum.

Die beschriebenen Kalibrationsmöglichkeiten bedürfen einer soliden Entscheidung über ihre Gültigkeit. Dies soll in Kapitel 5 betrachtet werden. Ein Problem sei aber an dieser Stelle schon erwähnt: die Kalibration benötigt *repräsentative Proben*, d.h. diese Proben müssen für die Fragestellung charakteristisch sein und den gesamten, interessierenden Bereich abdecken, damit keine Extrapolationen vorgenommen werden müssen. Dies kann bei der Vermessung unbekannter Proben teilweise kontrolliert werden, indem nach der Aufnahme der Spektren ein Test auf „Ausreißer" (Outlier) durchgeführt wird [8]. Günstiger ist es jedoch, wenn zusätzlich die Kalibration auch spektroskopisch im Hinblick auf die Fragestellung interpretierbar ist. Will man z.B. den Eiweißgehalt bestimmen und in der z.B. MLR-Kalibration ist keine Wellenlänge enthalten (siehe Tabelle 1), die eine NH-Schwingung beinhaltet, dann ist Vorsicht geboten. Hier kann dennoch mit der notwendigen Sorgfalt eine solche Kalibration eingesetzt werden (siehe Kapitel 5).

4 Quantitative und qualitative Anwendungsbeispiele aus der Milchwirtschaft

Ein Überblick über alle publizierten Applikationen könnte aufgrund der Vielfalt nur unvollständig sein. Aus diesem Grunde sollen hier insbesondere Applikationen der Milchwirtschaft behandelt werden. In diesem Bereich sind Kalibrationen von Interesse, mittels derer auf umweltschonende, schnelle Art eine Multikomponentenbestimmung durchgeführt werden kann. Hierbei liegt das Hauptaugenmerk auf der Bestimmung des Wassergehaltes/der Trockenmasse, des Eiweiß-, Fett- und Lactosegehaltes. Tabelle 2 gibt einen kleinen Überblick über quantitative Kalibrationen. Die Vorhersagegenauigkeit wird in Kapitel 5 betrachtet. Man erkennt, daß selbst in komplexen Matrices eine Bestimmung durchführbar ist.

Tabelle 2. Für die Milchwirtschaft erstellte NIR-Kalibrationen im Rahmen des Milchwirtschaftlichen Infrarot-Netzwerkes.

Produkt	Inhaltsstoffe
Flüssigkeiten:	
Rohmilch	Fett, Eiweiß
Magermilch	Trockenmasse, Eiweiß
diverse Trinkmilch	Trockenmasse, Fett
Kaffeesahne	Trockenmasse, Fett
Kondensmilch	Trockenmasse, Fett
Schlagsahne	Trockenmasse, Fett
UHT-Sahne	Trockenmasse, Fett
diverse Kakaokonzentrate	Trockenmasse
pastöse Produkte:	
Magerquark	Trockenmasse, Eiweiß
modifizierter Magerquark	Trockenmasse
Speisequark (versch. Fettg.)	Trockenmasse, Fett, Eiweiß
Fruchtquark	Trockenmasse, Fett
Pulver:	
Magermilchpulver	Wasser, Fett
Vollmilchpulver	Wasser, Fett, Eiweiß, Lactose
Kaffeeweisser	Wasser, Fett, Eiweiß
Capuccino	Wasser, Fett
Hefeautolysat	Wasser, Salz
Creamer	Wasser, Fett
Sonstige:	
Futtermittel	diverse Parameter
Eiscrememix	Trockenmasse, Fett
Lecithine	diverse Parameter
Marzipanrohmasse	diverse Parameter

Auch Qualitative Bestimmungen werden in der Milchwirtschaft durchgeführt. Hierbei sind Eingangskontrollen zu nennen, bei denen es lediglich um die Schnellidentifizierung geht, oder die Vorhersage von Eigenschaften, die ein Produkt nach einer gewissen Zeit haben wird. Als Beispiel sei die Vorhersage der H-Schlagsahnequalität am Mindesthaltbarkeitsdatum angeführt.

H-Schlagsahne soll z.B. auch am Ende der Mindesthaltbarkeit noch die Eigenschaften wie homogene Fettverteilung, gute Aufschlagbarkeit und gute Volumenzunahme haben. Diese Eigenschaften können nicht am Tage der Herstellung oder innerhalb einer Woche überprüft werden, da hierbei kaum Veränderungen bzw. merkliche Qualitätsunterschiede auftreten. Da aber H-Schlagsahne eine Haltbarkeit von 3 Monaten besitzt, treten schwerwiegende Änderungen dieser Eigenschaften erst später auf. Will man produktionsseitig in die Herstellung eingreifen, um später auftretende Probleme zu verhindern, gibt es mit traditionellen, wirtschaftlich vertretbaren Methoden keine Chance einer Beurteilung. Mittels einer NIR-Clusteranalyse [18] sind die Spektren von H-Schlagsahne am Produktionstag mit der Qualitätsbeurteilung am Mindesthaltbarkeitsdatum korreliert worden (Abb. 2). Man erkennt deutlich zwei Bereiche, die eine gute bzw. weniger gute Qualität charakterisieren. Hiermit ist

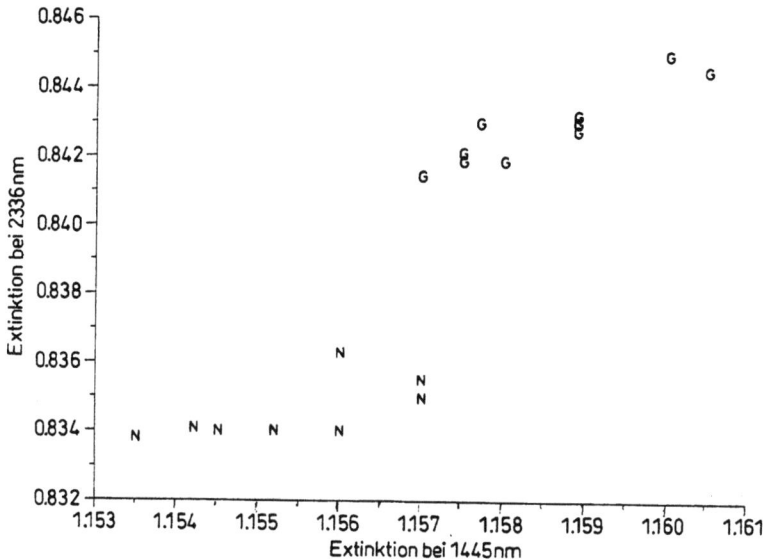

Abb. 2. Clusteranalyse bei Schlagsahne. Extinktion bei 2336 nm als Funktion der Extinktion bei 1445 nm. Die zwei Cluster sind mit N und G markiert

man nun in der Lage, schon am Produktionstag dem „Mann an der Produktionslinie" wertvolle Informationen über sein momentan produziertes Produkt zu geben, so daß er in die Produktion noch eingreifen kann, damit es später nicht zu Reklamationen kommt.

Eine solche Kalibration bedarf der intensiven Pflege in Form einer regelmäßigen Kontrolle (siehe Kapitel 5). Die hiermit erzielte Trefferquote liegt bei 90%, was für diese Art der Kalibration als äußerst gut zu bezeichnen ist, da eine direkte Zuordnung bestimmter spektraler Bereiche zu den Qualitätseigenschaften ohne weiteres nicht möglich ist.

5 Leistungsfähigkeit, Grenzen und deren Kontrolle

Es muß gesagt werden, daß die NIR-Analytik keine Methode ist, um Spuren nachzuweisen. Daß eventuell unter bestimmten Bedingungen und unter Anwendung aufwendiger Techniken auch geringe Massenkonzentrationen detektierbar sind, ist dennoch im Einzelfall möglich. Dies wird dann allerdings mehr von akademischem Interesse als für die „Routineanalytik" relevant sein. Nach vorliegender Erfahrung sind bei der quantitativen Bestimmung bei günstigen Matrixbedingungen Konzentrationen von mehr als 0.1–0.5% einkalibrierbar. Eine wichtige Voraussetzung ist, daß ausreichend Prüfsubstanz vorliegen muß. Die allgemein angewandte Probenpräpariertechnik ist nicht auf Mikropräparation ausgelegt. Dies hat zugleich den Vorteil, daß repräsentativere Probenvolumina (ca. 1–10 ml bzw. cm^3) untersucht werden.

Insgesamt ist diese Art der indirekten Bestimmung einer inhärenten Limitierung unterworfen: zum Kalibrieren werden die chemisch ermittelten Werte von Methoden verwendet, deren Charakteristik durch „Wiederholbarkeit" und „Vergleichbarkeit" [19] gekennzeichnet sind. Die Wiederholbarkeit besagt, daß unter identischen Bedingungen die Betragsdifferenz einer Doppelbestimmung mit 95%-iger Wahrscheinlichkeit innerhalb einer Toleranzgrenze liegt. Üblicherweise ist diese Differenz geringer. Jedoch kann über den „besseren" Wert innerhalb dieser Toleranzgrenze nichts ausgesagt werden. Dies bedeutet, daß die Wiederholbarkeit als Abweichung zwischen den chemisch ermittelten Werten anzusehen ist. (Analoges gilt für die Vergleichbarkeit zwischen verschiedenen Laboratorien.) Mit solchen Werten wird eine Kalibration erstellt, was zur Folge hat, daß in die Kalibration diese Fehler eingehen. Die NIR-Analytik kann also zwangsläufig nicht genauer sein als die chemisch ermittelten Werte. Im Gegenteil: es kommt bei der NIR-Analyse ein Gerätefehler zusätzlich hinzu. Die in der Tabelle 2 aufgeführten Kalibrationen liegen alle innerhalb der Toleranz, die sich auf Grund der Wiederholbarkeit ergibt. Beispielhaft sei die Kalibration der Trockenmasse bei Magerquark angegeben, wo z.B. die Wiederholbarkeit 0.3% (absolut) bei einer Trockenmasse von 18% beträgt.

Bei manchen Kalibrationen muß zwecks Erreichung dieser Grenze bei der Probenvorbereitung eine Standardisierung eingeführt werden. Üblicherweise besteht die Messung darin, eine Meßzelle mit dem Substrat zu füllen bzw. Meßkopf der Glasfaser in das Substrat zu halten. In den Situationen, wo die Wiederholbarkeit der Referenzmethode nicht erzielt werden konnte, wurden die Quellen zu lokalisieren versucht, die einen großen Einfluß ausübten (Critical Control Points). Es gilt nun, diese CCPs über spezielle Maßnahmen zu beherrschen. Zu den CCPs zählen bei speziellen Substanzen Temperaturen (Flüssigkeiten), Packungsdichte (z.B. bei Quark), Teilchengrößen (Fettkügelchenverteilung in Milch), Prozeßlinieneffekte (unterschiedliche Homogenisatoren, Veränderung der Rezeptur durch Einsatz anderer Kulturen bei Quark oder Änderung der Produktionstemperatur), Inhomogenitäten der Proben u.s.w. Maßnahmen zur Standardisierung sind dann notwendig, wenn die Genauigkeitsforderung an die Kalibration an die Grenze der Wiederholbarkeit geht.

Hat man alle relevanten Parameter unter Kontrolle, so erhält man unter Umständen eine Methode, die nachweislich stabiler als die chemische Methode ist (Abb. 3). Hier ist z.B. Milchpulver, das über einen Zeitraum von 10 Tagen als unveränderlich anzusehen ist, sowohl chemisch also auch NIR-spektrophotometrisch untersucht worden. Man erwartet, daß die Werte als Funktion der Zeit konstant bleiben. Nur die NIR-Methode kommt diesem Ideal sehr nahe. CCPs bei konventionellen Methoden müssen ebenfalls kritisch ermittelt, überprüft und dokumentiert werden, was auch im Hinblick auf die „Gute Labor Praxis" (GLP) zwingend erforderlich ist.

Ein Problem ist allerdings nach wie vor offen: eine einmal erstellte Kalibration besitzt keine allgemeine Gültigkeit bis in alle Ewigkeit. Der Grund

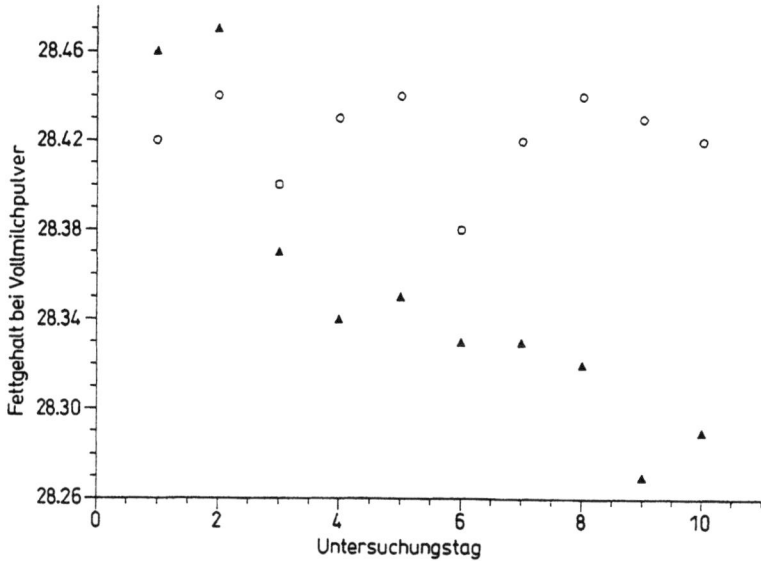

Abb. 3. Fettgehalt bei Vollmilchpulver in Abhängigkeit des Untersuchungsdatums nach Abpackung (Ref. [25]). Dreiecke: Werte der Referenzmethode (Roese-Gottlieb: Ref. [19]), Kreise: NIR-Vorhersage

dafür ist, daß die zur Kalibration verwendeten Proben nicht mehr repräsentativ für die Gesamtheit sind bzw. rezepturseitig Veränderungen vorgenommen werden. Neue Auswertesoftware sieht vor, daß vor jeder Vorhersage getestet wird, ob das aufgenommene Spektrum innerhalb der Spektren der Kalibration liegt (Ausreißertest/Outliertest) und somit sinnvoll ausgewertet bzw. eine sinnvolle Vorhersage getätigt werden kann. Desweiteren unterliegt das NIR-Gerät selbst einem Alterungsprozeß. Man muß hier GLP-Maßnahmen konzipieren, die sowohl das Gerät als auch die Probenvorbereitung und die Kalibration überwachen [20]. Der besseren Übersicht wegen führt man diese mittels Qualitätsregelkarten durch, da man sich so schnell einen Überblick über eventuelle Trends verschaffen kann. Hierbei ist der Überwachung der Kalibration im regelmäßigen Vergleich zwischen chemisch ermitteltem Wert und NIR-Vorhersage die höchste Priorität einzuräumen. Auch hier gibt es wieder verschiedene Möglichkeiten, wie die Kalibrationspflege (Updating, Ref. [20]) zu betreiben ist.

6 Online/Inline Einsatz der NIR-Technik

In z.B. der Lebensmittelindustrie ist der Online/Inline Einsatz bis jetzt im wesentlichen auf die Bestimmung des Wassergehalts bei Pulverprodukten beschränkt. Dies liegt darin, daß bei der NIR-Messung auf Grund der geringen Eindringtiefe nur die Oberfläche bzw. eine dünne Schicht analysiert wird. Dies führt bei eiweiß- und fetthaltigen Substraten dazu, daß sich schnell stationäre Beläge bilden, die so dick sind, daß bei der NIR-Messung die Veränderung des Substrats im Inneren einer Leitung nicht erfaßt wird. Gleichwohl gibt es auch hier schon Bestrebungen, dieses Problem auf verschiedene Weisen einer Lösung zuzuführen.

Bezüglich sonstiger Applikationen sei auf Ref. [21] verwiesen. Hier gibt es insbesondere in der chemischen als auch petrochemischen Industrie eine große Anzahl verschiedener Anwendungen, die dort den Einsatz der NIR-Meßtechnik zum Zwecke der Prozeßverfolgung als auch Steuerung als unentbehrlich markieren. Die pharmazeutische Industrie kann ebenfalls mit einer Reihe von Applikationen aufwarten.

7 Harmonisierung von Ergebnissen mittels NIR-Netzwerk

Ein NIR-Netzwerk ist ein Zusammenschluß von NIR-Geräten. Netzwerke spielen bei der Harmonisierung von Meßergebnissen eine entscheidende Rolle. Zum einen kann hierdurch erzielt werden, daß alle Ergebnisse auf der gleichen Grundlage zustandekommen und die gleiche Akzeptanz erfahren, und zum anderen, daß man einen besseren Überblick über die gesamte Produktion bekommt. Letzteres ist für einen Betrieb zwecks kompletter Prozeßsteuerung als auch Kostenkalkulation von Bedeutung.

MIRN – Milchwirtschaftliches Infrarot-Netzwerk [22] – ist ein Zusammenschluß von derzeit 12 Geräten in 8 Betriebsstätten (Abb. 4) über Telefonleitung. Es werden hier Kalibrationen zentral erstellt, an die jeweiligen Geräte angepaßt und mittels Datenfernübertragung in die Geräte überspielt. Auf diese Weise hat man einen Know-how Pool geschaffen, der nicht nur von allen Teilnehmer eingesetzt werden kann, um schneller Problemlösungen zu erarbeiten, sondern auch von externen Anwendern, um Machbarkeitsstudien durchführen zu lassen. Die in Kapitel 5 angesprochenen GLP-Maßnahmen sind hier konzipiert worden. Ein weiterer Vorteil ist, daß die Beurteilung der Geräte und der Kalibrationen durch einen neutralen Dritten geschieht, der hiermit und auch durch die Schulung von Anwendern als externer Qualitätszirkel tätig ist.

Probleme beim Übertragen der zentral erstellten Kalibrationen bereiten allerdings die Geräteunterschiede. Auf Grund von Fertigungstoleranzen werden zwei verschiedene Geräte selten beim Vermessen der gleichen Probe die gleichen Spektren generieren, d.h. die Standardisierung der Geräte ist sehr schwer zu realisieren. Es gibt aber mehrere Möglichkeiten [23, 24], wie eine Geräteanpassung durchgeführt werden kann.

Zur Ermittlung der Geräteunterschiede müssen hierbei charakteristische Proben eingesetzt werden. Diese sollen den Meßbereich der Absorptionen bei allen Wellenlängen abdecken, die später bei den zu vermessenden Proben

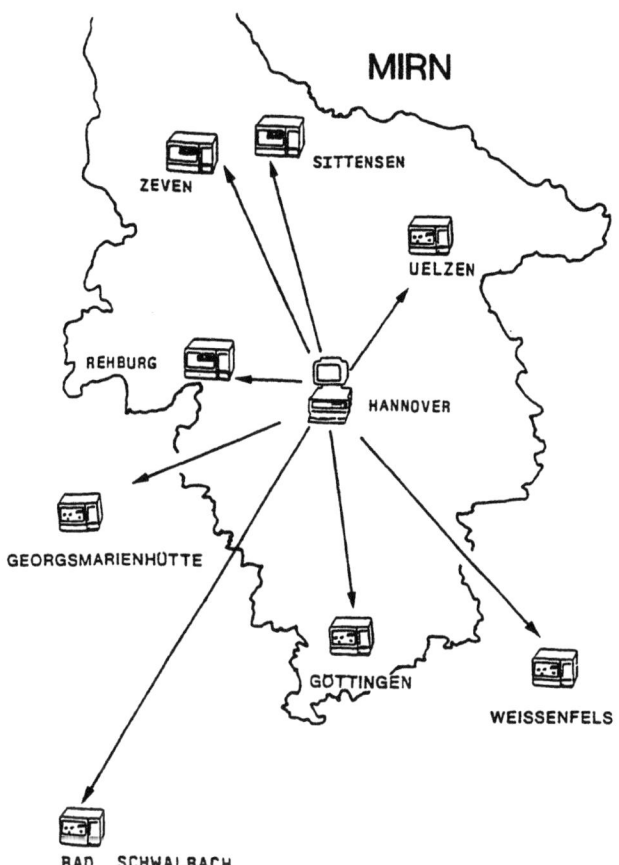

Abb. 4. Karte von Niedersachsen mit den bei MIRN angeschlossenen Betrieben

auftreten. Hier verwendet jeder Anwender seine eigenen Proben. Diese werden auf allen beteiligten Geräten vermessen und dienen als Grundlage zur Ermittlung der Geräteunterschiede. Dies reicht im Allgemeinen aus, im Rahmen der Wiederholbarkeit der chemischen Methode auch Vorhersagen auf anderen Geräten zu erzielen.

8 Literatur

1. Heitler W (1954) Quantum Theory of Radiation, Oxford University Press
2. Jackson JD (1975) Classical Electrodynamics, John Wiley & Sons, New York
3. Sprent P (1969) Models in Regression and Related Topics, Methuen, London
4. Barton FE, et al, (1992) Appl Spectroscopy 46, 420
5. James DI, et al, (1987) Appl Spectroscopy 41, 1362

6. Massie DR und Norris KH (1965) Trans Am Soc Agric Eng 8, 598
7. Plotit-Handbuch (1991) ICS GmbH, Kronberger Str 27, Frankfurt
8. Martens H und Naes T (1989) Multivariate Calibration, John Wiley & Sons, New York
9. Wold S et al, (1989) Chemometrics and Intelligent Laboratory Systems 7, 53
10. Liu Y et al, (1989) Appl. Spectroscopy 47, 12
11. Sternberg JC et al, (1960) Anal Chem 32, 1153
12. Wüst E, Neemann H, u Rudzik L in der Vortragssammlung der 5. ICNIRS, Haugesund, Norwegen, 1992, Herausgeber: Hildrum KI et al, Ellis Horwood Series in Analytical Chemistry
13. Savitzky A und Golay MJE (1964) Anal Chem 36, 1627 (1972) J Steiner et al, Anal Chem 44, 1906
14. siehe Ref 16
15. Kubelka P und Munk F (1931) Zeitschrift für technische Physik 12, 593
16. Barnes RJ et al, (1989) Appl Spectroscopy 43, 772
17. Downey G et al, (1990) Appl Spectroscopy 44, 150
18. Fehrmann A et al, (1992) Deutsche Milchwirtschaft 44, 1473
19. Amtliche Sammlung von Untersuchungsverfahren nach $35 Lebensmittelbedarfsgegenständegesetz, Beuth Verlag, Berlin
20. Shenk JS et al, (1985) Supplement zu Crop Science 25
21. Vortragssammlungen der Internationalen Konferenzen über Nah-Infrarot Spektroskopie in Brüssel (Belgien, 1990) und Haugesund (Norwegen, 1992)
22. Marquardt et al, (1989) Deutsche Milchwirtschaft 21, 686
23. Shenk JS et al, (1985) Crop Sci 25, 159
24. Shenk JS in Vortragssammlung der 3. Internationalen Konferenz über Nahinfrarot-Spektroskopie in Brüssel, Belgien, 1990, Herausgeber: Biston R Agricultural Research Centre Publishing, Gembloux
    Wüst E und Rudzik L in derselben Vortragssammlung
25. Zaeschmar in Vortragssammlung der Tagung über Nahinfrarotspektroskpie für Industrie und Landwirtschaft in Braunschweig, Deutschland, 1989, Herausgeber: Paul, C. Bundesforschungsanstalt für Landwirtschaft (FAL)
26. Osborne BG und Fearn T (1986) Near Infrared Spectroscopy in Food Analysis, Longman Scientific & Technical, England
27. siehe Ref 21

If you have any concerns about our products,
you can contact us on
ProductSafety@springernature.com

In case Publisher is established outside the EU,
the EU authorized representative is:
**Springer Nature Customer Service Center GmbH
Europaplatz 3, 69115 Heidelberg, Germany**

Printed by Libri Plureos GmbH
in Hamburg, Germany